運籌學

主　編◎羅劍、李明
副主編◎楊洋、甘宇、李萌

前 言

運籌學的重要性和實用性越來越受到人們的重視,目前,各高校開設運籌學課程的專業越來越多。爲適應運籌學教學的需求,編寫一本適合理工科以及管理和經濟等專業使用的教材就尤其重要。

本教材註重實用性,強調理論聯繫實際,具有一定的深度和廣度。敘述深入淺出、通俗易懂,每章末都有習題。本教材適合於相關專業本、專科生選用,同時也兼顧了碩士研究生和實際應用人員的使用需求。

本教材由西華大學羅劍和李明擔任主編,共分爲10章。其中,第1章由李明、甘宇、李萌編寫;第2章由李明、甘宇、張秋鳳編寫;第3章由羅劍、牟紹波、唐選坤編寫,第4章由李萌、楊洋、簡相伍編寫,第5章由羅劍、楊洋、鄭杲奇編寫,第6章由羅劍、牟紹波、曾雪編寫,第7章由羅劍、楊洋、周杉杉編寫,第8章由楊洋、牟紹波、辜鵬編寫,第9章由羅劍、楊洋、杜靜編寫,第10章由羅劍、楊洋、範柳編寫。本教材由西華大學李明統稿、羅劍定稿。

在本教材的編寫過程中,編者參閱了大量中外文獻資料,在此對文獻作者和譯者表示衷心感謝!由於編者水平有限,不足之處,懇請廣大讀者批評指正。

編 者

目 錄

1 緒論 ·· (1)
   1.1 運籌學簡史 ··· (1)
   1.2 運籌學的性質和特點 ··· (2)
   1.3 運籌學的應用步驟 ·· (3)
   1.4 運籌學在管理中的應用 ·· (3)
   1.5 運籌學在中國的發展趨勢展望 ····································· (6)

2 線性規劃與單純形法 ·· (8)
   2.1 線性規劃問題 ·· (8)
   2.2 兩變量線性規劃的圖解法 ·· (10)
   2.3 線性規劃問題的標準形式 ·· (13)
   2.4 標準形式線性規劃問題的解 ······································· (15)
   2.5 線性規劃問題的幾何意義 ·· (17)
   2.6 單純形法的原理 ·· (21)
   2.7 單純形法的進一步討論 ··· (31)
   2.8 求解和應用中遇到的一些問題 ···································· (33)
   2.9 線性規劃應用舉例 ··· (37)
   習題 ·· (43)

3 線性規劃的對偶理論與靈敏度分析 ··································· (48)
   3.1 對偶問題的提出 ·· (48)
   3.2 對偶理論 ··· (49)
   3.3 對偶變量的經濟含義——影子價格 ····························· (52)
   3.4 對偶單純形法 ··· (53)
   3.5 靈敏度分析 ·· (56)
   3.6 參數線性規劃 ··· (63)

習題 ………………………………………………………………… (66)

4　運輸問題 ……………………………………………………………… (72)
　4.1　運輸問題的數學模型 ………………………………………… (72)
　4.2　表上作業法 …………………………………………………… (74)
　4.3　產銷不平衡的運輸問題 ……………………………………… (83)
　　　習題 ………………………………………………………………… (85)

5　整數規劃 ……………………………………………………………… (91)
　5.1　整數規劃問題的數學模型 …………………………………… (91)
　5.2　分枝定界法 …………………………………………………… (95)
　5.3　割平面法 ……………………………………………………… (100)
　5.4　0-1 型整數規劃 ……………………………………………… (105)
　5.5　指派問題 ……………………………………………………… (111)
　　　習題 ………………………………………………………………… (120)

6　圖與網路分析 ………………………………………………………… (123)
　6.1　圖與網路的基本概念 ………………………………………… (124)
　6.2　樹與最小部分樹 ……………………………………………… (127)
　6.3　最短路問題 …………………………………………………… (130)
　6.4　網路最大流問題 ……………………………………………… (139)
　6.5　最小費用最大流 ……………………………………………… (143)
　6.6　中國郵遞員問題 ……………………………………………… (147)
　　　習題 ………………………………………………………………… (148)

7　網路計劃技術 ………………………………………………………… (153)
　7.1　網路圖的繪制 ………………………………………………… (153)
　7.2　網路圖時間參數的計算 ……………………………………… (160)
　7.3　網路計劃的優化 ……………………………………………… (172)
　　　習題 ………………………………………………………………… (184)

8 動態規劃 (187)
8.1 動態規劃的基本概念 (187)
8.2 動態規劃的最優性原理 (190)
8.3 建立動態規劃數學模型的步驟 (192)

9 動態規劃應用舉例 (198)
9.1 資源分配問題 (198)
9.2 生產與存貯問題 (203)
9.3 背包問題 (210)
9.4 複合系統工作可靠性問題 (212)
9.5 設備更新問題 (214)
9.6 排序問題 (217)
9.7 貨郎擔問題 (220)
習題 (222)

10 排隊論 (224)
10.1 排隊論的發展與應用 (224)
10.2 排隊服務系統的基本概念 (226)
10.3 到達間隔與服務時間的分布 (231)
10.4 生滅過程 (234)
10.5 單服務臺排隊系統模型(M/M/1) (237)
10.6 多服務臺排隊系統模型(M/M/C) (242)
10.7 M/G/1 排隊系統 (247)
習題 (250)

1 緒 論

運籌學是高等學校經濟管理、工業工程、工程管理等管理類專業的本科生必修的一門專業基礎課；是分析和解決經營管理領域最優化問題的一門方法論學科；是每個有志於從事現代經營管理工作的人都應該掌握的重要的數量分析工具。

1.1 運籌學簡史

何謂"運籌學"？它的英文名稱是 Operations Research，直譯爲"運作研究"，就是研究在經營管理活動中應如何行動，如何以盡可能小的代價獲取盡可能好的結果，即所謂的"最優化"問題。漢語是世界上最善於表情達意的語言，中國學者把這門學科意譯爲"運籌學"，就是取自古語"運籌於帷幄之中，決勝於千里之外"，其意爲運算籌劃，出謀獻策，以最佳策略取勝。這就極爲恰當地概括了這門學科的精髓。

在人類歷史的長河中，運籌謀劃的思想俯拾皆是，經典的運籌謀劃案例也不鮮見。《孫子兵法》就是我國古代戰爭謀略之集大成者；諸葛亮更是家喻戶曉的一代軍事運籌大師；田忌賽馬和丁渭修皇宮等故事，都充分說明了我國不僅很早就有了樸素的運籌思想，而且已在生產實踐中運用了運籌方法。

然而，把"運籌學"真正當成一門科學來研究，則還只是近幾十年來的事。第二次世界大戰中，英、美等國抽調各方面的專家成立了"運作研究"（Operations Research）小組，參與各戰略戰術的優化研究工作，運用科學方法成功地解決了許多非常複雜的戰略和技術問題，獲得了顯著的成功，大大推進了勝利的進程。例如，如何合理運用雷達以有效地對付德國軍隊的空襲；對商船如何進行編隊護航，使船隊遭受德軍潛艇攻擊時損失最小；在各種情況下如何調整反潛深水炸彈的爆炸深度，才能增加對德軍潛艇的殺傷力，等等。

第二次世界大戰結束以後，從事這些活動的許多專家轉到了經濟部門、民用企業、大學或研究所，繼續從事關於決策的數量方法的研究。運籌學作爲一門學科，逐步形成並得以迅速發展。第二次世界大戰後的運籌學主要在以下兩方面得到了發展：其一，運籌學的方法論得到了快速的發展，形成了運籌學的許多分枝，如數學規劃（線性規劃、非線性規劃、整數規劃、目標規劃、動態規劃、隨機規劃等）、圖論與網路、排隊論、存儲論、維修更新理論、搜索論、可靠性和質量管理等。1947 年，由丹捷格（George Dantgig）提出的求解線性規劃問題的單純形法是運籌學發展史上最重要的進展之一。其二，由於電子計算機的迅猛發展和廣泛應用，使得運籌學的方法論能成功地、及時地解決大量經濟管理中的決策問題。計算機的發展推進了運籌學的發展、普及和應用，使得運籌學不僅僅爲"運作研究"小組那樣的專家所掌握和使用，也成爲廣大管理工作者進行最優決策和有效管理的常用工具。這促進了運籌學有關理論和方法的研究和實踐，使得運籌學迅速發展並逐步成熟起來了。

1.2 運籌學的性質和特點

　　運籌學是一門應用科學，至今還沒有統一且確切的定義。莫斯(P. M. Morse)和金博爾(G. E. Kimball)曾對運籌學下過定義："爲決策機構在對其控制下的業務活動進行決策時，提供以數量化爲基礎的科學方法。"它首先強調的是科學方法，其含義不單是某種研究方法的分散和偶然的應用，而是可用於整個一類問題上，並能傳授和有組織地活動。它強調以量化爲基礎，必然要運用數學。但任何決策都包含定量和定性兩方面，而定性方面又不能簡單地用數學表示，如政治、社會等因素，只有綜合多種因素的決策才是全面的。運籌學工作者的職責是爲決策者提供量化分析，指出那些定性的因素。關於運籌學的另一定義是："運籌學是一門應用科學，它廣泛運用現有的科學技術知識和數學方法，解決實際中提出的專門問題，爲決策者做出最優決策提供定量依據。"這一個定義表明運籌學具有多學科交叉的特點，如綜合運用經濟學、心理學、物理學、化學中的一些方法。運籌學強調最優決策，"最"則過理想了，在實際生活中往往用"次優""滿意"等概念代替"最優"。因此，運籌學的又一定義是："運籌學是一種給出問題壞的答案的藝術，否則的話問題的結果會更壞。"

　　根據以上定義，可以看出運籌學有以下幾個基本特點：

　　(1)科學性。是在科學方法論的指導下在一系列規範化步驟下進行的，它是廣泛利用多種學科的技術知識進行的研究。運籌學不僅僅涉及數學，還要涉及經濟科學、系統科學、工程物理科學等其他學科。

　　(2)系統性。運籌學研究問題是從系統觀點出發的，它研究全局性的問題，研究綜合優化的規律，是系統工程的基礎。系統的整體優化是運籌學系統性的一個重要標誌。一個系統一般由很多子系統組成，運籌學不是對每一個子系統的每一個決策行爲孤立地進行評價，而是把相互影響的各方面作爲統一體，從總體利益的觀點出發，尋找一個優化協作方案。

　　(3)數學模型化。運籌學是一門以數學爲主要工具、尋求各種問題最優方案的學科，所以是一門研究優化的科學。隨著生產管理的規模日益龐大，其數量關係也更加複雜，引進數學研究方法對這些數量關係進行研究，是運籌學的一大特點。

　　(4)跨學科性。由有關的各種專家組成的進行集體研究的運籌小組，綜合應用多種學科知識來解決實際問題，是早期軍事運籌研究的一個重要特點。這種組織和這種特點一直在一些地方和一些部門以不同的形式保留下來，這往往是研究和解決實際問題的需要。從世界範圍看，運籌學應用的成敗及應用的廣泛程度，無不與這樣的研究組織及其工作水平有關。

　　(5)實踐性。運籌學以實際問題爲分析對象，通過鑒別問題的性質、系統的目標以及系統內主要變量之間的關係,利用數學方法達到對系統進行最優化的目的。更爲重要的是,分析獲得的結果要能被實踐檢驗,並被用來指導實際系統的運行。在運籌學學術界,非常強調運籌學的實用性和對研究結果的執行。

1.3 運籌學的應用步驟

運籌學在解決大量實際問題過程中形成了自己的應用步驟:
(1)提出和形成問題。即要弄清問題的目標、可能的約束、問題的可控變量以及有關參數,並搜集有關資料。
(2)建立模型。即把問題中可控變量、參數和目標與約束之間的關係用一定的模型表示出來。
(3)求解。用各種手段(主要是數學方法,也可用其他方法)對模型求解。解可以是最優解、次優解、滿意解。複雜模型的求解需用計算機,解的精度要求可由決策者提出。
(4)解的檢驗。首先檢查求解步驟和程序有無錯誤,然後檢查解是否反應現實問題。
(5)解的控制。通過控制解的變化過程決定是否對解進行一定的改變。
(6)解的實施。它是指將解用到實際中必須考慮到實施的問題,如向實際部門講清解的用法,以及在實施中可能產生的問題和修改。

以上過程應反復進行,直至完全達到目的。

1.4 運籌學在管理中的應用

運籌學在管理中的應用情況,可以從兩個方面來觀察。一方面是在管理中運籌學的應用所涉及的方面;另一方面是企業實際使用運籌學知識的頻率。首先來看一看,在管理中運籌學的應用所涉及的方面。
(1)生產計劃。使用運籌學方法從總體上確定適應需求的生產、貯存和勞動力安排等計劃,以謀求最大的利潤或最小的成本,主要用線性規劃、整數規劃以及模擬方法來解決此類問題。例如,巴基斯坦一家重型制造廠用線性規劃安排生產計劃,節省了10%的生產費用。此外,還有運籌學在生產作業計劃、日程表的編排、合理下料、配料問題、物料管理等方面的應用。
(2)庫存管理。存儲論應用於多種物資庫存量的管理,能確定某些設備的合理的能力或容量以及適當的庫存方式和庫存量。例如,美國某機器制造公司應用存儲論之後節省了18%的費用。
(3)運輸問題。用運籌學中有關運輸問題的方法,可以確定最小成本的運輸的線路、物資的調撥、運輸工具的調度以及建廠地址的選擇等。例如,印度巴羅達市對公共汽車行車路線和時刻表進行研究改進後,該市公共汽車載運系數提高了11%,減少了10%的車輛使用率,既節省了成本又改善了交通擁擠的狀況。又如,美國柯達公司在選廠址方面，運用運籌學方法取得了很好的效果。

（4）人事管理。可以用運籌學方法對人員的需求和獲得情況進行預測；確定適合需要的人員編制；用指派問題對人員進行合理分配；用層次分析法等方法確定人才評價體系；等等。

（5）市場行銷。可把運籌學方法用於廣告預算和媒介的選擇、競爭性的定價、新產品的開發、銷售計劃的制訂等方面。例如，美國杜邦公司從20世紀50年代起就非常重視運籌學在市場行銷上的應用。

（6）財務和會計。這裏涉及預測、貸款、成本分析、定價、證券管理、現金管理等，使用較多的運籌學方法為統計分析、數學規劃、決策分析等。

另外，運籌學還成功地應用於設備維修、更新和可靠性分析，項目的選擇與評價，工程優化設計，信息系統的設計與管理，以及各種城市緊急服務系統的設計與管理中。

我國從1957年開始把運籌學應用於交通運輸、工業、農業等領域，並取得了很大的成功。例如，為了解決糧食的合理調運問題，糧食部門提出了"圖上作業法"；為了解決郵遞員合理投遞問題，管梅谷提出了"中國郵路問題"的解法；在工業生產中推廣了合理下料、機床負荷分配等有關的方法；在紡織業中用排隊論方法解決了細紗車間勞動組織以及最優拆布長度等問題；在農業中也研究了作業布局、勞動力分配和打麥場設置等問題；在鋼鐵行業，投入產出法首先得到了應用；統籌法的應用在建築業、大型設備維修計劃等方面也取得了長足的進展；優選法也在我國得到了大力推廣；排隊論、圖論在研究礦山、港口、電信以及線路設計方面都得到了極大的應用。

國際運籌與管理科學協會（INFORMS）以及下屬的管理科學實踐學會（College for the Practice of the Management Sciences）主持評定的弗蘭茨厄德曼獎久負盛名。該獎是為獎勵運籌學在管理中的應用取得卓越的成就而設立的。該獎每年評選一次，在對大量富有競爭力的入圍者進行嚴謹的評審後，一般會將該獎授予六位優勝者。這些獲獎項目的文章都於第二年發表在著名刊物《Interface》新年第一期上。表1-1列出了發表在該期刊上的部分獲獎項目。

表1-1　　　　　　　　　　　獲獎項目

組織	應用	效果
聯合航空公司	最滿足乘客需求的前提下，以最低成本進行訂票及機場工作班次安排	每年節約成本600萬美元
Citgo石油公司	優化煉油程序及產品供應、配送和行銷	每年節約成本7 000萬美元
荷馬特發展公司	優化商業區和辦公樓銷售程序	每年節約成本4 000萬美元
AT&T	優化商業用戶的電話銷售中心選址	每年節約成本4.06億美元，銷售額大幅增加
標準品牌公司	控制成品庫存（制定最優再訂購點和訂購量，確保安全庫存）	每年節約成本300萬美元

表1-1(續)

組織	應用	效果
施樂公司	通過調整戰略,縮短維修機器的反應時間並改進維修人員的生產率	生產率提高50%以上
保潔公司	重新設計北美生產和分銷系統以降低成本並加快市場進入速度	每年節約成本2億美元
法國國家鐵路公司	制定最優鐵路時刻表並調整鐵路日運營量	每年節約成本1 500萬美元,年收入大幅增加
Delta航空公司	優化配置上千個國內航線、航班來實現利潤最大化	每年節約成本1億美元
IBM	重組全球供應鏈,在保持最小庫存的同時滿足客戶需求	每年節約成本7.5億美元
Merit青銅制品公司	安裝、統計銷售預測和成品庫存管理系統,改進客戶服務	爲客戶帶來更優質的服務
Taco Bell	優化員工安排,以最低成本服務客戶	每年節約成本1 300萬美元

由此可以看出,運籌學是一門非常實用的學科,它在經濟建設和管理中的前景也是非常廣闊的。

其次,可從企業實際使用的頻率來看運籌學的應用情況。

美國學者福吉尼(Forgionne)在1983年對美國公司做的一份調查表如表1-2所示。

表1-2　　　　　　　　美國運籌學方法使用頻率調查表

方法	從不使用(%)	有時使用(%)	經常使用(%)
統計	1.6	38.7	59.7
計算機模擬	12.9	53.2	33.9
網路計劃	25.8	53.2	21.0
線性規劃	25.8	59.7	14.5
排隊論	40.3	50.0	9.7
非線性規劃	53.2	38.7	8.1
動態規劃	61.3	33.9	4.8
對策論	69.4	27.4	3.2

從表1-2中可以清楚看到:

(1)各個企業使用運籌學方法的頻率是不平衡的,有的經常使用,有的有時使用,而有的卻從不使用。

(2)對於各種不同的運籌學方法,使用的程度也大不相同。從表1-2中可以看出,統計、計算機模擬、網路計劃、線性規劃、排隊論是企業最常用的方法。

運籌學的使用情況還和公司的規模和所在行業有關。托馬斯等人的研究表明,大公司、大企業使用運籌學方法的比例較高，期中88%的大公司使用預測方法，超過50%的大公司把運籌學方法應用於生產計劃制訂、存儲控制、資金預算和運輸方面的工作。蓋瑟(Gaither)的研究表明，在製造業中經常使用的運籌學方法爲網路計劃，其次爲統計分析、模擬、線性規劃。

運籌學方法在中國的使用情況如表1-3所示。對於中國企業使用運籌學的現狀，我們對105家公司做了一個隨機的調查，所得的結果是一致的。只是使用運籌學方法的企業的比例更低一些，這說明在我國推廣運籌學在企業中的應用的擔子更重、任務更艱鉅。

表1-3　　　　　　　　　中國運籌學方法使用頻率調查表

方法	從不使用(%)	有時使用(%)	經常使用(%)
統計	7.6	41.9	50.5
計算機模擬	57.1	24.8	18.1
網路計劃	68.6	19.0	12.4
線性規劃	52.4	38.1	9.5
排隊論	66.7	23.8	9.5
非線性規劃	67.6	24.8	7.6
動態規劃	72.4	20.0	7.6
對策論	89.5	8.6	1.9

綜上所述，無論在國內或國外，運籌學在管理中的應用前景都是非常廣闊的，但是存在的問題也很多，還有大量的工作需要我們去做。

本書的目的就是要在企業管理者與運籌學之間架起一座橋樑，幫助企業的管理者進一步瞭解運籌學，告訴他們在管理工作中如何使用運籌學方法，更好地進行決策，從而創造出更高的效益。

1.5　運籌學在中國的發展趨勢展望

運籌學自1957年引入中國，經過60年的快速發展，已經成爲一門成熟的科學，對於解決實際生產生活的問題能夠提供行之有效的解決方法。社會不斷進步，新事物不斷出現，國際環境日趨複雜，運籌學的發展也會伴隨社會發展的步伐與時俱進，運籌學將在以下幾個方面繼續發揮它的重要作用：

1.5.1　運籌學與大系統

大系統是規模巨大、構成要素複雜、影響廣泛、包含眾多子系統的系統，即可被認爲是一個有共同目的而有機結合起來的，具有內在聯繫的若干子系統的大集合體。隨著生產的發展和科學技術的進步，出現了許多大系統，如電力系統、城市交通網路、數字通信網、110指揮系統、柔性製造系統、生態系統、水資源系統、社會經濟系統等。這類系統的特點是規模龐大、結構複雜，而且地理位置分散。大系統性能的優化將產生巨大的經濟效益或者社會效益。例如，110指揮系統的優化可以挽救更多的生命，增加更多社會財富；交通運輸系統的優化可以降低出行的成本，使得社會效益顯著提高。

在大系統優化中，運籌學的知識將起到非常重要的作用。例如，考慮一個大型集團公司的運行管理問題時，它的運行涉及的因素很多，也很複雜，問題的規模很大，比如涉及工廠生產、貨物庫存、消費中心和消費區域等方面的管理。我們不能對各個環節孤立地進行研究和管理，必須把這些環節連接起來加以研究，以便獲得一個全局性的運行管理系統。這就構成了一個典型的大系統優化問題。在此問題中，運籌學中的數學規劃理論、存儲論、運輸問題、對策論及最優化方法等知識均有重要作用。

1.5.2 運籌學與信息化

信息化，就是在國民經濟各部門和社會活動各領域普遍採用現代化信息技術，以便有效地開發和利用信息資源，大大提高決策水平、工作效率和創新能力。21世紀，世界全面進入信息化時代，整個社會的構架將發生改變，整個社會的經濟形態將由傳統經濟逐步轉化為"知識經濟"，一個國家的信息化程度將被作為衡量一個國家生產力水平和綜合國力的重要標誌。

近年來，運籌學在新興的信息技術領域的作用越來越明顯。例如，在信息化製造領域中，會涉及管理運籌學、工業工程運籌學、隨機運籌學和隨機服務系統（排隊論）等相關知識；在信息的處理與計算中，會涉及數學最優化、圖論和組合優化、計算運籌學、隨機運籌學等；在Internet、寬帶IP網路、電子商務領域，涉及數學最優化、計算運籌學、圖論與組合優化等。

1.5.3 運籌學呈現出多學科交叉與融合的特點

運籌學研究的是人類對各種資源的運用及籌劃活動，其研究目的在於瞭解和發現這種運用及籌劃活動的基本規律，以便實現有限資源的最大收益來達到全局優化的目標。目前，由於社會系統的複雜性，運籌學的應用也越來越呈現出多學科交叉的特點。由於專家們來自不同的學科領域，具有不同的經驗，增強了其發揮小組集體智慧、提出問題和解決問題的能力。這種多學科的協調配合在研究的初期，在分析和確定問題的主要方面，以及在選定和探索解決問題途徑時，顯得特別重要。在當前這個大數據、大系統化的社會背景下，幾乎每個運籌學問題都會涉及多個領域、多個方面的知識，所以運籌學的發展需要多學科知識的支撐。

2 線性規劃與單純形法

線性規劃是運籌學的一個重要分支。自1947年丹捷格(G. B. Dantzig)提出了一般線性規劃問題求解的方法——單純形法之後,線性規劃在理論上趨向成熟,在實踐中日益廣泛與深入。特別是在電子計算機能處理成千上萬個約束條件和決策變量的線性規劃問題之後,線性規劃的適用領域更爲廣泛了。從解決技術問題的最優化設計到工業、農業、商業、交通運輸業、軍事、經濟計劃和管理決策等領域都可以發揮作用。它已是現代科學管理的重要手段之一。查恩斯(A. Charnes)與庫伯(W. W. Cooper)繼丹捷格之後,於1961年提出了目標規劃;艾吉利(Y. Ijiri)提出了用優先因子來處理多目標問題,使目標規劃得到發展。近十多年來,斯·姆·李(S. M. Lee)與杰斯開萊尼(V. Jaaskelainen)應用計算機處理目標規劃問題,使目標規劃在實際應用方面比線性規劃更廣泛,更爲管理者所重視。

2.1 線性規劃問題

線性規劃是研究在一組線性不等式或等式約束下使得某一線性目標函數最大(或最小)的極值問題。下面我們通過幾個例子來介紹線性規劃問題的數學模型。

【例2.1】某工廠生產Ⅰ、Ⅱ兩種型號的計算機,生產一臺Ⅰ型和Ⅱ型計算機,所需要原料分別爲2個單位和3個單位,需要的工時分別爲4個單位和2個單位。在計劃期内可以使用的原料爲100個單位,工時爲120個單位。已知生產每臺Ⅰ型和Ⅱ型計算機可獲得的利潤分別爲6個單位和4個單位(見表2-1),試確定獲利最大的生產方案。

表 2-1　　　　　　　　某工廠生產情況

設備	Ⅰ	Ⅱ	計劃期内可用資源
原料	2	3	100
工時	4	2	120
利潤	6	4	

這問題可以用以下的數學模型來描述,設 x_1、x_2 分別表示在計劃期内產品Ⅰ、Ⅱ的產量。因爲原料的總量爲100個單位,這是一個限制產量的條件,所以在確定產品Ⅰ、Ⅱ的產量時,要考慮不超過原料的總量,即可用不等式表示:

$$2x_1 + 3x_2 \leq 100$$

同理,工時限制可用不等式表示爲:
$$4x_1 + 2x_2 \leq 120$$
該工廠的目標是在不超過所有資源限量的條件下,如何確定產量 x_1、x_2 以得到最大的利潤。若用 z 表示利潤,這時 $z = 6x_1 + 4x_2$。綜合上述,該計劃問題可用數學模型表示爲:

目標函數:$\max z = 6x_1 + 4x_2$

滿足約束條件:$\begin{cases} 2x_1 + 3x_2 \leq 100 \\ 4x_1 + 2x_2 \leq 120 \\ x_1, x_2 \geq 0 \end{cases}$

【例 2.2】某晝夜服務的公交線路每天各時間段內所需司乘人員數如表 2-2 所示,設司乘人員在各時間段一開始上班,需要連續工作 8 小時,問該公司線路至少應配備多少名司乘人員。列出該問題的數學模型。

表 2-2　　　　　　某公交線路每天各時間段內所需司乘人員

班次	時間	所需人數(人)
1	6:00—10:00	60
2	10:00—14:00	70
3	14:00—18:00	60
4	18:00—22:00	20
5	22:00—02:00	20
6	02:00—06:00	30

分析:設 $x_1, x_2, x_3, x_4, x_5, x_6$ 爲各班新上班人數,考慮到在每個時間段工作的人數既包括在該時間段上班的人又包括在上一個時間段上班的人員,按所需人員最少的要求可列出本例的數學模型。

目標函數:$\min z = x_1 + x_2 + x_3 + x_4 + x_5 + x_6$

滿足約束條件 $\begin{cases} x_6 + x_1 \geq 60 \\ x_1 + x_2 \geq 70 \\ x_2 + x_3 \geq 60 \\ x_3 + x_4 \geq 20 \\ x_4 + x_5 \geq 20 \\ x_5 + x_6 \geq 30 \\ x_1, x_2, x_3, x_4, x_5, x_6 \geq 0 \end{cases}$

上面兩例優化模型,都具有下述特徵:

(1) 每個問題都用一組未知變量 $(x_1, x_2, \cdots, x_n)$ 表示所求方案,通常這些變量都是非負的,被稱爲決策變量。

(2) 存在一組約束條件,這些約束條件都可以用一組線性等式或不等式表示。

(3) 都有一個要求的目標,並且這個目標可表示爲一組決策變量的線性函數,被稱爲目標函數。目標函數可以是求最大,也可以是求最小。

具有上述特徵的數學模型就被稱爲線性規劃模型。其一般形式爲:

目標函數:$\max(\min) Z = c_1 x_1 + c_2 x_2 + \cdots + c_n x_n$ (2-1)

滿足約束條件
$$\begin{cases} a_{11}x_1 + a_{11}x_2 + \cdots + a_{11}x_n \leq (=) \geq b_1 \\ a_{21}x_1 + a_{22}x_2 + \cdots + a_{2n}x_n \leq (=) \geq b_2 \\ \cdots \\ a_{m1}x_1 + a_{m2}x_2 + \cdots + a_{mn}x_n \leq (=) \geq b_m \end{cases}$$ (2-2)

$x_1, x_2, \cdots, x_n \geq 0$ (2-3)

在線性規劃的數學模型中,式(2-1)被稱爲目標函數;式(2-2)、式(2-3)被稱爲約束條件;式(2-3)也被稱爲變量的非負約束條件。

2.2 兩變量線性規劃的圖解法

圖解法簡單直觀,有助於瞭解線性規劃問題求解的基本原理。現對下例問題用圖解法求解。

【例 2.3】某工廠在計劃期內要安排生產Ⅰ、Ⅱ兩種產品,已知生產單位產品所需的設備臺時及 A、B 兩種原材料的消耗,如表 2-3 所示。

表 2-3　　　　　　　　某工廠生產Ⅰ、Ⅱ兩種產品的情況

設備	Ⅰ	Ⅱ	可用資源
所需臺時(臺時)	1	2	8
原料 A(千克)	4	0	16
原料 B(千克)	0	4	12

該工廠每生產一件產品Ⅰ可獲利 2 元,每生產一件產品Ⅱ可獲利 3 元,問:應如何安排才能使該工廠獲利最多? 這問題可以用以下的數學模型來描述,設 x_1、x_2 分別表示在計劃期內產品Ⅰ、Ⅱ的產量。因爲設備的有效臺時是 8 臺時,這是一個限制產量的條件,所以在確定產品Ⅰ、Ⅱ的產量時,要考慮不超過設備的有效臺時數,即可用不等式表示爲:

$$x_1 + 2x_2 \leq 8$$

同理,因原材料 A、B 限量,可以得到以下不等式:

$$4x_1 \leq 16$$
$$4x_2 \leq 12$$

該工廠的目標是在不超過所有資源限量的條件下,如何確定產量 x_1、x_2 以得到最大的利潤。若用 z 表示利潤,這時 $z = 2x_1 + 3x_2$。綜上所述,該計劃問題可用數學模型表示。

目標函數:$\max z = 2x_1 + 3x_2$

满足约束条件 $\begin{cases} x_1 + 2x_2 \leq 8 \\ 4x_1 \leq 16 \\ 4x_2 \leq 12 \\ x_1, x_2 \geq 0 \end{cases}$

在以 x_1、x_2 為坐標軸的直角坐標系中，非負條件 $x_1, x_2 \geq 0$ 是指第一象限。例 2.3 的每個約束條件都代表一個半平面。如約束條件 $x_1 + 2x_2 \leq 8$ 是代表以直線 $x_1 + 2x_2 = 8$ 為邊界的左下方的半平面，若同時滿足 $x_1, x_2 \geq 0$，$x_1 + 2x_2 \leq 8$，$4x_1 \leq 16$ 和 $4x_2 \leq 12$ 的約束條件的點，必然落在 x_1、x_2 坐標軸和由這三個半平面交成的區域內。由例 2.3 的所有約束條件為半平面交成的區域見圖 2-1 中的陰影部分。陰影區域中的每一個點（包括邊界點）都是這個線性規劃問題的解（稱可行解），因而此區域是例 2.3 的線性規劃問題的解的集合，被稱為可行域。

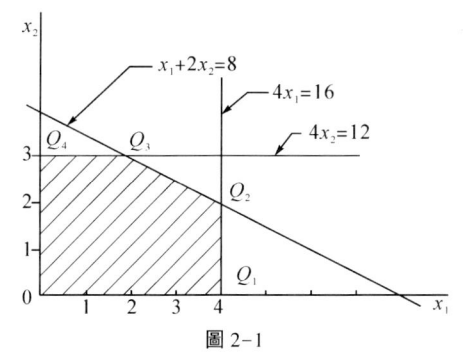

圖 2-1

再分析目標函數 $z = 2x_1 + 3x_2$，在這坐標平面上，它可表示以 z 為參數、$-2/3$ 為斜率的一族平行線：

$x_2 = -(2/3)x_1 + z/3$

位於同一直線上的點，具有相同的目標函數值，因而稱為"等值線"。當 z 值由小變大時，直線 $x_2 = -(2/3)x_1 + z/3$ 沿其法線方向向右上方移動。當移動到 Q_2 點時，使 z 值在可行域邊界上實現最大化（見圖 2-2），這就得到了例 2.3 的最優解 Q_2，Q_2 點的坐標為 $(4,2)$。於是可計算出滿足所有約束條件下的最大值 $z = 14$。

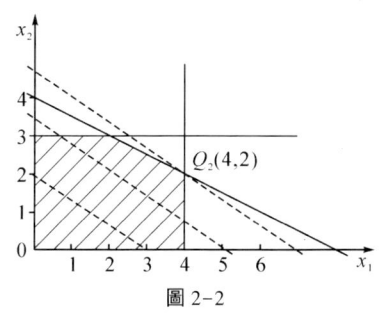

圖 2-2

這說明該廠的最優生產計劃方案是:生產 4 件產品 Ⅰ,生產 2 件產品 Ⅱ,可得最大利潤爲 14 元。

上例中求解得到的問題的最優解是唯一的,但對一般線性規劃問題,求解結果還可能出現以下幾種情況:

1. 無窮多最優解(多重最優解)

若將例 2.3 中的目標函數變爲求 $\max z = 2x_1 + 4x_2$,則表示目標函數中參數 z 的這族平行直線與約束條件 $x_1 + 2x_2 \leq 8$ 的邊界線平行。當 z 值由小變大時,將與線段 Q_2Q_3 重合(見圖 2-3)。線段 Q_2Q_3 上任意一點都使 z 取得相同的最大值,這個線性規劃問題有無窮多最優解(多重最優解)。

2. 無界解

對下述線性規劃問題

$$\max z = x_1 + x_2$$

$$\begin{cases} -2x_1 + x_2 \leq 4 \\ x_1 - x_2 \leq 2 \\ x_1, x_2 \geq 0 \end{cases}$$

用圖解法求解結果見圖 2-4。從圖 2-4 中可以看到,該問題可行域無界,目標函數值可以增大到無窮大。這種情況被稱爲無界解。

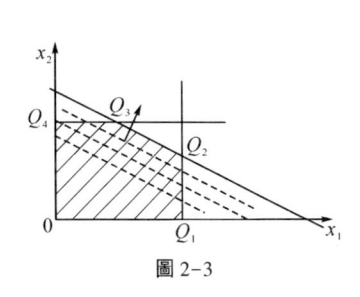

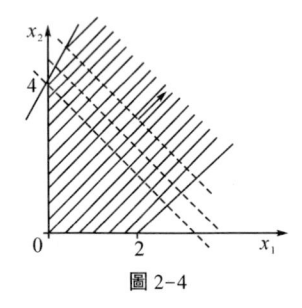

圖 2-3

圖 2-4

3. 無可行解

如果在例 2.3 的數學模型中增加一個約束條件 $-2x_1 + x_2 \geq 4$,該問題的可行域爲空集,即無可行解,也不存在最優解。

當求解結果出現第二、第三兩種情況時,一般說明線性規劃問題的數學模型有錯誤。前者缺乏必要的約束條件,後者是有矛盾的約束條件,建模時應註意。

從圖解法中可明顯看出,當線性規劃問題的可行域非空時,它是有界或無界凸多邊形。若線性規劃問題存在最優解,它一定是在有界可行域的某個頂點得到的;若在兩個頂點同時得到最優解,則它們連線上的任意一點都是最優解,即有無窮多最優解。

綜上所述,在一般情況下:

(1)具有兩個變量的線性規劃問題的可行域是一個凸多邊形。

(2)若線性規劃存在最優解,它一定是在可行域的某個頂點上得到的。

雖然圖解法直觀、簡便,但當變量數多於三個以上時,它就無能爲力了。作爲算法,沒有太大價值,但是上述結論卻非常有意義。它將搜索最優解的範圍從可行域的無窮多個點縮小到有限的幾個頂點。這就開啟了人們的思路。而後面我們要介紹的求解多維線性規劃的單純形法就是在此結論的基礎上推廣得到的。

2.3 線性規劃問題的標準形式

由 2.2 節可知,線性規劃問題有各種不同的形式。目標函數有的要求最大,有的要求最小;約束條件可以是"≤"、也可以是"≥"形式的不等式,還可以是等式。決策變量一般是非負約束,但也允許在 $(-\infty,\infty)$ 範圍內取值,即無約束。將這些多種形式的數學模型統一變換爲標準形式。這裡規定的標準形式爲:

(M_1) $\max z = c_1 x_1 + c_2 x_2 + \cdots + c_n x_n$

$$\begin{cases} a_{11}x_1 + a_{12}x_2 + \cdots + a_{1n}x_n = b_1 \\ a_{21}x_1 + a_{22}x_2 + \cdots + a_{2n}x_n = b_2 \\ \cdots \\ a_{m1}x_1 + a_{m2}x_2 + \cdots + a_{mn}x_n = b_m \\ x_1, x_2, \cdots, x_n \geq 0 \end{cases}$$

(M_1') $\max z = \sum_{j=1}^{n} c_j x_j$

$$\begin{cases} \sum_{j=1}^{n} a_{ij} x_j = b_i, i = 1, 2, \cdots, m \\ x_j \geq 0, j = 1, 2, \cdots, n \end{cases}$$

在標準形式中規定各約束條件的右端項 $b_i \geq 0$,否則等式兩端乘以"-1"。

用向量和矩陣符號表述爲:

(M_1'') $\max z = CX$

$$\begin{cases} \sum_{j=1}^{n} P_j x_j = b \\ x_j \geq 0, j = 1, 2, \cdots, n \end{cases}$$

其中:

$$C = \begin{bmatrix} c_1 \\ c_2 \\ \vdots \\ c_n \end{bmatrix}; X = \begin{bmatrix} x_1 \\ x_2 \\ \vdots \\ x_n \end{bmatrix}; P_j = \begin{bmatrix} a_{1j} \\ a_{2j} \\ \vdots \\ a_{mj} \end{bmatrix}; b = \begin{bmatrix} b_1 \\ b_2 \\ \vdots \\ b_m \end{bmatrix}$$

向量 P_j 對應的決策變量是 x_j。

用矩陣描述爲:

$$\max z = CX$$
$$AX = b$$
$$X \geq 0$$

其中：

$$A = \begin{bmatrix} a_{11} & a_{12} & \cdots & a_{1n} \\ \vdots & \vdots & \vdots & \vdots \\ a_{m1} & a_{m2} & \cdots & a_{mn} \end{bmatrix} = (P_1, P_2, \cdots, P_n) ; 0 = \begin{bmatrix} 0 \\ 0 \\ \vdots \\ 0 \end{bmatrix}$$

其中，A 爲約束條件的 $m \times n$ 維系數矩陣，一般 $m < n$；b 爲資源向量；C 爲價值向量；X 爲決策變量向量。

實際碰到各種線性規劃問題的數學模型都可以化作與其等價的標準型，下面討論如何將一般形式的線性規劃數學模型變換爲標準型的問題。

(1)若要求目標函數實現是求極小值，即 $\min z = CX$，這時只需將目標函數求極小值變換爲求目標函數相反數的極大值就可以了，即令 $z' = -z$，於是得到 $\max z' = -CX$。這就同標準型的目標函數的形式一致了。

(2)約束方程爲不等式。這里有兩種情況：一種是約束方程爲"$\leq$"不等式，則可在"$\leq$"不等式的左端加入非負鬆弛變量，把原"$\leq$"不等式變爲等式；另一種是約束方程爲"$\geq$"不等式，則可在"$\geq$"不等式的左端減去一個非負剩餘變量(也可稱鬆弛變量)，把不等式約束條件變爲等式約束條件。

(3)如果 x_j 沒有非負限制，則可令 $x_j = x'_j - x''_j$，其中 $x'_j, x''_j \geq 0$，代入目標函數及約束條件即可。下面舉例說明。

【例 2.4】將下述線性規劃問題化爲標準型。

$$\min z = -x_1 + 2x_2 - 3x_3$$
$$\begin{cases} x_1 + x_2 + x_3 \leq 7 \\ x_1 - x_2 + x_3 \geq 2 \\ -3x_1 + x_2 + 2x_3 = 5 \\ x_1, x_2 \geq 0, x_3 \text{ 爲無約束} \end{cases}$$

解：

(1)用 $x_4 - x_5$ 替換 x_3，其中 $x_4, x_5 \geq 0$。
(2)在第一個約束不等式 $\leq$ 號的左端加入鬆弛變量 x_6。
(3)在第二個約束不等式 $\geq$ 號的左端減去剩餘變量 x_7。
(4)令 $z' = -z$，把求 $\min z$ 改爲求 $\max z'$，即可得到該問題的標準型：

$$\max z' = x_1 - 2x_2 + 3(x_4 - x_5) + 0x_6 + 0x_7$$
$$\begin{cases} x_1 + x_2 + (x_4 - x_5) + x_6 = 7 \\ x_1 - x_2 + (x_4 - x_5) - x_7 = 2 \\ -3x_1 + x_2 + 2(x_4 - x_5) = 5 \\ x_1, x_2, x_4, x_5, x_6, x_7 \geq 0 \end{cases}$$

2.4 標準形式線性規劃問題的解

在討論線性規劃問題的求解前,先要瞭解線性規劃問題的解的概念。由 2.3 節的 (M_1)可知,一般線性規劃問題的標準型為:

$$\max Z = \sum_{j=1}^{n} c_j x_j$$

$$\begin{cases} \sum_{j=1}^{n} a_{ij} x_j = b_j, i = 1, 2, \cdots, m & (2\text{-}4) \\ x_j \geq 0, j = 1, 2, \cdots, n & (2\text{-}5) \end{cases}$$

下面討論線性規劃數學模型解的問題:

1. 解

決策變量 x 的任意一組取值都被稱為一組解。

2. 可行解

滿足約束條件式(2-4)、式(2-5)的解 $X = (x_1, x_2, \cdots, x_n)^T$,被稱為線性規劃問題的可行解。

3. 最優解

使目標函數達到最大值的可行解被稱為最優解。

4. 基

設 A 是約束方程組的 $m \times n$ 階係數矩陣,其秩為 m。B 是矩陣 A 中 $m \times m$ 階非奇異子矩陣($|B| \neq 0$),則稱 B 是線性規劃問題的一個基。這就是說,矩陣 B 是由 m 個線性獨立的列向量組成。為不失一般性,可設:

$$B = \begin{bmatrix} a_{11} & a_{12} & \cdots & a_{1m} \\ \vdots & \vdots & \vdots & \vdots \\ a_{m1} & a_{m2} & \cdots & a_{mm} \end{bmatrix} = (P_1, P_2, \cdots, P_m)$$

稱 P_j ($j = 1, 2, \cdots, m$) 為基向量,稱與基向量 P_j 相應的變量 x_j ($j = 1, 2, \cdots, m$) 為基變量,與其不相應的變量被稱為非基變量,為了進一步討論線性規劃問題的解,下面研究約束式(2-4)的求解問題。假設該方程組係數矩陣 A 的秩為 m,因 $m < n$,故它有無窮多個解。假設前 m 個變量的係數列向量是線性獨立的。這時式(2-4)可寫成:

$$\begin{bmatrix} a_{11} \\ a_{21} \\ \vdots \\ a_{m1} \end{bmatrix} x_1 + \begin{bmatrix} a_{12} \\ a_{22} \\ \vdots \\ a_{m2} \end{bmatrix} x_2 + \cdots + \begin{bmatrix} a_{1m} \\ a_{2m} \\ \vdots \\ a_{mm} \end{bmatrix} x_m = \begin{bmatrix} b_1 \\ b_2 \\ \vdots \\ b_m \end{bmatrix} - \begin{bmatrix} a_{1,m+1} \\ a_{2,m+1} \\ \vdots \\ a_{m,m+1} \end{bmatrix} x_{m+1} - \cdots - \begin{bmatrix} a_{1n} \\ a_{2n} \\ \vdots \\ a_{mn} \end{bmatrix} x_n \quad (2\text{-}6)$$

或

$$\sum_{j=1}^{m} P_j x_j = b - \sum_{j=M+1}^{n} P_j x_j$$

式(2-6)的一個基是:

$$B = \begin{bmatrix} a_{11} & a_{12} & \cdots & a_{1m} \\ \vdots & \vdots & \vdots & \vdots \\ a_{m1} & a_{m2} & \cdots & a_{mm} \end{bmatrix} = (P_j, P_2, \cdots, P_m)$$

設 X_B 是對應於這個基的基變量,則:

$$X_B = (x_1, x_2, \cdots, x_m)^T$$

現若令式(2-6)的非基變量 $x_{m+1} = x_{m+2} = \cdots = x_n = 0$,這時變量的個數等於線性方程的個數。用高斯消去法,求出一個解:

$$X = (x_1, x_2, \cdots, x_m, 0, \cdots, 0)^T$$

該解的非零分量的數目不大於方程個數 m,稱 X 爲基解。由此可見,有一個基,就可以求出一個基解。如圖 2-1 中的點 O、Q_1、Q_2、Q_3、Q_4 以及延長各條線(包括 $x_1 = 0$, $x_2 = 0$)的交點都代表基解。

5. 基可行解

滿足非負條件圖 2-5 的基解,被稱爲基可行解。圖 2-1 中的點 O、Q_1、Q_2、Q_3、Q_4 代表基可行解。可見,基可行解的非零分量的數目也不大於 m,並且都是非負的。顯然,基可行解的數目 ≤基解的數目≤ C_n^m。

6. 可行基

對應於基可行解的基,被稱爲可行基。約束方程組具有基解的數目最多是 C_n^m 個。一般基可行解的數目要小於基解的數目。以上提到的幾種解的概念,它們之間的關係可用圖 2-5 表明。另外還要說明一點,基解中的非零分量的個數小於 m 個時,該基解是退化解。在以下的討論中,假設不出現退化的情況。以上給出了線性規劃問題的解的概念和定義,它們將有助於用來分析線性規劃問題的求解過程。

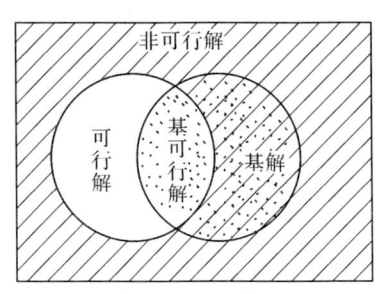

圖 2-5 幾種解的關係

【例 2.5】求出下面線性規劃的所有基本解,並指出哪些是基可行解。

$$\max z = 2x_1 + x_2$$

$$\begin{cases} 3x_1 + 5x_2 \leq 15 \\ 6x_1 + 2x_2 \leq 24 \\ x_1, x_2 \geq 0 \end{cases}$$

解:將原問題數學模型標準化

$$\max z = 2x_1 + x_2$$
$$\begin{cases} 3x_1 + 5x_2 + x_3 = 15 \\ 6x_1 + 2x_2 + x_4 = 24 \\ x_1, x_2, x_3, x_4 \geqslant 0 \end{cases}$$

系數矩陣

$$A = \begin{pmatrix} 3 & 5 & 1 & 0 \\ 6 & 2 & 0 & 1 \end{pmatrix}, b = \begin{pmatrix} 15 \\ 24 \end{pmatrix}$$

系數矩陣 A 共有 4 列，在 4 列裡面任意找 2 列，共有 $C_4^2 = 6$ 種組合。首先我們選 $B_1 = (p_1, p_2) = \begin{pmatrix} 3 & 5 \\ 6 & 2 \end{pmatrix}$，註意，作為初始基的矩陣所有列一定是線性無關的，如果線性相關就不能作為初始基 B。因為 $(p_1, p_2) = \begin{pmatrix} 3 & 5 \\ 6 & 2 \end{pmatrix}$ 行列式值不等於 0，所以 p_1, p_2 一定線性無關，可以作為初始基 B。

$$BX_B = b \Rightarrow \begin{pmatrix} 3 & 5 \\ 6 & 2 \end{pmatrix} \begin{pmatrix} x_1 \\ x_2 \end{pmatrix} = \begin{pmatrix} 15 \\ 24 \end{pmatrix}$$

解得 $\begin{pmatrix} x_1 \\ x_2 \end{pmatrix} = \begin{pmatrix} \frac{15}{4} \\ \frac{3}{4} \end{pmatrix}, \begin{pmatrix} x_3 \\ x_4 \end{pmatrix} = \begin{pmatrix} 0 \\ 0 \end{pmatrix}$ 是初始基可行解。

同理解得：

取 $B_2 = (p_1, p_3)$，可得 $\begin{pmatrix} x_1 \\ x_3 \end{pmatrix} = \begin{pmatrix} 4 \\ 3 \end{pmatrix}, \begin{pmatrix} x_2 \\ x_4 \end{pmatrix} = \begin{pmatrix} 0 \\ 0 \end{pmatrix}$ 是基可行解；

取 $B_3 = (p_1, p_4)$，可得 $\begin{pmatrix} x_1 \\ x_4 \end{pmatrix} = \begin{pmatrix} 5 \\ -6 \end{pmatrix}, \begin{pmatrix} x_2 \\ x_3 \end{pmatrix} = \begin{pmatrix} 0 \\ 0 \end{pmatrix}$，由於基變量有負值，所以是基解，但不是基可行解；

取 $B_4 = (p_2, p_3)$，可得 $\begin{pmatrix} x_2 \\ x_3 \end{pmatrix} = \begin{pmatrix} 15 \\ -45 \end{pmatrix}, \begin{pmatrix} x_1 \\ x_4 \end{pmatrix} = \begin{pmatrix} 0 \\ 0 \end{pmatrix}$，由於基變量有負值，所以是基解，但不是基可行解；

取 $B_5 = (p_2, p_4)$，可得 $\begin{pmatrix} x_2 \\ x_4 \end{pmatrix} = \begin{pmatrix} 3 \\ 18 \end{pmatrix}, \begin{pmatrix} x_1 \\ x_3 \end{pmatrix} = \begin{pmatrix} 0 \\ 0 \end{pmatrix}$ 是基可行解；

取 $B_6 = (p_3, p_4)$，可得 $\begin{pmatrix} x_3 \\ x_4 \end{pmatrix} = \begin{pmatrix} 15 \\ 24 \end{pmatrix}, \begin{pmatrix} x_1 \\ x_2 \end{pmatrix} = \begin{pmatrix} 0 \\ 0 \end{pmatrix}$ 是基可行解。

2.5 線性規劃問題的幾何意義

在 2.2 節介紹圖解法時，已直觀地看到可行域和最優解的幾何意義，這一節從理論上對其做出進一步討論。

2.5.1 基本概念

1. 凸集

設 K 是 n 維歐氏空間的一點集,若任意兩點 $X^{(1)} \in K$, $X^{(2)} \in K$ 的連線上的所有點 $\alpha X^{(1)} + (1-\alpha) X^{(2)} \in K$, $(0 \le \alpha \le 1)$;則稱 K 爲凸集。

實心圓、實心球體、實心立方體等都是凸集,圓環不是凸集。從直觀上講,凸集沒有凹入部分,其內部沒有空洞。圖 2-6 中的(a)、(b)是凸集,(c)不是凸集。圖 2-2 中的陰影部分是凸集。任何兩個凸集的交集是凸集,見圖 2-6(d)。

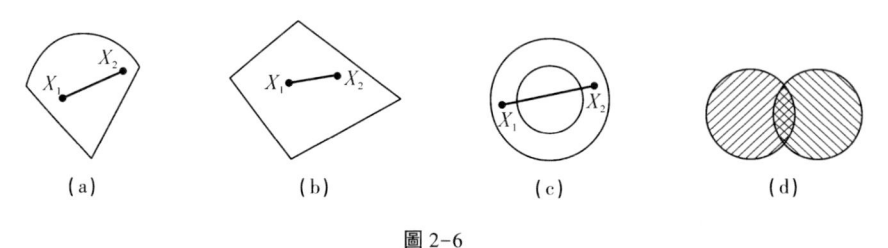

(a)　　　(b)　　　(c)　　　(d)

圖 2-6

2. 凸組合

設 $X^{(1)}, X^{(2)}, \cdots, X^{(k)}$ 是 n 維歐氏空間 E^n 中的 k 個點。若存在 $\mu_1, \mu_2, \cdots, \mu_k$,且 $0 \le \mu_i \le 1$, $i = 1, 2, \cdots, k$;$\sum_{i=1}^{k} \mu_i = 1$,使

$$X = \mu_1 X^{(1)} + \mu_2 X^{(2)} + \cdots + \mu_k X^{(k)}$$

則稱 X 爲 $X^{(1)}, X^{(2)}, \cdots, X^{(k)}$ 的凸組合。(當 $0 < \mu_i < 1$ 時,稱其爲嚴格凸組合)

3. 頂點

設 K 是凸集,$X \in K$;若 X 不能用不同的兩點 $X^{(1)} \in K$ 和 $X^{(2)} \in K$ 的線性組合表示爲

$$X = \alpha X^{(1)} + (1-\alpha) X^{(2)} \quad (0 < \alpha < 1)$$

則稱 X 爲 K 的一個頂點(或極點)。

2.5.2 幾個定理

定理 1,若線性規劃問題存在可行域,則其可行域 $D = \left\{ X \mid \sum_{j=1}^{n} P_j x_j = b, x_j \ge 0 \right\}$ 是凸集。

證:爲了證明滿足線性規劃問題的約束條件 $\sum_{j=1}^{n} P_j x_j = b (x_j \ge 0, j = 1, 2, \cdots, n)$ 的所有點(可行解)組成的集合是凸集,只要證明任意兩點連線上的點必然在 D 內即可。

設 $\begin{aligned} x^{(1)} &= (x_1^{(1)}, x_2^{(2)}, \cdots, x_n^{(n)})^T \\ x^{(2)} &= (x_1^{(2)}, x_2^{(2)}, \cdots, x_n^{(2)})^T \end{aligned}$ 是 D 內的任意兩點,且 $x^{(1)} \ne x^{(2)}$。則有:

$$\sum_{j=1}^{n} P_j x_j^{(1)} = b, x_j^{(1)} \geq 0, j = 1, 2, \cdots, n$$

$$\sum_{j=1}^{n} P_j x_j^{(2)} = b, x_j^{(2)} \geq 0, j = 1, 2, \cdots, n$$

令 $X = (x_1, x_2, \cdots, x_n)^T$ 爲 $x^{(1)}$、$x^{(2)}$ 連線上任意一點，即

$$X = \alpha x^{(1)} + (1 - \alpha) x^{(2)} \quad (0 \leq \alpha \leq 1)$$

X 的每一個分量是 $x_j = \alpha x_j^{(1)} + (1 - \alpha) x_j^{(2)}$，將它代入約束條件，得到：

$$\sum_{j=1}^{n} P_j x_j = \sum_{j=1}^{n} P_j [\alpha x_j^{(1)} + (1 - \alpha) x_j^{(2)}]$$

$$= \alpha \sum_{j=1}^{n} P_j x_j^{(1)} + \alpha \sum_{j=1}^{n} P_j x_j^{(1)} - \alpha \sum_{j=1}^{n} P_j x_j^{(2)}$$

$$= ab + b - ab = b$$

又因 $x_j^{(1)}, x_j^{(2)} \geq 0, \alpha > 0, 1 - \alpha > 0$，所以 $x_j \geq 0, j = 1, 2, \cdots, n$。
由此可見，$X \in D$，D 是凸集，證畢。

引理1：線性規劃問題的可行解 $X = (x_1, x_2, \cdots, x_n)^T$ 爲基可行解的充要條件是 X 的正分量所對應的系數列向量是線性無關的。

定理2，線性規劃問題的基可行解 X 對應於可行域 D 的頂點。

證：不失一般性，假設基可行解 X 的前 m 個分量爲正。故 $\sum_{j=1}^{m} P_j x_j = b$。

現在分兩步來討論，分別用反證法。

(1) 若 X 不是基可行解，則它一定不是可行域 D 的頂點。

根據引理1，若 X 不是基可行解，則其正分量所對應的系數列向量 $P_1, P_2, \cdots, P_m$ 線性相關，即存在一組不全爲零的數 $\alpha_i, i = 1, 2, \cdots, m$ 使得：

$$\alpha_1 P_1 + \alpha_2 P_2 + \cdots + \alpha_m P_m = 0$$

用一個 $\mu > 0$ 的數乘 $\alpha_1 P_1 + \alpha_2 P_2 + \cdots + \alpha_m P_m = 0$ 再分別與 $\sum_{j=1}^{m} P_j x_j = b$ 式相加和相減，這樣得到：

$$(x_1 - \mu\alpha_1) P_1 + (x_2 - \mu\alpha_2) P_2 + \cdots + (x_m - \mu\alpha_m) P_m = b$$

$$(x_1 + \mu\alpha_1) P_1 + (x_2 + \mu\alpha_2) P_2 + \cdots + (x_m + \mu\alpha_m) P_m = b$$

現取：

$$X^{(1)} = [(x_1 - \mu\alpha_1), (x_2 - \mu\alpha_2), + \cdots + (x_m - \mu\alpha_m), 0, \cdots, 0]$$

$$X^{(1)} = [(x_1 + \mu\alpha_1), (x_2 + \mu\alpha_2), + \cdots + (x_m + \mu\alpha_m), 0, \cdots, 0]$$

由 $X^{(1)}$、$X^{(2)}$ 可以得到 $X = \frac{1}{2}X^{(1)} + \frac{1}{2}X^{(2)}$，即 X 是 $X^{(1)}$、$X^{(2)}$ 連線的中點。

另一方面，當 μ 充分小時，可保證 $x_i \pm \mu\alpha_i \geq 0, i = 1, 2, \cdots, m$，即 $X^{(1)}$、$X^{(2)}$ 是可行解。這就證明了 X 不是可行域 D 的頂點。

(2) 若 X 不是可行域 D 的頂點，則它一定不是基可行解。

因爲 X 不是可行域 D 的頂點,故在可行域 D 中可找到不同的兩點:
$$X^{(1)} = [x_1^{(1)}, x_2^{(1)}, \cdots, x_n^{(1)}]^T$$
$$X^{(2)} = [x_1^{(2)}, x_2^{(2)}, \cdots, x_n^{(2)}]^T$$

使 $X = \alpha X^{(1)} = (1-\alpha)X^{(2)}$,$0 < \alpha < 1$。

設 X 是基可行解,對應向量組 $P_1, P_2, \cdots, P_m$ 線性無關。當 $j > m$ 時,有 $x_j = x_j^{(1)} = x_j^{(2)} = 0$,由於 $X^{(1)}$、$X^{(2)}$ 是可行域的兩點,應滿足 $\sum_{j=1}^{m} P_j x_j^{(1)} = b$ 與 $\sum_{j=1}^{m} P_j x_j^{(2)} = b$。將這兩式相減,即得 $\sum_{j=1}^{m} P_j [x_j^{(1)} - x_j^{(2)}] = 0$,因爲 $X^{(1)} \neq X^{(2)}$,所以上式系數 $[x_j^{(1)} - x_j^{(2)}]$ 不全爲零,故向量組 $P_1, P_2, \cdots, P_m$ 線性相關,與假設矛盾。即 X 不是基可行解。

引理2:若 K 是有界凸集,則任何一點 $X \in K$ 可表示爲 K 的頂點的凸組合。

定理3:若可行域有界,線性規劃問題一定可以在可行域的某個頂點上找到最優解。

證:設 $X^{(1)}, X^{(2)}, \cdots, X^{(k)}$ 是可行域的頂點,若 $X^{(0)}$ 不是頂點,且目標函數在 $X^{(0)}$ 處達到最優 $z^* = CX^{(0)}$(標準型是 $z^* = \max z$)。

因爲 $X^{(0)}$ 不是頂點,所以它可以用 D 的頂點線性表示爲:
$$X^{(0)} = \sum_{i=1}^{k} \alpha_i X^{(i)}, \ \alpha_i > 0, \ \sum_{i=1}^{k} \alpha_i = 1$$

因此
$$CX^{(0)} = C \sum_{i=1}^{k} \alpha_i X^{(i)} = \sum_{i=1}^{k} \alpha_i CX^{(i)} \tag{2-7}$$

在所有的頂點中必然能找到某一個頂點 $X^{(m)}$,使 $CX^{(m)}$ 是所有 $CX^{(i)}$ 中的最大者。並且將 $X^{(m)}$ 代替式(2-7)中的所有 $X^{(i)}$,這就得到:
$$\sum_{i=1}^{k} \alpha_i CX^{(i)} \leq \sum_{i=1}^{k} \alpha_i CX^{(m)} = CX^{(m)}$$

由此得到:
$$CX^{(0)} \leq CX^{(m)}$$

根據假設 $CX^{(0)}$ 是最大值,所以只能有:
$$CX^{(0)} = CX^{(m)}$$

即目標函數在頂點 $X^{(m)}$ 處也達到最大值。

有時目標函數可能在多個頂點處達到最大值,這時在這些頂點的凸組合上也達到最大值。我們稱這種線性規劃問題有無限多個最優解。

假設 $\hat{X}^{(1)}, \hat{X}^{(2)}, \cdots, \hat{X}^{(k)}$ 是目標函數達到最大值的頂點,若 $\hat{X}$ 是這些頂點的凸組合,即:
$$\hat{X} = \sum_{i=1}^{k} \alpha_i \hat{X}^{(i)}, \ \alpha_i > 0, \ \sum_{i=1}^{k} \alpha_i = 1$$

於是:
$$C\hat{X} = C \sum_{i=1}^{k} \alpha_i \hat{X}^{(i)} = \sum_{i=1}^{k} \alpha_i C\hat{X}^{(i)}$$

設：
$$C\hat{X}^{(i)} = m, i = 1, 2, \cdots, k$$
於是：
$$C\hat{X} = \sum_{i=1}^{k} \alpha_i m = m$$

另外,若可行域爲無界,則可能無最優解,也可能有最優解,若有,也必定是在某頂點上得到。根據以上討論,可以得到以下結論：

線性規劃問題的可行域是凸集(定理 1)；凸集的每個頂點對應一個基可行解(定理 2),基可行解個數是有限的,當然凸集的頂點也是有限的；若線性規劃有最優解,必在可行域某頂點上達到(定理 3),亦即在有限個基可行解中間存在最優解。因此,我們可以在有限個基可行解中去尋找最優解。這就是下節將介紹的單純形法的理論依據,該方法就是一種在基可行解中搜索最優解的算法。

2.6 單純形法的原理

單純形法的基本思想是：從可行域的一個基可行解(一個頂點)出發,判斷該解是否爲最優解,如果不是最優解就轉移到另一個較好的基可行解,如果目標函數達到最優,則已得到最優解,否則繼續轉移到其他較好的基可行解。由於基可行解(頂點)數目有限,所以要在有限步內,找到線性規劃最優解。

單純形法的第一步就是要找到一個初始基可行解,下面就介紹確定初始基可行解的兩種方法,即直接觀察法和大 M 法。

2.6.1 確定初始基可行解

對於線性規劃問題：
$$\max Z = CX$$
$$\begin{cases} AX = b \\ X \geq 0 \end{cases}$$

求初始基可行解有兩種方法。

1. 直接觀察法

給定問題標準化後(且 $b \geq 0$),系數矩陣 A 中存在 m 個線性無關的單位列向量,以這 m 個線性無關的單位列向量構成的單位子矩陣作爲初始基 B,則 $X_B = B^{-1}b \geq 0$,其餘 $x_j = 0$ 是基可行解。

【例 2.6】求例 2.1 問題的初始基可行解
$$\max z = 6x_1 + 4x_2$$
$$\begin{cases} 2x_1 + 3x_2 \leq 100 \\ 4x_1 + 2x_2 \leq 120 \\ x_1, x_2 \geq 0 \end{cases}$$

解：將原問題線性規劃數學模型標準化

$$\max z = 6x_1 + 4x_2$$

$$\begin{cases} 2x_1 + 3x_2 + x_3 = 100 \\ 4x_1 + 2x_2 + x_4 = 120 \\ x_1, x_2, x_3, x_4 \geq 0 \end{cases}$$

從係數矩陣 $A = \begin{vmatrix} 2 & 3 & 1 & 0 \\ 4 & 2 & 0 & 1 \end{vmatrix}$，$(p_3, p_4) = \begin{pmatrix} 1 & 0 \\ 0 & 1 \end{pmatrix}$ 是單位陣，可以作為初始基，於是 $X_B = \begin{pmatrix} x_3 \\ x_4 \end{pmatrix} = B^{-1}b = \begin{pmatrix} 100 \\ 120 \end{pmatrix}$，$X_N = \begin{pmatrix} x_1 \\ x_2 \end{pmatrix} = \begin{pmatrix} 0 \\ 0 \end{pmatrix}$ 就是原問題的一個初始基可行解。

2. 大 M 法（人工變量法）

若將給定問題標準化後（$b \geq 0$），係數矩陣中不存在 m 個線性無關的單位列向量，則在某些約束的左端加一個非負變量 x_{n+i}（人工變量），使得變化後的係數矩陣中恰有 m 個線性無關的單位列向量，並且在目標函數中減去這些人工變量與 M（是相當大的正數）的乘積，對於變化後的問題，取這 m 個單位列向量構成的單位子矩陣為初始基，該基對應的解一定是可行解。

【例 2.7】求下面問題的初始基可行解

$$\max z = 3x_1 - x_2 - x_3$$

$$\begin{cases} x_1 - 2x_2 + x_3 \leq 11 \\ -4x_1 + x_2 + 2x_3 \geq 3 \\ -2x_1 + x_3 = 1 \\ x_1, x_2, x_3 \geq 0 \end{cases}$$

解：將原問題標準化

$$\max z = 3x_1 - x_2 - x_3$$

$$\begin{cases} x_1 - 2x_2 + x_3 + x_4 = 11 \\ -4x_1 + x_2 + 2x_3 - x_5 = 3 \\ -2x_1 + x_3 = 1 \\ x_1, x_2, x_3, x_4, x_5 \geq 0 \end{cases}$$

因為將原問題標準化後只有一列單位陣，所以要人為地構造兩列單位陣，採用大 M 法變換如下：

$$\max z = 3x_1 - x_2 - x_3 - Mx_6 - Mx_7$$

$$\begin{cases} x_1 - 2x_2 + x_3 + x_4 = 11 \\ -4x_1 + x_2 + 2x_3 - x_5 + x_6 = 3 \\ -2x_1 + x_3 + x_7 = 1 \\ x_1, x_2, x_3, x_4, x_5, x_6, x_7 \geq 0 \end{cases}$$

取 $B = (p_4, p_6, p_7) = \begin{pmatrix} 1 & 0 & 0 \\ 0 & 1 & 0 \\ 0 & 0 & 1 \end{pmatrix}$ 爲初始基,

那麼 $X_B = \begin{pmatrix} x_4 \\ x_6 \\ x_7 \end{pmatrix} = B^{-1}b = \begin{pmatrix} 11 \\ 3 \\ 0 \end{pmatrix}, X_N = \begin{pmatrix} x_1 \\ x_2 \\ x_3 \\ x_5 \end{pmatrix} = \begin{pmatrix} 0 \\ 0 \\ 0 \\ 0 \end{pmatrix}$ 就是一個初始基可行解。

顯然,對任意形式的線性規劃問題都可以用這種增加人工變量的方法"湊出"一個單位子矩陣作爲初始可行基,按這種方法變化得到的線性規劃與原線性規劃有如下關係:

(1)原問題的任一基可行解都是變化後的問題的基可行解。
(2)若變化後問題的最優解中不含有非零的人工變量,則該解就是原問題的最優解。
(3)若變化後問題的最優解中含有非零的人工變量,則原問題無可行解。

2.6.2 最優性檢驗與解的判別

設線性規劃 $\begin{cases} \max Z = CX \\ AX = b \\ X \geq 0 \end{cases}$ 的可行基 $B = (p_1, p_2, \cdots, p_m)$,記 $A = (B, N), C = (C_B, C_N), X = (X_B, X_N)^T$,用 B^{-1} 乘以約束方程組的兩端,得:

$B^{-1}AX = B^{-1}(B, N)\begin{pmatrix} X_B \\ X_N \end{pmatrix} = EX_B + B^{-1}NX_N = B^{-1}b$,即

$$EX_B + B^{-1}NX_N = B^{-1}b \tag{2-8}$$

將 $X_B = B^{-1}b - B^{-1}NX_N$ 代入目標函數,得:

$Z = CX = (C_B, C_N)\begin{pmatrix} X_B \\ X_N \end{pmatrix} = C_B B^{-1}b - C_B B^{-1}NX_N + C_N X_N = C_B B^{-1}b + (C_N - C_B B^{-1}N)X_N$

記 $\sigma_N = (C_N - C_B B^{-1}N) = (\sigma_{m+1}, \sigma_{m+2}, \cdots, \sigma_n)$

其中 $\sigma_j = C_j - C_B B^{-1} P_j, j = m+1, m+2, \cdots, n$

即有 $Z = C_B B^{-1}b + \sigma_N X_N = C_B B^{-1}b + \sum_{j=m+1}^{n} \sigma_j x_j \tag{2-9}$

非基變量 x_j 前面的係數 σ_j,可以用來判斷當前與基 B 對應的基可行解是否爲最優解,故被稱爲變量 x_j 的檢驗數。

定理4:即最優性判定定理,對某基可行解 $X_B = B^{-1}b$,其餘 $x_j = 0$,若所有檢驗數 $\sigma_j = C_j - C_B B^{-1}P_j \leq 0, j = m+1, m+2, \cdots, n$。則該解爲最優解。

證明:對一切可行解 X,當所有檢驗數 $\sigma_j \leq 0$ 時,

$$Z = CX = C_B B^{-1}b + \sum_{j=m+1}^{n} \sigma_j x_j \leq C_B B^{-1}b$$

而基可行解 $X_B = B^{-1}b$,其餘 $X_j = 0$ 對應的目標函數值恰爲 $C_B B^{-1}b$。

所以,基可行解 $X_B = B^{-1}b$,其餘 $X_j = 0$ 是最優解,B 爲最優基。

定理 5：即無界解判定定理，若對某可行基 B，存在 $\sigma_k > 0$，且 $B^{-1}P_k \leq 0$，則該問題無有限最優解。

證明：設 $B = (P_{j1}, P_{j2}, \cdots, P_{jm})$，定義向量 $Y = (y_1, y_2, \cdots, y_n)^T$，其中 $y_{ji} = -a_{ik}$，$i = 1, 2, \cdots, m$。$(a_{1k}, a_{2k}, \cdots, a_{mk})^T = B^{-1}P_k = 1$，其餘 $y_j = 0$。則

$$AY = (P_1, P_2, \cdots, P_n)(y_1, y_2, \cdots, y_n)^T = P_k - \sum_{i=1}^{m} P_{ji}a_{ik} = P_k - BB^{-1}P_k = 0$$

$$CY = (c_1, c_2, \cdots, c_n)(y_1, y_2, \cdots, y_n)^T = c_k - C_B B^{-1}P_k = \sigma_k > 0$$

由 Y 的定義知 $Y \geq 0$，所以，如果問題有可行解，則任何 $\lambda > 0$，$A(X + \lambda Y) = AX = \lambda AY = b$，即 $X + \lambda Y$ 也是可行解。

故，當 $\lambda \to +\infty$ 時，$Z = C(X + \lambda Y) = CX + \lambda \sigma_k \to +\infty$，證畢。

定理 6，即無窮多最優解判別定理，若 $X^{(0)} = (b_1', b_2', \cdots, b_m', 0, \cdots, 0)^T$ 為一個基可行解，對於一切 $j = m+1, \cdots, n$，有 $\sigma_j \leq 0$，又存在某個非基變量的檢驗數 $\sigma_{m+k} = 0$，則線性規劃問題有無窮多最優解。

2.6.3 單純形表

將約束方程組與目標函數組成 $n+1$ 個變量，以及 $m+1$ 個方程的方程組。即：

$$x_1 + a_{1,m+1}x_{m+1} + \cdots + a_{1n}x_n = b_1$$
$$x_2 + a_{2,m+1}x_{m+1} + \cdots + a_{2n}x_n = b_2$$
$$\cdots$$
$$x_m + a_{m,m+1}x_{m+1} + \cdots + a_{mn}x_n = b_m$$
$$-z + c_1x_1 + c_2x_2 + \cdots + c_mx_m + \cdots + c_nx_n = 0$$

為了便於迭代運算，可將上述方程組寫成增廣矩陣：

$$\begin{array}{c c c c c c c c c}
-z & x_1 & x_2 & \cdots & x_m & x_{m+1} & \cdots & x_n & b
\end{array}$$
$$\begin{bmatrix}
0 & 1 & & \cdots & 0 & a_{1,m+1} & \cdots & a_{1n} & b_1 \\
0 & 0 & 1 & \cdots & 0 & a_{2,m+1} & \cdots & a_{2n} & b_2 \\
& & & \cdots & & \cdots & & & \\
0 & 0 & 0 & \cdots & 1 & a_{m,m+1} & \cdots & a_{mn} & b_m \\
1 & c_1 & c_2 & \cdots & c_m & c_{m+1} & \cdots & c_n & 0
\end{bmatrix}$$

若將 z 看作不參與基變換的基變量，它與 $x_1, x_2, \cdots, x_m$ 的系數構成一個基，這時可採用行初等變換將 $c_1, c_2, \cdots, c_m$ 變換為零，使其對應的系數矩陣為單位矩陣。得到

$$\begin{array}{c c c c c c c c c}
-z & x_1 & x_2 & \cdots & x_m & x_{m+1} & \cdots & x_n & b
\end{array}$$
$$\begin{bmatrix}
0 & 1 & & \cdots & 0 & a_{1,m+1} & \cdots & a_{1n} & b_1 \\
0 & 0 & 1 & \cdots & 0 & a_{2,m+1} & \cdots & a_{2n} & b_2 \\
& & & \cdots & & & & & \\
0 & 0 & 0 & \cdots & 1 & a_{m,m+1} & \cdots & a_{mn} & b_m \\
1 & 0 & 0 & \cdots & 0 & c_{m+1} - \sum_{i=1}^{m} c_i a_{i,m+1} & \cdots & c_n - \sum_{i=1}^{m} c_i a_{in} & -\sum_{i=1}^{m} c_i b_i
\end{bmatrix}$$

可根據上述增廣矩陣設計計算表,見表 2-4。

表 2-4　　　　　　　　　　　根據增廣矩陣設計的計算表

c_j			c_1	⋯	c_m	c_{m+1}	⋯	c_n	θ_i
C_B	X_B	b	x_1	⋯	x_m	x_{m+1}	⋯	x_n	
c_1	x_1	b_1	1	⋯	0	$a_{1,m+1}$	⋯	a_{1n}	θ_1
c_2	x_2	b_2	0	⋯	0	$a_{2,m+1}$	⋯	a_{2n}	θ_2
		⋯							
c_m	x_m	bm	0	⋯	1	$a_{m,m+1}$	⋯	a_{mn}	θ_m
$-z$		$-\sum_{i=1}^{m} c_i b_i$	0	⋯	0	$c_{m+1} - \sum_{i=1}^{m} c_i a_{i,m+1}$	⋯	$c_n - \sum_{i=1}^{m} c_i a_{in}$	

X_B 列中填進基變量,這裡是 $x_1, x_2, \cdots, x_m$;C_B 列中填進基變量的價值係數,這裡是 $c_1, c_2, \cdots, c_m$;它們是與基變量相對應的;b 列中填入約束方程組右端的常數;c_j 行中填進基變量的價值係數 $c_1, c_2, \cdots, c_n$;θ_i 列的數字是在被確定進入基變量後,按 θ 規則計算後填入的;最後一行稱為檢驗數行,對應各非基變量 x_j 的檢驗數是

$$c_j - \sum_{i=1}^{m} c_i a_{ij}, j = 1, 2, \cdots, n$$

表 2-4 被稱為初始單純形表,每迭代一步構造一個新的單純形表。

2.6.4 基變換

若初始基可行解 $X^{(0)}$ 不是最優解及不能判別無界時,需要找一個新的基可行解。具體做法是從原可行解基中換一個列向量(當然要保證線性獨立),得到一個新的可行基,被稱為基變換。為了換基,先要確定進基變量,再確定離基變量,讓它們相應的係數列向量進行對換,就得到一個新的基可行解。

1. 進基變量的確定

從最優解判別定理知道,當某個 $\sigma_j > 0$ 時,非基變量 x_j 變為基變量,x_j 增加則目標函數值還可以增大,這時要將某個非基變量 x_j 換到基變量中去(被稱為進基變量)。若有兩個以上的 $\sigma_j > 0$,為了使目標函數值更大些,一般選 $\sigma_j > 0$ 中的較大者的非基變量為進基變量。

2. 離基變量的確定

設 $P_1, P_2, \cdots, P_m$ 是一組線性獨立的向量組,它們對應的基可行解是 $X^{(0)}$。將它代入約束方程組得到

$$\sum_{i=1}^{m} x_i^{(0)} P_i = b$$

其他的向量 $P_{m+1}, P_{m+2}, \cdots, P_{m+t}, \cdots, P_n$ 都可以用 $P_1, P_2, \cdots, P_m$ 線性表示,若確定非基變量 P_{m+t} 為進基變量,必然可以找到一組不全為 0 的數($i = 1, 2, \cdots, m$)使得

$$P_{m+t} = \sum_{i=1}^{m} \beta_{i,m+t} P_i$$

或

$$P_{m+t} - \sum_{i=1}^{m} \beta_{i,m+t} P_i = 0 \tag{2-10}$$

在式(2-10)兩邊同乘一個正數 θ，然後將它加到 $\sum_{i=1}^{m} x_i^{(0)} P_i = b$ 上，得到

$$\sum_{i=1}^{m} x_i^{(0)} P_i + \theta \left[P_{m+t} - \sum_{i=1}^{m} \beta_{i,m+t} P_i \right] = b$$

或

$$\sum_{i=1}^{m} \left[x_i^{(0)} - \theta \beta_{i,m+t} \right] P_i + \theta P_{m+t} = b \tag{2-11}$$

當 θ 取適當值時，就能得到滿足約束條件的一個可行解(即非零分量的數目不大於 m 個)。就應使 $[x_i^{(0)} - \theta \beta_{i,m+t}](i = 1,2,\cdots,m)$ 中的某一個爲零，並保證其餘的分量爲非負。

這個要求可以用以下的辦法達到：比較各比值 $\dfrac{x_i^{(0)}}{\beta_{i,m+t}}(i=1,2,\cdots,m)$。又因爲 θ 必須是正數，所以只選擇 $\left[\dfrac{x_i^{(0)}}{\beta_{i,m+t}}\right] > 0(i=1,2,\cdots,m)$ 中比值最小的等於 θ。以上描述用數學式表示爲：

$$\theta = \min_{i} \left[\frac{x_i^{(0)}}{\beta_{i,m+t}} \bigg| \beta_{i,m+t} > 0 \right] = \frac{x_l^{(0)}}{\beta_{l,m+t}}$$

這時 x_i 爲離基變量。按最小比值確定 θ 值，稱爲最小比值規則。將 $\theta = \dfrac{x_l^{(0)}}{\beta_{l,m+t}}$ 代入 X 中，便得到新的基可行解。

$$X^{(1)} = \left[x_1^{(0)} - \frac{x_l^{(0)}}{\beta_{l,m+t}} \beta_{1,m+t}, \cdots, 0, \cdots, x_m^{(0)} - \frac{x_l^{(0)}}{\beta_{m,m+t}} \beta_{m,m+t}, 0, \cdots, \frac{x_l^{(0)}}{\beta_{l,m+t}}, \cdots, 0 \right]$$

由此得到由 $X^{(0)}$ 轉換到 $X^{(1)}$ 的各分量的轉換公式：

$$x_i^{(1)} = \begin{cases} x_i^{(0)} - \dfrac{x_l^{(0)}}{\beta_{l,m+t}} \beta_{i,m+t} & i \neq l \\ \dfrac{x_l^{(0)}}{\beta_{l,m+t}} & i = l \end{cases}$$

這里 $x_i^{(0)}$ 是原基可行解 $X^{(0)}$ 的各分量；$x_i^{(1)}$ 是新基可行解 $X^{(1)}$ 的各分量；$\beta_{i,m+t}$ 是進基向量 P_{m+t} 對應的原來一組基向量的坐標。從一個基可行解到另一個基可行解的變換，就是一次基變換。從幾何意義上講，就是從可行域的一個頂點轉向另一個頂點。

2.6.5 迭代(旋轉運算)

上述討論的基可行解的轉換方法是用向量方程來描述的，在實際計算時不太方便，

因此採用系數矩陣法。現考慮以下形式的約束方程組

$$\begin{cases} x_1 + a_{1,m+1}x_{m+1} + \cdots + a_{1k}x_k + \cdots + a_{1n}x_n = b_1 \\ x_2 + a_{2,m+1}x_{m+1} + \cdots + a_{2k}x_k + \cdots + a_{2n}x_n = b_2 \\ \cdots \\ x_l + a_{l,m+1}x_{m+1} + \cdots + a_{lk}x_k + \cdots + a_{ln}x_n = b_l \\ \cdots \\ x_m + a_{m,m+1}x_{m+1} + \cdots + a_{mk}x_k + \cdots + a_{mn}x_n = b_m \end{cases} \quad (2\text{-}12)$$

在一般線性規劃問題的約束方程組中加入鬆弛變量或人工變量後，很容易得到上述形式。

設 $x_1, x_2, \cdots, x_m$ 爲基變量，對應的系數矩陣是 $m \times m$ 單位陣 I，它是可行基。令非基變量 $x_{m+1}, x_{m+2}, \cdots, x_n$ 爲零，即可得到一個基可行解。若它不是最優解，則要另外找一個使目標函數值增大的基可行解。這時從非基變量中確定 x_k 爲進基變量。顯然這時 θ 可表示爲：

$$\theta = \min_i \left[\frac{b_i}{a_{ik}} \,\middle|\, a_{ik} > 0 \right] = \frac{b_l}{a_{lk}}$$

在迭代過程中 θ 可表示爲

$$\theta = \min_i \left[\frac{b_i'}{a_{ik}'} \,\middle|\, a_{ik}' > 0 \right] = \frac{b_l'}{a_{lk}'}$$

其中，b_i'、a_{ik}' 是經過迭代後對應於 b_i、a_{ik} 的元素值。

按 θ 規則確定 x_l 爲離基變量，x_k、x_l 的系數列向量分別爲：

$$P_k = \begin{bmatrix} a_{1k} \\ a_{2k} \\ \vdots \\ a_{lk} \\ \vdots \\ a_{mk} \end{bmatrix} \quad P_l = \begin{bmatrix} 0 \\ \vdots \\ 0 \\ 1 \\ \vdots \\ 0 \end{bmatrix}$$

爲了使 x_k 與 x_l 進行對換，須把 P_k 變爲單位向量，這可以通過式 (2-12) 系數矩陣的增廣矩陣進行初等變換來實現。

$$\begin{bmatrix} 1 & & & a_{1,m+1} & \cdots & a_{1k} & \cdots & a_{1n} & \bigg| & b_1 \\ & \cdots & & & & & & & \bigg| & \\ & & 1 & a_{l,m+1} & \cdots & a_{lk} & \cdots & a_{ln} & \bigg| & b_l \\ & & & \cdots & & & & & \bigg| & \\ & & & 1 & a_{m,m+1} & \cdots & a_{mk} & \cdots & a_{mn} & \bigg| & b_m \end{bmatrix} \quad (2\text{-}13)$$

變換的步驟是：
(1) 將增廣矩陣式 (2-13) 中的第 l 行除以 a_{lk}，得到

$$\left[0,\cdots,0,\frac{1}{a_{lk}},0,\cdots,0,\frac{a_{l,m+1}}{a_{l,k}},\cdots,1,\cdots,\frac{a_{ln}}{a_{lk}}\mid\frac{b_l}{a_{lk}}\right] \qquad (2\text{-}14)$$

(2)將式(2-12)中 x_k 列的各元素,除 a_{lk} 變換爲1以外,其他都變換爲零。其他行的變換是將式(2-14)乘以 $a_{ik}(i \neq 1)$ 後,從式(2-13)的第 i 行減去,得到新的第 i 行:

$$\left[0,\cdots,0,-\frac{a_{ik}}{a_{lk}},0,\cdots,0,a_{i,m+1}-\frac{a_{l,m+1}}{a_{lk}}a_{ik},\cdots,0,\cdots,a_{ln}-\frac{a_{ln}}{a_{lk}}\cdot a_{ik}\mid b_i-\frac{b_l}{a_{lk}}\cdot a_{ik}\right]$$

由此可得到變換後系數矩陣各元素的變換關係式:

$$a'_{ij} = \begin{cases} a_{ij} - \dfrac{a_{lj}}{a_{lk}}a_{ik}(i \neq l) \\ \dfrac{a_{lj}}{a_{lk}}(i = l) \end{cases} \qquad b'_i = \begin{cases} b_i - \dfrac{a_{ik}}{a_{lk}}b_l(i \neq l) \\ \dfrac{b_l}{a_{lk}}(i = l) \end{cases}$$

a'_{ij},b'_i 是變換後的新元素。

(3)經過初等變換後的新增廣矩陣是:

$$\begin{bmatrix} 1 & \cdots & -\dfrac{a_{1k}}{a_{lk}} & \cdots & 0 & a'_{1,m+1} & \cdots & 0 & \cdots & a'_{1n} & \bigg| & b'_1 \\ 0 & \cdots & +\dfrac{1}{a_{lk}} & \cdots & 0 & a'_{l,m+1} & \cdots & 1 & \cdots & a'_{ln} & \bigg| & b'_l \\ 0 & \cdots & -\dfrac{a_{mk}}{a_{lk}} & \cdots & 1 & a'_{m,m+1} & \cdots & 0 & \cdots & a'_{mn} & \bigg| & b'_m \end{bmatrix} \qquad (2\text{-}15)$$

(4)從式(2-15)中可以看到 $x_1,x_2,\cdots,x_k,\cdots,x_m$ 的系數列向量構成 $m \times m$ 單位矩陣,它是可行基,當非基變量 $x_{m+1},\cdots,x_l,\cdots,x_n$ 爲零時,就得到一個基可行解 $X^{(1)}$:

$$X^{(1)} = (b'_1,\cdots,b'_{l-1},0,b'_{l+1}\cdots b'_m,0,\cdots b'_k,0,\cdots 0)^\mathrm{T}$$

在上述系數矩陣的變換中,元素 a_{lk} 被稱爲主元素,它所在列被稱爲主元列,它所在行被稱爲主元行。元素 a_{lk} 位置變換後爲1。

歸結上述討論,單純形法計算步驟如下:

步驟1,化爲標準型(要求 $b \geq 0$),確定初始基 $B(=E)$ 和初始可行解 $X_B = B^{-1}b$,建立初始單純形表。

步驟2,檢查非基變量的檢驗數,若所有 $\sigma_j = C_j - C_B B^{-1} P_j \leq 0$,則已得到最優解,停止計算;否則按 $\max_j(\sigma_j > 0) = \sigma_k$,確定 x_k 爲旋入變量。

步驟3,若對於 $\sigma_k > 0$,有 $B^{-1}P_k \leq 0$(即單純形表中 x_k 對應的系數列向量非正),則該問題無有限最優解,停止計算,否則轉步驟4。

步驟4,計算 $\theta = \min\left\{\dfrac{(B^{-1}b)_i}{a_{ik}} \bigg| a_{ik} > 0\right\} = \dfrac{(B^{-1}b)_l}{a_{lk}}$,確定單純形表中第 L 行對應的基

變量為旋出變量。

步驟5，以 a_{lk} 為主元體 (L,K) 旋轉變換，得出新的單純形表，再轉步驟2。

【例2.8】計算下列線性規劃

$$(L) \quad \begin{cases} \max Z = 6x_1 + 4x_2 \\ 2x_1 + 3x_2 \leqslant 100 \\ 4x_1 + 2x_2 \leqslant 120 \\ x_1, x_2 \geqslant 0 \end{cases}$$

解：標準化

$$(L) \quad \begin{cases} \max Z = 6x_1 + 4x_2 \\ 2x_1 + 3x_2 + x_3 = 100 \\ 4x_1 + 2x_2 + x_4 = 120 \\ x_1, x_2, x_3, x_4 \geqslant 0 \end{cases}$$

取 $(P_3, P_4) = \begin{pmatrix} 1 & 0 \\ 0 & 1 \end{pmatrix}$ 為初始基 B，則 $X_B = \begin{pmatrix} X_3 \\ X_4 \end{pmatrix} = \begin{pmatrix} 100 \\ 120 \end{pmatrix}$，$X_N = \begin{pmatrix} X_1 \\ X_2 \end{pmatrix} = \begin{pmatrix} 0 \\ 0 \end{pmatrix}$ 為初始基可行解。按單純形法計算步驟得到的結果如表2-5所示：

表2-5　　　　　　　　　　　例2.8 求解結果

	C		6	4	0	0
C_B	X_B	$B^{-1}b$	x_1	x_2	x_3	x_4
0	x_3	100	2	3	1	0
0	x_4	120	[4]	2	0	1
	σ	0	6	4	0	0
0	x_3	40	0	[2]	1	-1/2
6	x_1	30	1	1/2	0	1/4
	σ	-180	0	1	0	-3/2
4	x_2	20	0	1	1/2	-1/4
6	x_1	20	1	0	-1/4	3/8
	σ	-200	0	0	-1/2	-5/4

由此得 最優解：$x_1 = x_2 = 20, x_3 = x_4 = 0$，最優值：$Z = 200$。

【例2.9】計算下列線性規劃

$$\max Z = 3x_1 - x_2 - x_3$$

$$\begin{cases} x_1 - 2x_2 + x_3 \leq 11 \\ -4x_1 + x_2 + 2x_3 \geq 3 \\ -2x_1 + x_3 = 1 \\ x_1, x_2, x_3 \geq 0 \end{cases}$$

解：加入鬆弛變量及人工變量得：

$$\max Z = 3x_1 - x_2 - x_3 - Mx_6 - Mx_7$$

$$\begin{cases} x_1 - 2x_2 + x_3 + x_4 = 11 \\ -4x_1 + x_2 + 2x_3 - x_5 + x_6 = 3 \\ -2x_1 + x_3 + x_7 = 1 \\ x_1, x_2, x_3, x_4, x_5, x_6, x_7 \geq 0 \end{cases}$$

取 $P_4, P_6, P_7 = \begin{pmatrix} 1 & 0 & 0 \\ 0 & 1 & 0 \\ 0 & 0 & 1 \end{pmatrix}$ 爲初始基 B，列出單純形表，並計算，結果如表 2-6 所示。

表 2-6　　　　　　　　　例 2.9 求解結果

C			3	-1	-1	0	0	-M	-M	θ
C_B	X_B	$B^{-1}b$	x_1	x_2	x_3	x_4	x_5	x_6	x_7	
0	x_4	11	1	-2	1	1	0	0	0	11
-M	x_6	3	-4	1	2	0	-1	1	0	3/2
-M	x_7	1	-2	0	[1]	0	0	0	1	1
σ			3-6M	M-1	3M-1	0	-M	0	0	
0	x_4	10	3	-2	0	1	0	0	-1	
-M	x_6	1	0	[1]	0	0	-1	1	-2	1
-1	x_3	1	-2	0	1	0	0	0	1	
σ			1	M-1	0	0	-M	0	1-3M	
0	x_4	12	[3]	0	0	1	-2	2	-5	4
-1	x_2	1	0	1	0	0	-1	1	-2	
-1	x_3	1	-2	0	1	0	0	0	1	
σ			1	0	0	0	-1	1-M	-M-1	
3	x_1	4	1	0	0	1/3	-2/3	2/3	-5/3	
-1	x_2	1	0	1	0	0	-1	1	-2	
-1	x_3	9	0	0	1	2/3	-4/3	4/3	-7/3	
σ		2	0	0	0	-1/3	-1/3	1/3-M	2/3-M	

由此得：最優解爲 $X_B = \begin{pmatrix} x_1 \\ x_2 \\ x_3 \end{pmatrix} = \begin{pmatrix} 4 \\ 1 \\ 9 \end{pmatrix}$, $X_N = \begin{pmatrix} x_4 \\ x_5 \\ x_6 \\ x_7 \end{pmatrix} = \begin{pmatrix} 0 \\ 0 \\ 0 \\ 0 \end{pmatrix}$, 最優值爲 $Z = 2$。

2.7 單純形法的進一步討論

2.7.1 兩階段法

對於前面介紹的大 M 法，如果用計算機求解時，只能用很大的正數代替 M，這就可能造成計算上的錯誤。下面介紹兩階段法。

第一階段，求初始基可行解，在約束中添加人工變量，使約束矩陣出現單位子矩陣，然後以這些人工變量之和的相反數 W 求最大目標函數。若第一階段最優解對應的最優值等於零，則所有人工變量一定都取零值，說明原問題存在基可行解，可以進行第二階段計算；否則原問題無可行解，應停止計算。

第二階段，求原問題的最優解，將第一階段計算得到的最終表，除去人工變量，恢復原來的目標函數，並以第一階段的最優解爲初始基可行解，重新計算檢驗數，然後用單純形法繼續求解。

【例 2.10】計算下列線性規劃：

$$\max Z = 3x_1 - x_2 - x_3$$

$$\begin{cases} x_1 - 2x_2 + x_3 \leqslant 11 \\ -4x_1 + x_2 + 2x_3 \geqslant 3 \\ -2x_1 + x_3 = 1 \\ x_1, x_2, x_3 \geqslant 0 \end{cases}$$

解：加入鬆弛變量及人工變量，給出第一階段數學模型：

$$\max W = -x_6 - x_7$$

$$\begin{cases} x_1 - 2x_2 + x_3 + x_4 = 11 \\ -4x_1 + x_2 + 2x_3 - x_5 + x_6 = 3 \\ -2x_1 + x_3 + x_7 = 1 \\ x_1, x_2, x_3, x_4, x_5, x_6, x_7 \geqslant 0 \end{cases}$$

取 (P_4, P_6, P_7) 爲初始基 B，列出初始單純形表並計算，如表 2-7 所示。

表 2-7　　　　　　　　　　　第一階段計算結果

	C		0	0	0	0	0	-1	-1
C_B	X_B	$B^{-1}b$	x_1	x_2	x_3	x_4	x_5	x_6	x_7
0	x_4	11	1	-2	1	1	0	0	0
-1	x_6	3	-4	1	2	0	-1	1	0
-1	x_7	1	-2	0	[1]	0	0	0	1
	σ		-6	1	3	0	-1	0	0
0	x_4	10	3	-2	0	1	0	0	-1
-1	x_6	1	0	[1]	0	0	-1	1	-2
0	x_3	1	-2	0	1	0	0	0	1
	σ		0	1	0	0	-1	0	-3
0	x_4	12	3	0	0	1	-2	2	-5
0	x_2	1	0	1	0	0	-1	1	-2
0	x_3	1	-2	0	1	0	0	0	1
	σ		0	0	0	0	0	-1	-1

因為最優解中人工變量均等於零，所以可以進行第二階段計算，如表 2-8 所示。

表 2-8　　　　　　　　　　　第二階段計算結果

	C		3	-1	-1	0	0	-1	-1
C_B	X_B	$B^{-1}b$	x_1	x_2	x_3	x_4	x_5	x_6	x_7
0	x_4	12	3	0	0	1	-2	2	-5
-1	x_2	1	0	1	0	0	-1	1	-2
-1	x_3	1	-2	0	1	0	0	0	1
	σ		1	0	0	0	-1	-1	-1
3	x_1	4	1	0	0	1/3	-2/3		
-1	x_2	1	0	1	0	0	-1		
-1	x_3	9	0	0	1	2/3	-4/3		
			0	0	0	-1/3	-1/3		

由此解得原問題最優解為 $X_B = \begin{pmatrix} x_1 \\ x_2 \\ x_3 \end{pmatrix} = \begin{pmatrix} 4 \\ 1 \\ 9 \end{pmatrix}, X_N = \begin{pmatrix} x_4 \\ x_5 \end{pmatrix} = \begin{pmatrix} 0 \\ 0 \end{pmatrix}$，最優值為 $Z = 2$。

2.7.2　標準型的其它形式

有的教材定義線性規劃的標準型爲：

$$\min Z = CX$$
$$\begin{cases} AX = b \\ X \geq 0 \end{cases}$$

如果仍定義檢驗數爲：

$$\sigma_j = C_j - C_B B^{-1} P_j$$

由目標函數的表達式 $Z = C_B B^{-1} b + \sum_{j=m+1}^{n} \sigma_j x_j$ 易知,以目標函數極小化爲標準型的線性規劃問題的最優性檢驗規則爲:對某基可行解 $X_b = B^{-1} b$,其餘 $x_j = 0$,若所有檢驗數 $\sigma_j = C_j - C_B B^{-1} P_j \geq 0, j = m+1, m+2, \cdots, n$,則該解爲最優解。

2.8　求解和應用中遇到的一些問題

線性規劃在實際應用和求解過程中會遇到一些特殊情況,對線性規劃問題的求解結果可能出現無可行解、無界解、無窮多最優解,甚至出現退化等情況,2.6 節中給出了相應的判別準則,這裡分別舉例說明。

2.8.1　無可行解

【例 2.11】用單純形法求解下列線性規劃問題：

$$\max z = 20x_1 + 30x_2$$
$$\begin{cases} 3x_1 + 10x_2 \leq 150 \\ x_1 \leq 30 \\ x_1 + x_2 \geq 40 \\ x_1, x_2 \geq 0 \end{cases}$$

解:在上述問題的約束條件中加入鬆弛變量、剩餘變量和人工變量,得到：

$$\max z = 20x_1 + 30x_2 - Mx_6$$
$$\begin{cases} 3x_1 + 10x_2 + x_3 \leq 150 \\ x_1 + x_4 \leq 30 \\ x_1 + x_2 - x_5 + x_6 \geq 40 \\ x_1, x_2, x_3, x_4, x_5, x_6 \geq 0 \end{cases}$$

這裡 M 是一個任意大的正數。用單純形法進行計算(見表 2-9)。

表 2-9　　　　　　　　　　　例 2.11 求解結果

c_j			20	30	0	0	0	-M	θ
C_B	X_B	b	x_1	x_2	x_3	x_4	x_5	x_6	
0	x_3	150	3	[10]	1	0	0	0	15
0	x_4	30	1	0	0	1	0	0	—
-M	x_6	40	1	1	0	0	-1	1	40
c_j-z_j			20+M	30+M	0	0	-M	0	
30	x_2	15	3/10	1	1/10	0	0	0	50
0	x_4	30	[1]	0	0	1	0	1	30
-M	x_6	25	7/10	0	-1/10	0	-1	0	250/7
c_j-z_j			11+7M/10	0	-3-M/10	0	-M	0	
30	x_2	6	0	1	1/10	-3/10	0	0	4
20	x_1	30	1	0	0	1	0	1	
-M	x_6	4	0	0	-1/10	-7/10	-1	0	
c_j-z_j		780-4M	0	0	-3-M/10	-11-7M/10	-M	0	

第 2 次迭代的檢驗數都是 $\sigma_j \leq 0$，可知第 2 次迭代所得的基本可行解已經是最優解了。其最優解爲 $x_1 = 30$，$x_2 = 6$，$x_3 = x_4 = x_5 = 0$，$x_6 = 4 \neq 0$，其最大的目標函數爲 780-4M。把最優解 $x_5 = 0$，$x_6 = 4$ 帶入第 3 個約束方程得 $x_1 + x_2 - 0 + 4 = 40$，即有 $x_1 + x_2 = 36 \leq 40$，並不滿足原來的約束條件 3，可知原線性規劃問題無可行解，或者說其可行域爲空集，當然更不可能有最優解了。

像這樣，只要求出的線性規劃問題的最優解里有人工變量大於零，則此線性規劃問題無可行解。

2.8.2 無界解

在求目標函數最大值的問題中，所謂無界解是指在約束條件下目標函數值可以取任意值。

【例 2.12】用單純形法求解下面線性規劃問題：

$$\max z = x_1 + x_2$$

$$\begin{cases} x_1 - x_2 \leq 1 \\ -3x_1 + 2x_2 \leq 6 \\ x_1, x_2 \geq 0 \end{cases}$$

解：在上述問題的約束條件中加入鬆弛變量，得標準形式：

$$\max z = x_1 + x_2$$
$$\begin{cases} x_1 - x_2 + x_3 = 1 \\ -3x_1 + 2x_2 + x_4 = 6 \\ x_1, x_2, x_3, x_4 \geq 0 \end{cases}$$

用單純形表計算(見表2-10)。

表2-10　　　　　　　　　　例2.12 求解結果

C_B	X_B	c_j	1	1	0	0	θ
		b	x_1	x_2	x_3	x_4	
0	x_3	1	[1]	-1	1	0	1
0	x_4	6	-3	2	0	1	$-$
	$c_j - z_j$		1	1	0	0	
1	x_1	1	1	-1	1/10	0	
0	x_4	9	0	-1	0	1	
	$c_j - z_j$		1	0	2	-1	0

從第1次迭代的檢驗數 $\sigma_2 = 2$ 可知,所得的基本可行解 $x_1 = 1, x_2 = 0, x_3 = 0, x_4 = 9$,不是最優解。同時我們也知道,如果進行第2次迭代,那麼就選 x_2 為進基變量,但是在選擇離基變量時遇到了問題：$a'_{12} = -1$, $a'_{22} = -1$,找不到大於零的 a'_{22} 來確定離基變量。事實上如果我們碰到這種情況就可以斷定這個線性規劃問題是無界的,也就是說在此線性規劃的約束條件下,此目標函數可以取到無限大。從1次迭代的單純形表中,得到約束方程(這是原約束方程經過1次選擇行變換得到的)：

$$x_1 - x_2 + x_3 = 1, \quad -x_2 + 3x_3 + x_4 = 9$$

移項可得：

$$x_1 = x_2 - x_3 + 1, \quad x_4 = x_2 - 3x_3 + 9$$

不妨設 $x_2 = M$, $x_3 = 0$,可得一組解：

$$x_1 = M + 1, \quad x_2 = M, \quad x_3 = 0, \quad x_4 = M + 9$$

顯然這是此線性規劃的可行解,此時目標函數

$$z = x_1 + x_2 = M + 1 + M = 2M + 1$$

由於M可以是任意正數,可知此目標函數值無界。

上述例子告訴我們,在單純形表中識別線性規劃問題是否無界的方法為：在某次迭代的單純形表中,如果存在着一個大於零的檢驗數 σ_j,並且該列的系數向量的每個元素 $a_{ij}(i = 1, 2, \cdots, m)$ 都小於或等於零,則此線性規劃問題是無界的,一般來說此類問題的出現是由於建模錯誤所引起的。

2.8.3 無窮多最優解

【例2.13】用單純形表求解下列線性規劃問題：

$$\max z = 50x_1 + 50x_2$$

$$\begin{cases} x_1 + x_2 \leqslant 300 \\ 2x_1 + x_2 \leqslant 400 \\ x_2 \leqslant 250 \\ x_1, x_2 \geqslant 0 \end{cases}$$

解：在上述問題的約束條件中加入鬆弛變量、剩餘變量和人工變量得到：

$$\max z = 50x_1 + 50x_2$$

$$\begin{cases} x_1 + x_2 + x_3 = 300 \\ 2x_1 + x_2 + x_4 = 400 \\ x_2 + x_5 = 250 \\ x_1, x_2, x_3, x_4, x_5 \geqslant 0 \end{cases}$$

用單純形法進行計算（見表 2-11）。

表 2-11　　　　　　　　　　例 2.13 求解結果

C_B	X_B	b	c_j					θ
			50	50	0	0	0	
			x_1	x_2	x_3	x_4	x_5	
0	x_3	300	1	1	1	0	0	300
0	x_4	400	2	1	0	1	0	400
0	x_5	250	0	[1]	0	0	1	250
c_j-z_j			50	50	0	0	0	
0	x_3	50	[1]	0	1	0	−1	50
0	x_4	150	2	0	0	1	−1	150
50	x_2	250	0	1	0	0	1	—
c_j-z_j			50	0	0	0	−50	
50	x_1	50	1	0	1	0	−1	
0	x_4	50	0	0	−2	1	1	
50	x_2	250	0	1	0	0	1	
c_j-z_j		15 000	0	0	−50	0	0	

這樣我們求得最優解爲 $x_1 = 50$，$x_2 = 250$，$x_3 = x_4 = x_5 = 0$，此線性規劃問題的最優值爲 15 000。這個最優解是否是唯一的呢？由於在第 2 次迭代的檢驗數中除了基變量的檢驗數 σ_1、σ_2、σ_4 等於零外，非基變量 x_5 的檢驗數也等於零，這樣我們可以斷定此線性規劃問題有無窮多最優解。不妨把檢驗數也爲零的非基變量選爲進基變量，進行第 3 次迭代。可求得另一個基本可行解，如表 2-12 所示。

表 2-12　　　　　　　　　另一個基本可行解

	c_j		50	50	0	0	0	θ
C_B	X_B	b	x_1	x_2	x_3	x_4	x_5	
50	x_1	100	1	0	−1	1	0	
0	x_5	50	0	0	−2	1	1	
50	x_2	200	0	1	2	−1	0	
	$c_j - z_j$	15 000	0	0	−50	0	0	

　　從檢驗數可知，此基本可行解 $x_1 = 100, x_2 = 200, x_3 = x_4 = 0, x_5 = 50$ 也是最優解。

　　在一個已經得到最優解的單純形表中，如果存在一個非基變量的檢驗數 σ_s 爲零，當把這個非基變量 x_s 作爲進基變量進行迭代時，得到的新的基本解仍爲最優解。

　　這樣我們得到了判斷線性規劃有無窮多最優解的方法：對於某個最優的基本可行解，如果存在某個非基變量的檢驗數爲零，則此線性規劃問題有無窮多最優解。

2.8.4　退化與循環

　　在單純形法中，基變量一般都取非零值，非基變量都取零值，如果某個基可行解中存在取零值的基變量，則稱該解爲退化解。在退化情況下，如果取退化的基變量爲旋出標量，則變換後的解仍爲退化解，且目標函數值不變；在以後的迭代中，如果每次都取退化的基變量爲旋出變量，則迭代可能只在可行域的幾個頂點中反復進行，即出現計算過程的循環，而達不到最優解。

　　爲了避免出現循環問題，1947 年，Bland 提出了一種簡便的規則：

　　(1) 若 $k = \min\{j | \sigma_j > 0\}$，則以 x_k（腳標最小的非基變量）爲旋入變量。

　　(2) 計算 $\theta = \min\left\{\dfrac{(B^{-1}b)_i}{a_{ik}} | a_{ik} > 0\right\}$，當存在兩個或兩個以上比值都等於 0 時，選取腳標最小的基變量爲換出變量。

　　可以證明，按 Bland 規則計算時，一定可以避免出現循環問題。

　　在實際計算中，循環現象極爲罕見，目前僅有人爲構造的幾個例子會出現循環現象。因此，我們計算時完全可以不必考慮循環問題。

2.9　線性規劃應用舉例

　　一般來講，一個經濟、管理問題滿足以下條件時，才能建立線性規劃的數學模型。

　　(1) 要求解問題的目標函數能用數值指標來反應，且爲線性函數。

　　(2) 存在着多種方案。

　　(3) 要求達到的目標是在一定約束條件下實現的，這些約束條件可用線性等式或不等式來描述。

能否成功地應用線性規劃解決滿足上述條件的實際問題,關鍵在於能否恰當地建立其線性規劃模型。由於實際問題的複雜性,這往往是最困難的工作。本節僅介紹線性規劃在經濟管理等方面的幾種典型應用問題,以便讀者對線性規劃的應用概況有個初步瞭解。限於篇幅原因,例題中只給出建模過程,讀者可自行計算檢驗。由於線性規劃的理論與計算方法比較成熟,所以,對具體問題,只要能建立起線性規劃數學模型,計算是不成問題的,重要的是建立模型。根據實際問題建立線性規劃數學模型是本章的重點內容之一。

建立線性規劃模型,一般要經過以下三個步驟:

(1)設變量。每一個實際問題往往都歸結爲求一個最佳方案,爲了尋找最優方案,首先需要設定一組決策變量,用以表示待求方案。

(2)列條件。每一個實際問題在解決時都要受到一定條件的制約,因此,模型中要把各種制約因素用決策變量的線性等式或不等式表示出來。

(3)定目標。就是把所要達到的最優目標函數用決策變量的線性函數求極值表示出來。

下面通過幾個實例來說明建立線性規劃模型的步驟與技巧。

【例2.14】套裁下料問題

現要做100套鋼架,每套鋼架需用長爲2.9米、2.1米和1.5米的圓鋼各一根。已知原料長7.4米,問應如何下料,使用的原材料最省。

解:最簡單做法是,在每一根原材料上截取2.9米、2.1米和1.5米的圓鋼各一根組成一套,每根原材料剩下料頭0.9米。爲了做100套鋼架,需用原材料100根,有90米料頭。若改爲用套裁則可以節約不少原材料。下面有幾種套裁方案,都可以考慮採用。見表2-13。

表2-13　　　　　　　　　　幾種套裁方案

下料根數（根） 長度(m)	Ⅰ	Ⅱ	Ⅲ	Ⅳ	Ⅴ
2.9	1	2	0	1	0
2.1	0	0	2	2	1
1.5	3	1	2	0	3
合計	7.4	7.3	7.2	7.1	6.6
料頭	0	0.1	0.2	0.3	0.8

爲了得到100套鋼架,需要混合使用各種下料方案。設按Ⅰ方案下料的原材料根數爲x_1,Ⅱ方案爲x_2,Ⅲ方案爲x_3,Ⅳ方案爲x_4,Ⅴ方案爲x_5。根據表2-13的方案,可列出以下數學模型:

$$\min z = 0x_1 + 0.1x_2 + 0.2x_3 + 0.3x_4 + 0.8x_5$$

約束條件:
$$x_1 + 2x_2 + x_4 = 100$$
$$2x_3 + 2x_4 + x_5 = 100$$

$$3x_1 + x_2 + 2x_3 + 3x_5 = 100$$
$$x_1, x_2, x_3, x_4, x_5 \geq 0$$

由計算得到最優下料方案是：按Ⅰ方案下料 30 根，按Ⅱ方案下料 10 根，按Ⅳ方案下料 50 根。即需 90 根原材料可以製造 100 套鋼架。

【例 2.15】配料問題

某工廠要用三種原材料 C、P、H 混合調配出三種不同規格的產品 A、B、D。已知產品的規格要求、產品單價、每天能供應的原材料數量及原材料單價，分別見表 2-14 和表 2-15。該廠應如何安排生產，使利潤收入爲最大？

表 2-14　　　　　　　　　　產品規格及單價

產品名稱	規格要求	單價(元/千克)
A	原材料 C 不少於 50%	50
	原材料 P 不超過 25%	
B	原材料 C 不少於 25%	35
	原材料 P 不超過 50%	
D	不限	25

表 2-15　　　　　　　　　原材料供應量及單價

原材料名稱	每天最多供應量(千克)	單價(元/千克)
C	100	65
P	100	25
H	60	35

解：設以 A_C 表示產品 A 中 C 的成分，A_P 表示產品 A 中 P 的成分，依次類推。
根據表 2-14 有：

$$A_C \geq A/2, A_P \leq A/4, B_C \geq B/4, B_P \leq B/2 \quad (2-16)$$

這裡

$$A_C + A_P + A_H = A \quad (2-17)$$
$$B_C + B_P + B_H = B$$

將式(2-16)逐個代入式(2-17)並整理得到：

$$-\frac{1}{2}A_C + \frac{1}{2}A_P + \frac{1}{2}A_H \leq 0$$

$$-\frac{1}{4}A_C + \frac{3}{4}A_P - \frac{1}{4}A_H \leq 0$$

$$-\frac{3}{4}B_C + \frac{1}{4}B_P + \frac{1}{4}B_H \leq 0$$

$$-\frac{1}{2}B_C + \frac{1}{2}B_P - \frac{1}{2}B_H \leq 0$$

表 2-14 表明這些原材料供應數量的限額。加入到產品 A、B、D 的原材料 C 的總量每天不超過 100 千克，P 的總量不超過 100 千克，H 的總量不超過 60 千克。由此：

$$A_C + B_C + D_C \leq 100$$
$$A_P + B_P + D_P \leq 100$$
$$A_H + B_H + D_H \leq 60$$

約束條件中共有 9 個變量，爲計算和敘述方便，分別用 $x_1, \cdots, x_9$ 表示。令

$$x_1 = A_C, x_2 = A_P, x_3 = A_H$$
$$x_4 = B_C, x_5 = B_P, x_6 = B_H$$
$$x_7 = D_C, x_8 = D_P, x_9 = D_H$$

由此，約束條件可表示爲：

$$\begin{cases} -\dfrac{1}{2}x_1 + \dfrac{1}{2}x_2 + \dfrac{1}{2}x_3 \leq 0 \\ -\dfrac{1}{4}x_1 + \dfrac{3}{4}x_2 - \dfrac{1}{4}x_3 \leq 0 \\ -\dfrac{3}{4}x_4 + \dfrac{1}{4}x_5 + \dfrac{1}{4}x_6 \leq 0 \\ -\dfrac{1}{2}x_4 + \dfrac{1}{2}x_5 - \dfrac{1}{2}x_6 \leq 0 \\ x_1 + x_4 + x_7 \leq 100 \\ x_2 + x_5 + x_8 \leq 100 \\ x_3 + x_6 + x_9 \leq 60 \\ x_1, x_2, \cdots, x_9 \geq 0 \end{cases}$$

我們的目的是使利潤最大，即產品價格減去原材料的價格爲最大。

產品價格爲：產品 A—— $50(x_1 + x_2 + x_3)$
　　　　　　產品 B—— $35(x_4 + x_5 + x_6)$
　　　　　　產品 D—— $25(x_7 + x_8 + x_9)$

原材料價格爲：原材料 C—— $65(x_1 + x_4 + x_7)$
　　　　　　　原材料 P—— $25(x_2 + x_5 + x_8)$
　　　　　　　原材料 H—— $35(x_3 + x_6 + x_9)$

目標函數：

$\max z = 50(x_1+x_2+x_3) + 35(x_4+x_5+x_6) + 25(x_7+x_8+x_9) - 65(x_1+x_4+x_7) - 25(x_2+x_5+x_8) - 35(x_3+x_6+x_9) = -15x_1 + 25x_2 + 15x_3 - 30x_4 + 10x_5 - 40x_7 - 10x_9$

用單純形法計算，計算結果是：每天只生產產品 A 200 千克，分別需要用原料 C 100 千克、P 50 千克，H 50 千克。

總的利潤收入是 $z = 500$ 元/天。

【例 2.16】生產與庫存的優化安排

某工廠生產五種產品（ $i = 1, 2, \cdots, 5$ ），上半年各月對每種產品的最大市場需求量爲 d_{ij}（ $i = 1, 2, \cdots, 5; j = 1, 2, \cdots, 6$ ）。已知每件產品的單件售價爲 S_i 元，生產每件產品所需

要的工時爲 a_i，單件成本爲 C_i 元；該工廠上半年各月正常生產工時爲 r_j（$j=1,2,\cdots,6$），各月內允許的最大加班工時爲 r_j'；C_i' 爲加班單件成本。又每月生產的各種產品如果當月銷售不完，可以作爲庫存。庫存費用爲 H_i（元/件·月）。假設 1 月月初所有產品的庫存爲零，要求 6 月月底各產品庫存量分別爲 k_i 件。現要求爲該工廠制訂一個生產計劃，在盡可能利用生產能力的條件下，獲取最大利潤。

解：設 x_{ij}、x_{ij}' 分別爲該工廠第 i 種產品的第 j 個月在正常時間和加班時間內的生產量；y_{ij} 爲 i 種產品在第 j 月的銷售量，w_{ij} 爲第 i 種產品第 j 月月末的庫存量。根據題意，可用以下模型描述：

(1) 各種產品每月的生產量不能超過其被允許的生產能力：

$$\sum_{i=1}^{5} a_i x_{ij} \leq r_j (j=1,2,\cdots,6)$$

$$\sum_{i=1}^{5} a_i x_{ij}' \leq r_j' (j=1,2,\cdots,6)$$

(2) 各種產品每月銷售量不超過市場最大需求量：

$$y_{ij} \leq d_{ij} (i=1,2,\cdots,5; j=1,2,\cdots,6)$$

(3) 每月月末庫存量等於上月月末庫存量加上該月產量減掉當月的銷售量：

$$w_{ij} = w_{i,j-1} + x_{ij} + x_{ij}' - y_{ij} (i=1,2,\cdots,5; j=1,2,\cdots,6)$$

其中 $w_{i0} = 0$，$w_{ij} = k_i$。

(4) 滿足各變量的非負約束：

$$x_{ij} \geq 0, x_{ij}' \geq 0, y_{ij} \geq 0 (i=1,2,\cdots,5; j=1,2,\cdots,6)$$

$$w_{ij} \geq 0 (i=1,2,\cdots,5; j=1,2,\cdots,5)$$

(5) 該工廠上半年總盈利最大值可表示爲：

目標函數

$$\max z = \sum_{i=1}^{5} \sum_{j=1}^{6} [S_i y_{ij} - C_i x_{ij} - C_i' x_{ij}'] - \sum_{i=1}^{5} \sum_{j=1}^{5} H_i w_{ij}$$

【例 2.17】連續投資問題

某部門在今後五年內考慮給下列項目投資，已知：

項目 A，從第一年到第四年每年年初需要投資，並於次年年末回收本利 115%；

項目 B，第三年年初需要投資，到第五年年末能回收本利 125%，但規定最大投資額不超過 4 萬元；

項目 C，第二年年初需要投資，到第五年年末能回收本利 140%，但規定最大投資額不超過 3 萬元；

項目 D，五年內每年年初可購買公債，於當年年末歸還，並加利息 6%。

該部門現有資金 10 萬元，問它應如何確定給這些項目每年的投資額，使到第五年年末擁有的資金的本利總額爲最大？

解：這是一個連續投資問題。

(1) 確定變量。以 x_{ij} 分別表示第 i 年年初給項目 j 的投資額，它們都是待定的未知變量。根據給定的條件，將變量列於表 2-16 中。

表 2-16　　　　　　　　　　例 2.17 的變量

項目	1	2	3	4	5
A	x_{1A}	x_{2A}	x_{3A}	x_{4A}	
B			x_{3B}		
C		x_{2C}			
D	x_{1D}	x_{2D}	x_{3D}	x_{4D}	x_{5D}

(2) 投資額應等於手中擁有的資金額。由於項目 D 每年都可以投資,並且當年年末即能回收本息。所以該部門每年應把資金全部投出去,手中不應當有剩餘的呆滯資金。因此第一年:該部門年初擁有 100 000 元,所以有

$$x_{1A} + x_{1D} = 100\,000$$

第二年:因爲第一年給項目 A 的投資要到第二年年末才能回收。所以該部門在第二年年初擁有的資金額僅爲項目 D 在第一年回收的本息,即 $x_{1D}(1 + 6\%)$。於是第二年的投資分配是

$$x_{2A} + x_{2C} + x_{2D} = 1.06 x_{1D}$$

第三年:第三年年初的資金額是從項目 A 第一年的投資及項目 D 第二年的投資中回收的本利總和: $x_{1A}(1 + 15\%)$ 及 $x_{2D}(1 + 6\%)$。於是第三年的資金分配爲

$$x_{3A} + x_{3B} + x_{3D} = 1.15 x_{1A} + 1.06 x_{2D}$$

第四年:同以上分析,可得

$$x_{4A} + x_{4D} = 1.15 x_{2A} + 1.06 x_{3D}$$

第五年:

$$x_{5D} = 1.15 x_{3A} + 1.06 x_{4D}$$

此外,由於對項目 B、C 的投資有限額的規定,即:

$$x_{3B} \leqslant 40\,000$$
$$x_{2C} \leqslant 30\,000$$

(3) 目標函數。問題是要求在第五年年末該部門手中擁有的資金額達到最大,這個目標函數可表示爲:

$$\max z = 1.15 x_{4A} + 1.40 x_{2C} + 1.25 x_{3B} + 1.06 x_{5D}$$

(4) 數學模型。經過以上分析,這個與時間有關的投資問題可以用以下線性規劃模型來描述:

$$\max z = 1.15 x_{4A} + 1.40 x_{2C} + 1.25 x_{3B} + 1.06 x_{5D}$$

滿足約束條件 $\begin{cases} x_{1A} + x_{1D} = 100\,000 \\ -1.06x_{1D} + x_{2A} + x_{2C} + x_{2D} = 0 \\ -1.15x_{1A} - 1.06x_{2D} + x_{3A} + x_{3B} + x_{3D} = 0 \\ -1.15x_{2A} - 1.06x_{3D} + x_{4A} + x_{4D} = 0 \\ -1.15x_{3A} - 1.06x_{4D} + x_{5D} = 0 \\ x_{2C} \leqslant 30\,000 \\ x_{3B} \leqslant 40\,000 \\ x_{ij} \geqslant 0 \end{cases}$

(5) 用單純形法計算結果得到：

第一年：$x_{1A} = 34\,783$ 元，$x_{1D} = 65\,217$ 元

第二年：$x_{2A} = 39\,130$ 元，$x_{2C} = 30\,000$ 元，$x_{2D} = 0$

第三年：$x_{3A} = 0$，$x_{3B} = 40\,000$ 元，$x_{3D} = 0$

第四年：$x_{4A} = 45\,000$ 元，$x_{4D} = 0$

第五年：$x_{5D} = 0$

到第五年年末該部門擁有的資金總額為 143 750 元，即贏利 43.75%。

習題

1. 用圖解法求解下列線性規劃問題，並指出問題是具有唯一最優解、無窮多最優解、無界解還是無可行解？

(1)
$$\max z = x_1 + 3x_2$$
$$\begin{cases} 5x_1 + 10x_2 \leqslant 50 \\ x_1 + x_2 \geqslant 1 \\ x_2 \leqslant 4 \\ x_1, x_2 \geqslant 0 \end{cases}$$

(2)
$$\max z = x_1 + x_2$$
$$\begin{cases} x_1 - x_2 \geqslant 0 \\ 3x_1 - x_2 \leqslant -3 \\ x_1, x_2 \geqslant 0 \end{cases}$$

2. 將下列線性規劃問題變換成標準型，並列出初始單純形表。

(1)
$$\min z = -3x_1 + 4x_2 - 2x_3 + 5x_4$$
$$\begin{cases} 4x_1 - x_2 + 2x_3 - x_4 = -2 \\ x_1 + x_2 + 3x_3 - x_4 \geqslant 14 \\ -2x_1 + 3x_2 - x_3 + 2x_4 \geqslant 2 \\ x_1, x_2, x_3 \geqslant 0, x_4 \text{ 無約束} \end{cases}$$

(2) $\max s = z_k/p_k$

$$\begin{cases} z_k = \sum_{i=1}^{n} \sum_{k=1}^{m} a_{ik} x_{ik} \\ \sum_{k=1}^{m} - x_{ik} = -1 \ (i = 1, \cdots, n) \\ x_{ik} \geq 0 \ (i = 1, \cdots, n; k = 1, \cdots, m) \end{cases}$$

3. 考慮下表給出的不完全初始單純形表。

表 2-17　　　　　　　　不完全初始單純形表

C_B	X_B	b	x_1	x_2	x_3	x_4	x_5	x_6
	c_j		6	30	25	0	0	0
		40	3	1	0	1	0	0
		50	0	2	1	0	1	0
		20	2	1	-1	0	0	1
z_j								

(1) 把上面的表格填寫完整。

(2) 按照上面的完整表格，寫出線性規劃模型。

(3) 在進行第 1 次迭代時，請確定其進基變量和離基變量，說明理由，並在表格上標出主元。

4. 分別用圖解法和單純形法求解下列線性規劃問題，並指出單純形法迭代的每一步相當於圖形上哪一個頂點。

(1) $\max z = 10x_1 + 5x_2$

$$\begin{cases} 3x_1 + 4x_2 \leq 9 \\ 5x_1 + 2x_2 \leq 8 \\ x_1, x_2 \geq 0 \end{cases}$$

(2) $\max z = 2x_1 + x_2$

$$\begin{cases} x_2 \leq 3 \\ 6x_1 + 2x_2 \leq 24 \\ x_1 - x_2 \leq 5 \\ x_1, x_2 \geq 0 \end{cases}$$

5. 用單純形法求解下列線性規劃問題

(1)
$$\min \omega = 2x_1 + 3x_2 + x_3$$
$$\begin{cases} x_1 + 4x_2 + 2x_3 \geq 8 \\ 3x_1 + 2x_2 \geq 6 \\ x_1, x_2, x_3 \geq 0 \end{cases}$$

(2)
$$\max z = 10x_1 + 15x_2 + 12x_3$$
$$\begin{cases} 5x_1 + 3x_2 + x_3 \leq 9 \\ -5x_1 + 6x_2 + 15x_3 \leq 15 \\ 2x_1 + x_2 + x_3 \geq 15 \\ x_1, x_2, x_3 \geq 0 \end{cases}$$

6. 分別用大 M 法和兩階段法求解下述線性規劃問題，並指出其屬於哪一類解。

(1)
$$\min \omega = 2x_1 + 3x_2 - 5x_3$$
$$\begin{cases} x_1 + x_2 + x_3 = 7 \\ 2x_1 - 5x_2 + x_3 \geq 10 \\ x_1, x_2, x_3 \geq 0 \end{cases}$$

(2)
$$\max z = 2x_1 - x_2 + 2x_3$$
$$\begin{cases} x_1 + x_2 + x_3 \geq 6 \\ -2x_1 + x_3 \geq 2 \\ 2x_2 - x_3 \geq 0 \\ x_1, x_2, x_3 \geq 0 \end{cases}$$

7. 某廠每日 8 小時的產量不低於 1 800 件。爲了進行質量控制，計劃聘請兩種不同水平的檢驗員。一級檢驗員的標準爲：速度 25 件/小時，正確率爲 98%，計時工資爲 4 元/小時；二級檢驗員的標準爲：速度 15 件/小時，正確率爲 95%，計時工資爲 3 元/小時。檢驗員每錯檢一次，工廠要損失 2 元。爲使總檢驗費用最省，該工廠應聘一級、二級檢驗員各多少名？

8. 某鍋爐制造廠，要制造一種新型鍋爐 10 臺，需要原材料直徑爲 63.5 毫米的鍋爐鋼管，每臺鍋爐需要不同長度的鍋爐鋼管數量如表 2-18 所示。

表 2-18　　　　　　　　　　**需要的鍋爐鋼管數量**

規格(毫米)	需要數量(根)	規格(毫米)	需要數量(根)
2 640	8	1 770	42
1 651	35	1 440	1

庫存的原材料的長度只有 5 500 毫米一種規格，問如何下料，才能使總的用料根數最少？需要多少根原材料？

9. 在一地塊上種植某種農作物。根據以往經驗，在其生長過程中至少需要氮 32 千克，磷以 24 千克爲宜，鉀不得超過 42 千克。現有四種肥料，其單價及氮磷鉀含量(%)如

表 2-19 所示。問在該地塊上施用這四種肥料各多少千克，才能滿足該農作物對氮磷鉀的需要，又使施肥的總成本最低？

表 2-19　　　　　　　　　四種肥料的單價及氮磷鉀含量

肥料	甲	乙	丙	丁
氮	3	30	0	15
磷	5	0	20	10
鉀	14	0	0	7
單價(元/千克)	0.04	0.15	0.10	0.13

10. 某廠生產三種產品Ⅰ、Ⅱ、Ⅲ。每種產品要經過 A、B 兩道工序加工。設該廠有兩種規格的設備能完成 A 工序，它們用 A_1、A_2 表示；有三種規格的設備能完成 B 工序，它們以 B_1、B_2、B_3 表示。產品Ⅰ可在 A、B 任何一種規格設備上加工。產品Ⅱ可在任何規格的 A 設備上加工，但完成 B 工序時，只能在 B_1 設備上加工；產品Ⅲ只能在 A_2 與 B_2 設備上加工。已知各種機床設備的單件工時、原材料費、產品銷售價格、各種設備有效臺時以及滿負荷操作時機床設備的費用如表 2-20 所示，要求安排最優的生產計劃，使該廠利潤最大。

表 2-20　　　　　　　　　　　　機床設備費用

設備	產品 Ⅰ	產品 Ⅱ	產品 Ⅲ	設備有效臺時(臺時)	滿負荷時的設備費用(元)
A_1	5	10		6 000	300
A_2	7	9	12	10 000	321
B_1	6	8		4 000	250
B_2	4		11	7 000	783
B_3	7			4 000	200
原料費(元/件)	0.25	0.35	0.50		
單價(元/件)	1.25	2.00	2.80		

11. 某諮詢公司受廠商的委託對新上市的一種產品進行消費者反應的調查。該公司採用了挨戶調查的方法，委託他們調查的廠商以及該公司的市場研究專家對該調查提出下列幾點要求：

(1) 必須調查 2 000 戶家庭。

(2) 在晚上調查的戶數和在白天調查的戶數要相等。

(3) 至少應調查 700 戶有孩子的家庭。

(4) 至少應調查 450 戶無孩子的家庭。

調查一戶家庭所需費用如表 2-21 所示。試確定白天和晚上調查這兩種家庭的戶數，使得總調查費最少。

表 2-21　　　　　　　　　　　　調查費用

家庭	白天調查費用	晚上調查費用
有孩子	25 元	30 元
無孩子	20 元	24 元

3 線性規劃的對偶理論與靈敏度分析

3.1 對偶問題的提出

對偶理論是線性規劃的內容之一,任何一個線性規劃都有一個伴生的線性規劃,被稱爲原規劃的對偶規劃問題。下面通過實例引出對偶問題,然後給出對偶線性規劃的定義。

第2章例2.1提出的線性規劃問題爲:某工廠生產Ⅰ、Ⅱ兩種型號計算機,每生產一臺Ⅰ型和Ⅱ型計算機所需的原料、工時和提供的利潤以及資源的限制量如表3-1所示。

表 3-1　　　　　　　　　　兩種型號計算機生產信息

設備	Ⅰ	Ⅱ	計劃期內可用資源
原料	2	3	100
工時	4	2	120
利潤	6	4	

該問題的線性規劃數學模型爲:

目標函數　　　　　　　　　　$\max z = 6x_1 + 4x_2$

滿足約束條件　　　　　　　$\begin{cases} 2x_1 + 3x_2 \leq 100 \\ 4x_1 + 2x_2 \leq 120 \\ x_1, x_2 \geq 0 \end{cases}$

在第2章例2.1中討論了工廠生產計劃模型及其解法。現從另一角度來討論這個問題。假設該工廠的決策者決定不生產Ⅰ、Ⅱ型計算機,而是將可利用的資源都出讓給其它企業,這時工廠的決策者就要考慮給每種資源如何定價的問題,試確定這些資源最低可接受價格。最低可接受價格是指按這種價格轉讓資源,此價格比自己生產Ⅰ、Ⅱ型計算機合算。

設 y_1、y_2 爲這兩種資源的價格,爲了使工廠出讓資源合算,顯然應該使出讓生產一臺Ⅰ型計算機所得的收入不低於自己生產一臺Ⅰ型計算機所獲得的利潤,即 $2y_1 + 4y_2 \geq 6$;對於Ⅱ型計算機,同樣可以建立類似的約束條件,即 $3y_1 + 2y_2 \geq 4$。顯然,在滿足這兩個約束條件的前提下,價格越高,該工廠出讓資源越合算;但價格太高,接受方又不會願意購買。因此,我們需要確定的價格是使工廠出讓資源合算的最低價格,故應建立目標函數：
$$\min \omega = 100y_1 + 120y_2$$

從工廠的決策者來看，當然 ω 愈大愈好，但從接受者來看，支付愈少愈好。所以工廠的決策者只能在滿足大於等於所有產品的利潤條件下，提出一個盡可能低的出租或出讓價格，才能實現其希望。爲此需建如下的線性規劃問題：

$$\min \omega = 100y_1 + 120y_2$$
$$\begin{cases} 2y_1 + 4y_2 \geq 6 \\ 3y_1 + 2y_2 \geq 4 \\ y_1, y_2 \geq 0 \end{cases}$$

稱這個線性規劃問題爲第 2 章例 2.1 線性規劃問題(這里稱原問題)的對偶問題。

$$\min \omega = Yb$$

定義：稱線性規劃 (D) $\begin{cases} YA \geq C \\ Y \geq 0 \quad Y = (Y_1, Y_2, \cdots, Y_m) \end{cases}$ 爲原線性規劃

(L) $\begin{cases} \max Z = CX \\ AX \leq b \\ X \geq 0 \quad X = (X_1, X_2, \cdots, X_n) \end{cases}$ 的對偶規劃。

3.2　對偶理論

在前一節，我們提出了線性規劃的對偶問題，並初步瞭解到它與原問題的關係，本節將進一步討論線性規劃的對偶關係。

性質 1(對稱性)：對偶問題 (D) 的對偶是原問題 (L)。

證：設原問題是
$$\max z = CX，AX \leq b，X \geq 0$$

根據對偶問題的對稱變換關係，可以找到它的對偶問題是
$$\min \omega = b^T Y，A^T Y \geq C^T，Y \geq 0$$

若將上式兩邊取負號，又因 $\min \omega = \max(-\omega)$ 可得到
$$\max(-\omega) = -b^T Y，-A^T Y \leq -C^T，Y \geq 0$$

根據對稱變換關係，得到上式的對偶問題是
$$\min(-z) = -CX，-AX \geq -b，X \geq 0$$

又因
$$\min(-z) = \max z$$

可得
$$\max z = CX，AX \leq b，X \geq 0$$

這就是原問題，證畢。

性質 2：若原問題的第 i 個約束爲等式，則其對偶問題中的第 i 個變量爲自由變量；反

之,若原問題的第 j 個變量是自由變量,則其對偶問題的第 j 個約束爲等式。(證明略)

線性規劃的原問題與對偶問題的變換規則如表 3-2 所示。

表 3-2　　　　　　　　線性規劃的原問題與對偶問題的變換規則

原問題(或對偶問題)	對偶問題(或原問題)
目標函數 max$z$ 價值系數 資源系數	目標函數 minω 資源系數 價值
行約束的個數爲 m 第 i 個行約束取 " $\leq$ " 第 l 個行約束取 " $=$ "	對偶變量的個數爲 m 第 i 個變量 $y_i \geq 0$ 第 l 個變量 y_l 無限制
原變量的個數爲 n 第 j 個變量 $x_j \geq 0$ 第 k 個變量 x_k 無限制	行約束的個數爲 n 第 j 個行約束取 " $\geq$ " 第 j 個行約束取 " $=$ "

【例 3.1】寫出下面線性規劃的對偶規劃

$$\min \omega = 2x_1 + x_2 - 4x_3$$

$$\begin{cases} 2x_1 + 3x_2 + x_3 \geq 1 \\ 3x_1 - x_2 + x_3 \leq 4 \\ x_1 + x_3 = 3 \\ x_1, x_2 \geq 0 \end{cases}$$

解:原問題變爲:

$$\min Z = 2x_1 + x_2 - 4x_3$$

$$\begin{cases} 2x_1 + 3x_2 + x_3 \geq 1 \\ -3x_1 + x_2 - x_3 \geq -4 \\ x_1 + x_3 = 3 \\ x_1, x_2 \geq 0 \end{cases}$$

根據表 3-2,寫出其對偶規劃爲

$$\max Z = y_1 - 4y_2 + 3y_3$$

$$\begin{cases} 2y_1 - 3y_2 + y_3 \leq 1 \\ 3y_1 - y_2 \leq 1 \\ y_1 - y_2 + y_3 = -4 \\ y_1, y_2 \geq 0 \end{cases}$$

線性規劃原問題與其對偶問題不僅具有形式上的對稱性,而且它們的解之間也具有緊密的聯繫。

性質 3(弱對偶性):若 X 是原問題的可行解, Y 是對偶問題的可行解。則存在 $CX \leq$

$Y^T b$。

證:設原問題是
$$\max z = CX, AX \leq b, X \geq 0$$
因 X 是原問題的可行解,所以滿足約束條件,即
$$AX \leq b$$
若 Y 是給定的一組值,設它是對偶問題的可行解,將 Y^T 乘以上式,得到
$$Y^T AX \leq Y^T b$$
原問題的對偶問題是
$$\min \omega = b^T Y, A^T Y \geq C^T, Y \geq 0$$
因為 Y 是對偶問題的可行解,所以滿足
$$A^T Y \geq C^T$$
將 X^T 左乘上式,得到
$$X^T A^T Y \geq X^T C^T$$
轉置可得
$$Y^T AX \geq CX$$
於是得到
$$CX \leq Y^T b,證畢。$$

性質 4(無界性):若原問題(對偶問題)為無界解,則其對偶問題(原問題)無可行解。

證:由弱對偶性可知。當原問題(對偶問題)無可行解時,其對偶問題(原問題)具有無界解或無可行解。例如下述一對問題兩者皆無可行解。

原問題(對偶問題)   對偶問題(原問題)

$\min \omega = -x_1 - x_2$ $\max z = y_1 + y_2$

s.t. $\begin{cases} x_1 - x_2 \geq 1 \\ -x_1 + x_2 \geq 1 \\ x_1, x_2 \geq 0 \end{cases}$ $\begin{cases} y_1 - y_2 \leq -1 \\ -y_1 + y_2 \leq -1 \\ y_1, y_2 \geq 0 \end{cases}$

證畢。

性質 5(互補鬆弛性):若 $\bar{X}$、$\bar{Y}$ 分別是原問題和對偶問題的可行解。且 $C\bar{X} = \bar{Y}b$,則 $\bar{X}$、$\bar{Y}$ 分別是各自問題的最優解。

證:設原問題和對偶問題的標準型如下。

原問題   對偶問題

$\max z = CX$ $\min \omega = Yb$

$\begin{cases} AX + X_S = b \\ X, X_S \geq 0 \end{cases}$ $\begin{cases} YA - Y_S = C \\ Y, Y_S \geq 0 \end{cases}$

將原問題目標函數中的系數向量 C 用 $C = YA - Y_S$ 代替後,得到
$$z = (YA - Y_S)X = YAX - Y_S X$$
將對偶問題的目標函數中的系數列向量,用 b＝AX+XS 代替後,得到

$$\omega = Y(AX + X_S) = YAX + YX_S$$

若 $\bar{Y}X_S = 0, Y_S\bar{X} = 0$，則 $\bar{Y}b = \bar{Y}A\bar{X} = C\bar{X}$，由性質 3 可知 $\bar{X}$、$\bar{Y}$ 分別是各自問題的最優解。

又若 $\bar{X}$、$\bar{Y}$ 分別是原問題和對偶問題的最優解，根據性質 3，則有 $\bar{Y}b = \bar{Y}A\bar{X} = C\bar{X}$，必有 $\hat{Y}X_S = 0, Y_S\hat{X} = 0$。證畢。

性質 6(對偶定理)：若原問題有最優解，那麽對偶問題也有最優解，且目標函數值相等。

證：設 $\hat{X}$ 是原問題的最優解，它對應的基矩陣 B 必存在 $C - C_B B^{-1} A \leq 0$。即得到 $A^T\hat{Y} \geq C^T$，其中 $\hat{Y} = C_B B^{-1}$。

若這時 $\hat{Y}$ 是對偶問題的可行解，它使

$$\omega = b^T\hat{Y} = C_B B^{-1} b$$

因原問題的最優解是 $\hat{X}$，使目標函數取值

$$z = C\hat{X} = C_B B^{-1} b$$

由此，得到

$$\hat{Y}b = C_B B^{-1} b = C\hat{X}$$

可見 $\hat{Y}$ 是對偶問題的最優解。證畢。

3.3　對偶變量的經濟含義——影子價格

在單純形算法中，設 $X_B = B^{-1}b, X_N = 0$ 是最優解，最優值 $Z^* = C_B B^{-1} b$，取 $Y = C_B B^{-1} = (y_1, y_2, \cdots, y_m)$，則 Y 是對偶最優解。

下面我們討論 $y_i (i = 1, 2, \cdots, m)$ 的經濟含義。

設 b_i 有單位增量 $\Delta b_i = 1$，其它參數不變，則 $Z + \Delta Z = C_B B^{-1}\{b + (0, \cdots, \Delta b_i, \cdots, 0)^T\} = Z + y_i \Delta b_i$，即 $\Delta Z = y_i \Delta b_i = y_i$。所以 y_i 表示在原問題已取得最優解的情況下，第 i 種資源改變一個單位時總收益的變化值；也可以說 y_i 是對第 i 種資源的一種價格估計。這種價格估計並不是第 i 種資源的實際價值或成本，而是由該企業以所制產品的收益來估計所有資源的單位價值，被稱爲影子價格。

影子價格是經濟學中的重要概念。將一個企業擁有的資源的影子價格與市場價格比較，可以決定是購入還是出讓該種資源。當某資源的市場價格低於影子價格時，企業應該買進該資源，用於擴大生產；而當市場價格高於影子價格時，則企業的決策者應將該已有資源賣掉，這樣獲利機會更多。在考慮一個地區或一個國家某種資源的進出口決策中，資源的影子價格是影響決策的一個重要因素。由於影子價格是指資源增加時對最優收益的貢獻，所以，也稱它爲資源的機會成本或邊際產出，它表示資源在最優產品組合時，具有的"潛在價值"或"貢獻"。資源的影子價格是與具體的企業及產品有關的，同種資源，在不同企業或在同一企業生產不同產品時，對應的影子價格並不相同。

利用單純形表求解線性規劃，在求得最優解的同時，很容易得到問題的各種資源的影子價格。某資源的影子價格，就是該資源對應的約束條件加鬆弛變量在最優表中的檢

驗數的相反數。

影子價格有以下幾個特點：

(1)影子價格是對系統資源的一種最優估價,只有在系統達到最優狀態時(即線性規劃問題有最優解時)才可能賦予該資源這種價值。

(2)影子價格的取值與系統的價值取向有關,並受系統狀態變化的影響。系統內部資源數量和價格的任何變化,都會引起影子價格的變化。從這個意義上講,影子價格是一種動態的價值體系。

(3)影子價格的大小客觀地反應了資源在系統內的稀缺程度。如果某種資源在系統內供大於求,儘管它在市場中有實實在在的價格,但它在系統內部的影子價格爲零。這一事實表明,增加或減少該資源的供應量不會引起系統目標(利潤)的任何變化。反過來講,一種資源的影子價格越高,表明該資源在系統中越稀缺。

(4)影子價格是一種邊際價值,它與經濟學中邊際成本的概念相同。因此,影子價格在經濟管理中有十分重要的應用價值。企業管理者可以根據資源在本企業內影子價格的大小來決定企業的經營策略,具體爲:①如果某資源的影子價格高於市場價格,表明該資源在系統內有獲利能力,應買入該資源;②如果某資源的影子價格低於市場價格,表明該資源在系統內無獲利能力,留在系統內使用不劃算,應賣出該資源;③如果某資源的影子價格等於市場價格,既不用買入,也不用賣出。

3.4　對偶單純形法

在單純形法中,原問題的最優解滿足以下條件：

第一,是基本解;

第二,可行 $(X_B B^{-1} b \geq 0)$;

第三,檢驗數 $\sigma_j = C_j - C_B B^{-1} P_j \leq 0 \Leftrightarrow YA \geq C$,即對偶解可行。

單純形是從滿足前兩個條件的一個基可行解出發,轉移到另一個基可行解,一直迭代到第三個條件得到滿足,即對偶解可行爲止。而對偶單純形法是從滿足第一個、第三個條件的一個對偶可行解出發,以基變量是否全非負爲檢驗數,連續迭代使第二個條件得到滿足,即原問題的基解可行爲止。兩種算法結果是一樣的,區別是對偶單純形法的初始解不一定可行,只要求所有的檢驗數都非正,在保證所得解始終是對偶可行解的前提下,連續迭代到原問題的基解可行,從而取得問題的最優解。

對偶單純形法的計算步驟如下：

(1)根據線性規劃問題,列出初始單純形表。檢查 b 列的數字,若都爲非負,檢驗數都爲非正,則已得到最優解,停止計算。若檢查 b 列的數字時,發現至少還有一個負分量,檢驗數保持非正,那麼進行後續計算。

(2)確定離基變量。按 $\min\{(B^{-1}b)_i | (B^{-1}b)_i < 0\} = (B^{-1}b)_l$ 對應的基變量 x_l 爲離基變量。

(3)確定進基變量。在單純形表中檢查 x_l 所在行的各系數 $a_{lj}(j = 1, 2, \cdots, n)$。若所

有 $a_{lj} \geq 0$,則無可行解,停止計算。若存在 $a_{lj} < 0 (j=1,2,\cdots,n)$,計算

$$\theta = \min_j \left\{ \frac{c_j - z_j}{a_{lj}} \mid a_{lj} < 0 \right\} = \frac{c_k - z_k}{a_{lk}}$$

按 θ 規則所對應的列的非基變量 x_k 爲入基變量,這樣才能使得到的對偶問題的解仍爲可行解。

(4) 以 a_{lk} 爲主元素,按原單純形法在表中進行迭代運算,得到新的計算表。

重複步驟(1)—(4)。

下面舉例來說明具體算法。

【例 3.2】用對偶單純形法求解

$$\min \omega = 2x_1 + 3x_2 + 4x_3$$

$$\begin{cases} x_1 + 2x_2 + x_3 \geq 3 \\ 2x_1 - x_2 + 3x_3 \geq 4 \\ x_1, x_2, x_3 \geq 0 \end{cases}$$

解:先將此問題化成下列形式,以便得到對偶問題的初始可行基。

$$\max z = -2x_1 - 3x_2 - 4x_3$$

$$\begin{cases} -x_1 - 2x_2 - x_3 + x_4 = -3 \\ -2x_1 + x_2 - 3x_3 + x_5 = -4 \\ x_j \geq 0, j = 1, 2, \cdots, 5 \end{cases}$$

建立此問題的初始單純形表,見表3-2。

表 3-2　　　　　　　　　　　初始單純形表

c_j				-2	-3	-4	0	0
C_B	X_B	b		x_1	x_2	x_3	x_4	x_5
0	x_4	-3		-1	-2	-1	1	0
0	x_5	-4		[-2]	1	-3	0	1
$c_j - z_j$				-2	-3	-4	0	0

從表3-2看到,檢驗數行對應的對偶問題的解是可行解。因 b 列數字爲負,故需進行迭代運算。

離基變量的確定:按上述對偶單純形法進行步驟(2)的計算,得

$$\min(-3, -4) = -4$$

故 x_5 爲離基變量。

進基變量的確定:按上述對偶單純形法進行步驟(3)的計算,得

$$\theta = \min \left\{ \frac{-2}{-2}, \frac{-4}{-3} \right\} = \frac{-2}{-2} = 1$$

故 x_1 爲進基變量。進基、離基變量的所在列、行的交叉處"-2"爲主元素。按單純形

法計算步驟進行迭代,得表 3-4。

表 3-4　　　　　　　　　　第一次迭代後的結果

c_j			-2	-3	-4	0	0
C_B	X_B	b	x_1	x_2	x_3	x_4	x_5
0	x_4	-1	0	[-5/2]	1/2	1	-1/2
-2	x_1	2	1	-1/2	3/2	0	-1/2
c_j-z_j			0	-4	-1	0	-1

由表 3-4 看出,對偶問題仍是可行解,而 b 列中仍有負分量。故重複上述迭代步驟,得表 3-5。

表 3-5　　　　　　　　　　第二次迭代後的結果

c_j			-2	-3	-4	0	0
C_B	X_B	b	x_1	x_2	x_3	x_4	x_5
-3	x_2	2/5	0	1	-1/5	-2/5	1/5
-2	x_1	11/5	1	0	7/5	-1/5	-2/5
c_j-z_j			0	0	-3/5	-8/5	-1/5

表 3.5 中,b 列數字全為非負,檢驗數全為非正,故問題的最優解為
$$X^* = (11/5, 2/5, 0, 0, 0)^T$$
若對應兩個約束條件的對偶變量分別為 y_1 和 y_2,則對偶問題的最優解為
$$Y^* = (y_1^*, y_2^*) = (8/5, 1/5)$$

本例如果用單純形法計算,確定初始基可行解時需引入兩個人工變量,計算量要多於對偶單純形法。一般情況下,如果問題能夠用對偶單純形法計算,則計算量會少於單純形法。但是,對偶單純形法並不是一種普遍的算法,它有一定的局限性,不是任何線性規劃問題都能用對偶單純形法來計算。當線性規劃問題具備下面的條件時,可以用對偶單純形法求解:

(1)問題標準化後,價值係數全非正。
(2)所有約束全是不等式。

從以上計算與分析可以總結出對偶單純形法具有以下優點:

(1)初始解可以是非可行解,當檢驗數都為負數時,就可以進行基的變換,這時不需要加入人工變量,因此可以簡化計算。

(2)當變量多於約束條件,對這樣的線性規劃問題,用對偶單純形法計算可以減少計算工作量。因此,對變量較少而約束條件很多的線性規劃問題,可先將它變換成對偶問題,然後用對偶單純形法求解。

3.5 靈敏度分析

在線性規劃問題中，目標函數、約束條件的系數以及資源的限制量等都被當作確定的常數，並在這些系數值的基礎上求得最優解。但是實際上，這些系數或資源限制量並非一成不變的，它們是一些估計或預測的數字，比如價值系數隨著市場的變化而變化，約束系數隨著工藝的變化或消耗定額的變化而變化，計劃期的資源限制量也是經常變化的。當這些系數發生變化時，最優解會受到什麼影響？最優解對哪些參數的變動最敏感？搞清這些問題會使我們在處理實際問題時具有更大的主動性和可靠性。

分析線性規劃模型的某些系數或限制數的變動對最優解的影響，被稱作靈敏度分析。靈敏度分析主要解決兩個問題：

(1) 這些系數在什麼範圍內變化時，原先求出的最優解或最優基不變？

(2) 如果系數的變化引起了最優解的變化，如何用最簡便的方法求出新的最優解？

下面分別介紹各類參數變化的靈敏度分析。

3.5.1 目標函數中價值系數 C 的分析

下面分別就非基變量和基變量的價值系數來討論：

(1) 設非基變量 x_j 的價值系數 c_j，有增量 Δc_j，其它參數不變，求 Δc_j 的範圍，使原最優解不變。

由於 c_j 是非基變量的價值系數，因此它的改變僅僅影響檢驗數 σ_j 的變化，而對其他檢驗數沒有影響。

由 $\overline{\sigma_j} = c_j + \Delta c_j - C_B B^{-1} P_j = \sigma_j + \Delta c_j \leq 0$ 可知，當 $\Delta c_j \leq -\sigma_j$ 時，原最優解不變。

(2) 設基變量 X_{Br} 的價值系數 C_{Br} 有增量 ΔC_{Br}，其他參數不變，求 ΔC_{Br} 的範圍使原最優解不變。

由於 C_{Br} 是基變量的價值系數，因此它的變化將影響所有非基變量檢驗數的變化。

由新的非基變量檢驗數 $\overline{\sigma_j} = c_j - [C_B + (0,\cdots,\Delta C_{Br},\cdots,0)] B^{-1} P_j = \sigma_j - (0,\cdots,\Delta C_{Br},\cdots,0) B^{-1} P_j = \sigma_j - a_{rj} \Delta C_{Br} \leq 0$ 可知，當 $\max\left\{\dfrac{\sigma_j}{a_{rj}} \mid a_{rj} > 0\right\} \leq \Delta C_{Br} \leq \min\left\{\dfrac{\sigma_j}{a_{rj}} \mid a_{rj} < 0\right\}$ 時，原最優解不變。

【例 3.3】已知第 2 章例 2.1 的最優解及最優值如表 3-6 所示。

3 線性規劃的對偶理論與靈敏度分析

表 3-6　　　　　　　　　　例 2.1 的最優解及最優值

	C		6	4	0	0
C_B	X_B	$B^{-1}b$	x_1	x_2	x_3	x_4
0	x_3	100	2	3	1	0
0	x_4	120	[4]	2	0	1
	σ	0	6	4	0	0
		………………				
4	x_2	20	0	1	1/2	-1/4
6	x_1	20	1	0	-1/4	3/8
	σ	200	0	0	-1/2	-5/4

（1）求使原最優解不變的 C_2 的變化範圍。

（2）若 C_1 變爲 12，求新的最優解。

解：（1）C_2 即 C_{B1}，是基變量的價值系數，用非基變量的檢驗數與單純形表第一行相應元素相比得：$\dfrac{-\dfrac{1}{2}}{\dfrac{1}{2}} \leq \Delta C_2 \leq \dfrac{-\dfrac{5}{4}}{-\dfrac{1}{4}}$，即 $-1 \leq \Delta C_2 \leq 5$，也即在 $3 \leq C_2 \leq 9$ 範圍內變化，原最優解不變。

（2）將 $C_1 = 12$ 代入原最優表，重新計算檢驗數，原最優解不再是最優解，用單純形法繼續運算，結果如表 3-7 所示。

表 3-7　　　　　　　　　　繼續運算得到的結果

	C		12	4	0	0
C_B	X_B	$B^{-1}b$	x_1	x_2	x_3	x_4
4	x_2	20	0	1	1/2	-1/4
12	x_1	20	1	0	-1/4	3/8
	σ		0	0	1	-7/2
0	x_3	40	0	2	1	-1/2
12	x_1	30	1	1/2	0	1/4
	σ	360	0	-2	0	-3

新的最優解：$X_B = \begin{pmatrix} x_3 \\ x_1 \end{pmatrix} = \begin{pmatrix} 40 \\ 30 \end{pmatrix}$，$X_N = \begin{pmatrix} x_2 \\ x_4 \end{pmatrix} = \begin{pmatrix} 0 \\ 0 \end{pmatrix}$

最優值：$Z^* = 360$

3.5.2 資源系數 b 的分析

設 b_i 有增量 Δb_i,其它參數不變,則 b_i 的變化將影響基變量所取的值,但對檢驗數沒有影響。記新的基變量爲 $\overline{X_B}$,則

$$\overline{X_B} = B^{-1}[b+(0,\cdots,\Delta b_i,\cdots,0)^T] = B^{-1}b + (B_{1i}^{-1}, B_{2i}^{-1}, \cdots, B_{mi}^{-1})^T \cdot \Delta b_i$$

這裡 $(B_{1i}^{-1}, B_{2i}^{-1}, \cdots, B_{mi}^{-1})^T$ 是原最優基逆陣 B^{-1} 的第 i 列。如果變化後仍存在 $\overline{X_B} \geq 0$,則原最優基不變。由此可見,當 Δb_i 滿足 $\max_k \left\{ \dfrac{-(B^{-1}b)_k}{B_{ki}^{-1}}(B_{ki}^{-1} > 0) \right\} \leq \Delta b_i \leq \min_k \left\{ \dfrac{-(B^{-1}b)_k}{B_{ki}^{-1}}(B_{ki}^{-1} < 0) \right\}$ 時,原最優基不變。

結果説明,Δb_i 的變化範圍是由原基變量的相反數與 B^{-1} 的第 i 列元素的比值所確定的。

如果不在上述範圍變動,則變化後的基變量所取值 $\overline{X_B}$ 肯定會出現負分量,但由於 Δb_i 不影響檢驗數的變化,因此可以用 $\overline{X_B}$ 取代原最優基 $X_B = B^{-1}b$,以該解爲初始解,用對偶單純形法繼續求解。

【例 3.4】 已知線性規劃問題的初始解及最優解(見例 3.2):

(1)求 Δb_1 的範圍,使原最優基不變。
(2)若 b_1 變爲 200,試求新的最優解。

解:(1)由已知單純形表可知,$B^{-1} = \begin{pmatrix} \dfrac{1}{2} & -\dfrac{1}{4} \\ -\dfrac{1}{4} & \dfrac{3}{8} \end{pmatrix}$,$X_B = \begin{pmatrix} 20 \\ 20 \end{pmatrix}$,用基變量的負值與 B^{-1} 的第一列相應元素去比,得 $-40 \leq \Delta b_1 \leq 80$,所以有 $60 \leq b_1 \leq 180$,b_1 在該範圍内變化,原最優基不變。

(2)變化後基變量的取值爲 $\overline{X_B} = B^{-1}\overline{b} = \begin{pmatrix} \dfrac{1}{2} & -\dfrac{1}{4} \\ -\dfrac{1}{4} & \dfrac{3}{8} \end{pmatrix} \begin{pmatrix} 200 \\ 120 \end{pmatrix} = \begin{pmatrix} 70 \\ -5 \end{pmatrix}$,$X_B = \begin{pmatrix} 20 \\ 20 \end{pmatrix}$ 不是可行解,須用 $\overline{X_B}$ 替換原最優表中基變量的值,並採用對偶單純形法繼續求解,結果如表 3-8 所示。

表 3-8　　　　　　　　　　　例 3.4 求解結果

	C		6	4	0	0
C_B	X_B	$B^{-1}b$	x_1	x_2	x_3	x_4
4	x_2	70	0	1	1/2	-1/4
6	x_1	-5	1	0	-1/4	3/8
	σ		0	0	-1/2	-5/4
4	x_2	60	2	1	0	1/2
0	x_3	20	-4	0	1	-3/2
	σ	240	-2	0	0	-2

新的最優解：$X_B = \begin{pmatrix} x_2 \\ x_3 \end{pmatrix} = \begin{pmatrix} 60 \\ 20 \end{pmatrix}, X_N = \begin{pmatrix} x_1 \\ x_4 \end{pmatrix} = \begin{pmatrix} 0 \\ 0 \end{pmatrix}$；最優值：$Z^* = 240$。

3.5.3　系數矩陣 A 的分析

以下分 4 種情況討論系數矩陣的變化。

1. 增加一個新變量的分析

設 x_{n+1} 是新增加的變量，其對應的系數列向量爲 p_{n+1}，價值系數爲 C_{n+1}，試討論原最優解有無改變並盡快地求出新的最優解。

如果原問題增加一個新變量，則系數矩陣增加一個列。註意，新增加的列在以 B 爲基的單純形表中對應變爲 $B^{-1}P_{n+1}$，所以可先計算 $B^{-1}P_{n+1}$ 及 $\sigma_{n+1} = C_{n+1} - C_B B^{-1} P_{n+1}$，若 $\sigma_{n+1} \leqslant 0$，則原最優解不變，反之可將 $B^{-1}P_{n+1}$ 增填到原最優表的後面，用單純形法繼續迭代求解。

【例 3.5】設第 2 章例 2.1 的原線性規劃問題中考慮生產Ⅲ型計算機。已知生產每臺Ⅲ型計算機所用原料爲 4 個單位，工時爲 3 個單位，可獲利潤爲 8 個單位。試問該廠是否應該生產Ⅲ型計算機？如果生產，應該生產多少臺？

解：設生產Ⅲ型計算機 x_3' 臺，由原最優基的 B^{-1} 求逆可得：

$$B^{-1}P_3' = \begin{pmatrix} \dfrac{1}{2} & -\dfrac{1}{4} \\ -\dfrac{1}{4} & \dfrac{3}{8} \end{pmatrix} \begin{pmatrix} 4 \\ 3 \end{pmatrix} = \begin{pmatrix} \dfrac{5}{4} \\ \dfrac{1}{8} \end{pmatrix}$$

$$\sigma_3' = C_3' - C_B B^{-1} P_3' = 8 - \begin{pmatrix} 4 & 6 \end{pmatrix} \begin{pmatrix} \dfrac{5}{4} \\ \dfrac{1}{8} \end{pmatrix} = \dfrac{9}{4}$$

因爲 $\sigma_3' > 0$，所以安排生產Ⅲ型計算機有利，將 $B^{-1}P_3'$ 增填到原最優表的後面，並用單純形法繼續計算求解，結果如表 3-9 所示。

表 3-9　　　　　　　　　　例 3.5 求解結果

	C		6	4	0	0	8
C_B	X_B	$B^{-1}b$	x_1	x_2	x_3	x_4	x_3'
4	x_2	20	0	1	1/2	-1/4	5/4
6	x_1	20	1	0	-1/4	3/8	1/8
	σ		0	0	-1/2	-5/4	9/8
8	x_3'	16	0	4/5	2/5	-1/5	1
6	x_1	18	1	-1/10	-3/10	2/5	0
	σ	236	0	-9/8	-7/5	-4/5	0

新的最優解：$X_B = \begin{pmatrix} x_3' \\ x_1 \end{pmatrix} = \begin{pmatrix} 16 \\ 18 \end{pmatrix}, X_N = \begin{pmatrix} x_2 \\ x_3 \\ x_4 \end{pmatrix} = \begin{pmatrix} 0 \\ 0 \\ 0 \end{pmatrix}$；最優值：$Z^* = 236$。

2. 增加一個新約束條件的分析

設 $a_{m+1,1}x_1 + a_{m+1,2}x_2 + \cdots + a_{m+1,n}x_n \leq b_{m+1}$ 是新增加的約束條件,試分析原問題最優解有無變化。

將原最優解代入新約束中,如果滿足新約束條件,則原最優解不變;反之,則需進一步求出新的最優解。

考慮到單純形算法中,每步迭代得到的單純形表對應的約束方程組都與原約束方程組等價,因此,可以將新約束方程 $a_{m+1,1}x_1 + a_{m+1,2}x_2 + \cdots + a_{m+1,n}x_n + x_{n+1} = b_{m+1}$ 填到原最優表的下面,變化後的單純形表增加一個行、一個列,新約束對應的基變量是 x_{n+1}。在單純形表中,由於增加了新約束,原基變量對應的列向量可能不再是單位列向量,所以需用初等行變換將表中基變量對應的列向量變爲單位列向量。變換後,原最優表的檢驗數不變,但基變量 x_{n+1} 的取值一般要發生變化。若 $x_{n+1} = B^{-1}b_{m+1} \geq 0$,則已得到最優解;反之,若 $x_{n+1} = B^{-1}b_{m+1} < 0$,則用對偶單純形法繼續求解。

【例 3.6】設第 2 章例 2.1 的原線性規劃問題中增加一道加工工序,需要在另一臺設備上進行。已知每臺I、II型產品在該設備上加工工時分別爲 2、3 個單位,計劃期內該設備總臺時爲 90 個單位。試分析原最優解有無變化?如果有變化,求出新的最優解。

解：新工序對應的約束條件爲 $2x_1 + 3x_2 \leq 90$,將原問題最優解 $x_1 = x_2 = 20$ 代入該約束條件左端,顯然不滿足該約束條件,因此原最優解不再是最優解。

將 $2x_1 + 3x_2 + x_5 = 90$ 增填到最優表的下面,用初等行變換及對偶單純形法計算,結果如表 3-10 所示。

表 3-10　　　　　　　　　　例 3.6 求解結果

C			6	4	0	0	0
C_B	X_B	$B^{-1}b$	x_1	x_2	x_3	x_4	x_5
4	x_2	20	0	1	1/2	-1/4	0
6	x_1	20	1	0	-1/4	3/8	0
0	x_5	90	0	3	0	0	1
	σ		0	0	-1/2	-5/4	0
4	x_2	20	0	1	1/2	-1/4	0
6	x_1	20	1	0	-1/4	3/8	0
0	x_5	-10	0	0	-1	0	1
	σ		0	0	-1/2	-5/4	0
4	x_2	15	0	1	0	-1/4	1/2
6	x_1	22.5	1	0	0	3/8	-1/4
0	x_3	10	0	0	1	0	-1
	σ	195	0	0	0	-5/4	-1/2

由此得最優解：$x_1 = 22.5, x_2 = 15, x_3 = 10, x_4 = x_5 = 0$；最優值：$Z^* = 195$。

3. 改變某非基變量的系數列向量的分析

設非基變量 x_j 的系數列向量變爲 p_j'，試分析原最優解有何變化。

該變化只影響最優單純形表的第 j 列及其檢驗數。因此，可以先計算 $B^{-1}p_j'$ 及 $\sigma_j' = C_j - C_B B^{-1} p_j'$。若 $\sigma_j' \le 0$，則原最優解不變；反之，若 $\sigma_j' > 0$，則以 $B^{-1}p_j'$ 替代原最優表的第 j 列，用單純形法繼續求解。

4. 改變某基變量的系數列向量的分析

設基變量 x_j 的系數列向量變爲 p_j'，試分析原最優解有何變化。

顯然，p_j 的變化將導致 B 的變化，因而原最優表的所有元素都將發生變化，似乎只能重新計算變化後的模型。但是，經過認真分析可知，還是可以利用原最優解來計算新的最優解。

可以將 x_j 看作新增加的變量，用 $B^{-1}p_j'$ 替代原最優表的第 j 列（單位列向量），然後再利用初等行變換將表中的 $B^{-1}p_j'$ 恢復到原來的單位列向量，並重新計算檢驗數。則變化後的單純形表有以下幾種情況：

（1）基變量取值全非負，且檢驗數全非正，已得新的最優解。

（2）基變量取值全非負，但存在正的檢驗數，該解是基可行解，可以用單純形法繼續求解。

（3）存在取負值的基變量，但檢驗數全非正，該解是對偶可行解，可以用對偶單純形法繼續求解。

（4）存在取負值的基變量，且存在正的檢驗數，該解既不是基可行解，又不是對偶可行解。

對於這種情況，我們將表中取負值的基變量 x_{Bi} 對應的行還原成約束方程，用-1乘以方程兩端，再在方程左端加一個人工變量 x_{n+1}，用該方程替代原單純形表的第 i 行，則表中第 i 行對應的基變量爲人工變量 x_{n+1}，其對應的數值爲 $-(B^{-1}b)_i$，其價值系數爲 $-M$。然後可以用單純形法繼續求解。

【例 3.7】設第 2 章例 2.1 的原問題中 x_1 的系數列向量變爲 $\begin{pmatrix} 8 \\ 4 \end{pmatrix}$，試分析原問題最優解有何變化。（原問題最優表如表 3-11 所示）

表 3-11　　　　　　　　　　例 2.1 原問題最優表

	C		6	4	0	0
C_B	X_B	$B^{-1}b$	x_1	x_2	x_3	x_4
4	x_2	20	0	1	1/2	-1/4
6	x_1	20	1	0	-1/4	3/8
	σ	200	0	0	-1/2	-5/4

$$B^{-1}P_1' = \begin{pmatrix} \frac{1}{2} & -\frac{1}{4} \\ -\frac{1}{4} & \frac{3}{8} \end{pmatrix} \begin{pmatrix} 8 \\ 4 \end{pmatrix} = \begin{pmatrix} 3 \\ -\frac{1}{2} \end{pmatrix}$$，用 $\begin{pmatrix} 3 \\ -\frac{1}{2} \end{pmatrix}$ 取代原最優表的第一列（見表 3-12），再用初等行變換將該列變爲原來的單位列向量，結果如表 3-13 所示。

表 3-12　　　　　　　　原最優表第一列被取代後的結果

	C		6	4	0	0
C_B	X_B	$B^{-1}b$	x_1	x_2	x_3	x_4
4	x_2	20	3	1	1/2	-1/4
6	x_1	20	-1/2	0	-1/4	3/8
	σ		0	0	-1/2	-5/4

表 3-13　　　　　　　　　初等行變換後的結果

	C		6	4	0	0
C_B	X_B	$B^{-1}b$	x_1	x_2	x_3	x_4
4	x_2	140	0	1	-1	2
6	x_1	-40	1	0	1/2	-3/4
	σ		0	0	1	-7/2

該解既不是基可行解，又不是對偶可行解。將表中第二行乘以-1，並用人工變量 x_5 取代 x_1。重新計算檢驗數，然後再利用單純形法繼續運算，結果如表 3-14 所示。

表 3-14　　　　　　　　　例 3.7 最終求解結果

C			6	4	0	0	$-M$
C_B	X_B	$B^{-1}b$	x_1	x_2	x_3	x_4	x_5
4	x_2	140	0	1	-1	2	0
$-M$	x_5	40	-1	0	$-1/2$	3/4	1
σ			$6-M$	0	$4-M/2$	$3/4M-8$	0
4	x_2	100/3	8/3	1	1/3	0	$-8/3$
0	x_4	160/3	$-4/3$	0	$-2/3$	1	4/3
σ		400/3	$-14/3$	0	$-4/3$	0	$-M+32/3$

由此得到最優解：$x_2 = \dfrac{100}{3}, x_4 = \dfrac{160}{3}, x_1 = x_3 = x_5 = 0$；最優值：$Z^* = \dfrac{400}{3}$。

3.6　參數線性規劃

　　上一節通過靈敏度分析研究了個別數據變動之後原來的最優解是否受到影響,研究了這些數據的變化對最優解的變化是否敏感。在靈敏度分析中每次只考慮一個數據的變化。如果幾個數據同時發生變化,又將產生什麼結果呢？參數規劃就是用來研究這類問題的。參數規劃是研究這些參數中某一個數連續變化時使最優解發生變化的各臨界點的值。

　　在一般情況下,衆多的數據均可以有各種形式的離散性或連續性變化。但是迄今爲止,參數規劃中有效的分析方法還都局限於數據的線性變化。因此討論的內容實質上是參數線性規劃。參數規劃同靈敏度分析一樣,是在已有最優解的基礎上進行分析。本節只討論目標函數中價值系數 C 和資源系數 b 的線性參數變化。

　　分析參數線性規劃問題的步驟是：

　　(1) 對含有某參數變量 t 的參數線性規劃問題,先令 $t = 0$,用單純形法求出最優解。

　　(2) 用靈敏度分析方法,將參變量 t 直接反應到最終表中。

　　(3) 當參變量接連變大或變小時,觀察基變量值和檢驗數的變化。若某基變量首先出現負值時,則以該變量爲換出變量,用單純形法迭代一步；若檢驗數中首先出現某正值時,則以它對應的變量爲換入變量,用單純形法迭代一步。

　　(4) 在迭代一步後的新表上,令參變量 t 繼續變大或變小,重複步驟(3),直到基變量不再出現負值,檢驗數行不再出現正值爲止。

3.6.1　參數 C 的變化分析

　　【例 3.8】試分析下述線性規劃問題,當參數 $\lambda \geqslant 0$ 時,最優解的變化。

$$\max Z = (1-2\lambda)x_1 + (3-\lambda)x_2$$

$$\begin{cases} x_1 + x_2 \leq 6 \\ -x_1 + 2x_2 \leq 6 \\ x_1, x_2 \geq 0 \end{cases}$$

解：

令 $\lambda = 0$，用單純形法求解，結果如表 3-15 所示。

表 3-15　　　　　　　　　單純形法求解結果

C_B	X_B	$B^{-1}b$	1	3	0	0
			x_1	x_2	x_3	x_4
1	x_1	2	1	0	2/3	-1/3
3	x_2	4	0	1	1/3	1/3
σ		0	0	0	-5/3	-2/3

將 C 的變化反應到最終表中，得表 3-16：

表 3-16　　　　　　　　　C 變化後的結果

C_B	X_B	$B^{-1}b$	$1-2\lambda$	$3-\lambda$	0	0
			x_1	x_2	x_3	x_4
$1-2\lambda$	x_1	2	1	0	2/3	-1/3
$3-\lambda$	x_2	4	0	1	1/3	1/3
σ			0	0	$-5/3+5/3\lambda$	$-2/3-1/3\lambda$

當 λ 增大到 $\lambda \geq 1$ 時，首先出現 $\sigma_3 \geq 0$，從而，當 $0 \leq \lambda \leq 1$ 時，有最優解 $(2,4,0,0)^T$，$\lambda = 1$ 為第一臨界點。$\lambda > 1$ 時，$\sigma_3 > 0$，以 x_3 為換入變量，以 x_1 為換出變量，用單純形法迭代得表 3-17：

表 3-17　　　　　　　　　第一次迭代後的結果

C_B	X_B	$B^{-1}b$	$1-2\lambda$	$3-\lambda$	0	0
			x_1	x_2	x_3	x_4
0	x_3	3	3/2	0	1	-1/2
$3-\lambda$	x_2	3	-1/2	1	0	1/2
σ			$5/2-5/2\lambda$	0	0	$-3/2+1/2\lambda$

當 λ 繼續增大到 $\lambda \geq 3$ 時，出現 $\sigma_4 \geq 0$，從而，當 $1 \leq \lambda \leq 3$ 時，有最優解 $(0,3,3,0)^T$，$\lambda = 3$ 為第二臨界點。

當 $\lambda > 3$ 時，$\sigma_4 > 0$，以 x_4 為換入變量，以 x_2 為換出變量，用單純形法迭代一步得表

3-18：

表3-18　　　　　　　　　　　第二次迭代後的結果

	C		$1-2\lambda$	$3-\lambda$	0	0
C_B	X_B	$B^{-1}b$	x_1	x_2	x_3	x_4
0	x_3	6	1	1	1	0
0	x_4	6	-1	2	0	1
	σ		$1-2\lambda$	$3-\lambda$	0	0

當 λ 繼續增大時，恒有 $\sigma_1,\sigma_2 \leq 0$，故當 $\lambda > 3$ 時，有最優解 $(0,0,6,6)^T$。

3.6.2　參數 b 的變化分析

【例3.9】分析下述線性規劃，當 $t \geq 0$ 時，最優解的變化。

$$\max Z = x_1 + x_2$$

$$\begin{cases} x_1 + x_2 \leq 6 - t \\ -x_1 + 2x_2 \leq 6 + t \\ x_1, x_2 \geq 0 \end{cases}$$

解：令 $t = 0$，用單純形法求解，結果如表3-19所示。

表3-19　　　　　　　　　　　單純形法求解結果

	C		1	3	0	0
C_B	X_B	$B^{-1}b$	x_1	x_2	x_3	x_4
1	x_1	2	1	0	2/3	-1/3
3	x_2	4	0	1	1/3	1/3
	σ	0	0	0	-5/3	-2/3

計算 $B^{-1}\Delta b = \begin{pmatrix} \dfrac{2}{3} & -\dfrac{1}{3} \\ \dfrac{1}{3} & \dfrac{1}{3} \end{pmatrix} \begin{pmatrix} -t \\ t \end{pmatrix} = \begin{pmatrix} -t \\ 0 \end{pmatrix}$，將此結果反應到最終表中（見表3-20）：

表3-20　　　　　　　　　　　　最終表

	C		1	3	0	0
C_B	X_B	$B^{-1}b$	x_1	x_2	x_3	x_4
1	x_1	$2-t$	1	0	2/3	-1/3
3	x_2	4	0	1	1/3	1/3
	σ	0	0	0	-5/3	-2/3

當 t 增大到 $t > 2$ 時，基變量出現負值，因此，當 $0 \leq t \leq 2$ 時，最優解為 $(2-t, 4, 0, 0)^T$。$t = 2$ 為第一臨界點。

當 $t > 2$ 時，以 x_1 為換出變量，用對偶單純形法迭代，結果如表 3-21 所示。

表 3-21　　　　　　　　　迭代後的結果

C			1	3	0	0
C_B	X_B	$B^{-1}b$	x_1	x_2	x_3	x_4
0	x_4	$-6+3t$	-3	0	-2	1
3	x_2	$6-t$	1	1	1	0
σ			-2	0	-3	0

從表 3-21 可以看出，當 $2 \leq t \leq 6$ 時，最優解為 $(0, 6-t, 0, -6+3t)^T$。$t = 6$ 為第二臨界點。當 $t > 6$ 時，無可行解。

習題

1. 寫出下列線性規劃問題的對偶問題。

(1)
$$\max z = 2x_1 + x_2 + x_3$$
$$\begin{cases} x_1 + x_2 + x_3 \leq 10 \\ x_1 + 5x_2 + x_3 \leq 20 \\ x_1, x_2, x_3 \geq 0 \end{cases}$$

(2)
$$\min f = 4x_1 + 4x_2 + 2x_3$$
$$\begin{cases} \frac{1}{2}x_1 + 2x_2 + 2x_3 \geq 100 \\ 4x_1 + 6x_2 + 3x_3 \geq 200 \\ x_1, x_2, x_3 \geq 0 \end{cases}$$

2. 寫出下列線性規劃問題的對偶問題。

(1)
$$\max z = x_1 + 2x_2 + 3x_3 + 4x_4$$
$$\begin{cases} -x_1 + x_2 - x_3 - 3x_4 = 5 \\ 6x_1 + 7x_2 + 3x_3 - 5x_4 \geq 8 \\ 12x_1 - 9x_2 - 9x_3 + 9x_4 \leq 20 \\ x_1, x_2 \geq 0, x_3 \leq 0, x_4 \text{ 無約束} \end{cases}$$

(2)
$$\max z = \sum_{j=1}^{n} c_j x_j$$

$$\begin{cases} \sum_{j=1}^{n} a_{ij}x_j \leq b_i, i = 1, \cdots, m_1 \leq m \\ \sum_{j=1}^{n} a_{ij}x_j = b_i, i = m_1 + 1, m_1 + 2, \cdots, m \\ x_j \geq 0, 當 j = 1, \cdots, n_1 \leq n \\ x_j 無約束, 當 j = n_1 + 1, \cdots, n \end{cases}$$

3. 已知線性規劃問題

$$\max z = 2x_1 + x_2 + 5x_3 + 6x_4$$
$$\begin{cases} 2x_1 + x_3 + x_4 \leq 8 \\ 2x_1 + 2x_2 + x_3 + 2x_4 \leq 12 \\ x_j \geq 0, j = 1, \cdots, 4 \end{cases}$$

對偶變量爲 y_1、y_2，其對偶問題的最優解爲 $y_1^* = 4, y_2^* = 1$，試應用對偶問題的性質，求原問題的最優解。

4. 給出線性規劃問題

$$\max z = x_1 + 2x_2 + x_3$$
$$\begin{cases} x_1 + x_2 - x_3 \leq 2 \\ x_1 - x_2 + x_3 = 1 \\ 2x_1 + x_2 + x_3 \geq 2 \\ x_1 \geq 0, x_2 \leq 0, x_3 無約束 \end{cases}$$

要求：①寫出其對偶問題；②利用對偶問題性質證明原問題目標函數值 $z \leq 1$。

5. 試用對偶單純形法求解下列線性規劃問題。

(1)
$$\min z = x_1 + x_2$$
$$\begin{cases} 2x_1 + x_2 \geq 4 \\ x_1 + 7x_2 \geq 7 \\ x_1, x_2 \geq 0 \end{cases}$$

(2)
$$\min z = 3x_1 + 2x_2 + x_3 + 4x_4$$
$$\begin{cases} 2x_1 + 4x_2 + 5x_3 + x_4 \geq 0 \\ 3x_1 - x_2 + 7x_3 - 2x_4 \geq 2 \\ 5x_1 + 2x_2 + x_3 + 6x_4 \geq 15 \\ x_1, x_2, x_3, x_4 \geq 0 \end{cases}$$

6. 考慮如下線性規劃問題

$$\min z = 60x_1 + 40x_2 + 80x_3$$

$$\begin{cases} 3x_1 + 2x_2 + x_3 \geq 2 \\ 4x_1 + x_2 + 3x_3 \geq 4 \\ 2x_1 + 2x_2 + 2x_3 \geq 3 \\ x_1, x_2, x_3 \geq 0 \end{cases}$$

要求：①寫出其對偶問題；②用對偶單純形法求解原問題；③用單純形法求解其對偶問題；④對比②和③中每步計算得到的結果。

7. 已知線性規劃問題：

$$\max z = 2x_1 - x_2 + x_3$$

$$s.t. \begin{cases} x_1 + x_2 + x_3 \leq 6 \\ -x_1 + 2x_2 \leq 4 \\ x_1, x_2, x_3 \geq 0 \end{cases}$$

請先用單純形法求出最優解，然後就下列情形進行分析：

(1) 目標函數中變量 x_1, x_2, x_3 的系數分別在什麼範圍內變化時，問題的最優解不變；

(2) 兩個約束條件的右端項分別在什麼範圍內變化時，問題的最優基不變；

(3) 添加一個新的約束 $-x_1 + 2x_3 \geq 2$，請求出其最優解。

8. 分析參數線性規劃問題中使 $z(\lambda_1 + \lambda_2)$ 實現最小值的 λ_1、λ_2 的變化範圍。

$$\max z(\lambda_1, \lambda_2) = x_1 + \lambda_1 x_2 + \lambda_2 x_3$$

$$s.t. \begin{cases} x_1 - x_4 - 2x_6 = 5 \\ x_2 + 2x_4 - 3x_5 + x_6 = 3 \\ x_3 + 2x_4 - 5x_5 + 6x_6 = 5 \\ x_1, x_2, x_3, x_4, x_5, x_6 \geq 0 \end{cases}$$

9. 分析下列參數線性規劃問題當中 $\lambda(\lambda \geq 0)$ 變化時最優解的變化，並畫出 $z(\lambda)$ 和 λ 的變化關係。

(1)
$$\min z = x_1 + x_2 - \lambda x_3 + 2\lambda x_4$$

$$s.t. \begin{cases} x_1 + x_3 + 2x_4 = 2 \\ 2x_1 + x_2 + 3x_4 = 5 \\ x_1, x_2, x_3, x_4 \geq 0 \end{cases}$$

(2)
$$\max z(\lambda) = -(3-\lambda)x_1 + (2+\lambda)x_2$$

$$s.t. \begin{cases} 2x_1 + 5x_2 \leq 10 \\ 6x_1 + x_2 \leq 12 \\ x_1 - x_2 \leq 1 \\ x_1, x_2 \geq 0 \end{cases}$$

（3）
$$\min z(\lambda) = x_1 + x_2 + 2x_3 + x_4$$
$$\text{s.t.} \begin{cases} 2x_1 - 2x_3 - x_4 = 2 - \lambda \\ x_2 - x_3 + x_4 = -1 + \lambda \\ x_1, x_2, x_3, x_4 \geq 0 \end{cases}$$

（4）
$$\max z(\lambda) = 3x_1 + 2x_2 + 5x_3$$
$$\text{s.t.} \begin{cases} x_1 + 2x_2 + x_3 \leq 40 - \lambda \\ 3x_1 + 2x_3 \leq 60 + 2\lambda \\ x_1 + 4x_2 \leq 30 - 7\lambda \\ x_1, x_2, x_3 \geq 0 \end{cases}$$

10. 考慮下列線性規劃
$$\max z = 2x_1 + 3x_2$$
$$\text{s.t.} \begin{cases} 2x_1 + 2x_2 \leq 12 \\ x_1 + 2x_2 \leq 8 \\ 4x_1 \leq 16 \\ 4x_2 \leq 12 \\ x_1, x_2 \geq 0 \end{cases}$$

求得其最優單純形表如表3-22所示。

表3-22　　　　　　　　　最優單純形表

C_B	c_j 基	b	2 x_1	3 x_2	0 x_3	0 x_4	0 x_5	0 x_6
0	x_3	$-\dfrac{8}{3}$	1	0	0	-1	$-\dfrac{1}{4}$	0
2	x_1	$-\dfrac{16}{3}$	0	0	0	0	$\dfrac{1}{4}$	0
0	x_6	3	0	1	0	-2	$\dfrac{1}{2}$	1
3	x_2	$\dfrac{2}{3}$	0	0	1	$\dfrac{1}{2}$	$-\dfrac{1}{8}$	0
	c_j-z_j		0	0	0	$-\dfrac{3}{2}$	$-\dfrac{1}{8}$	0

試分析如下問題：

（1）分別對 c_1 和 c_2 進行靈敏度分析。

（2）對 b_3 進行靈敏度分析。

（3）當 $c_2=5$ 時，求新的最優解。

（4）當 $b_3=4$ 時，求新的最優解。

(5)增加一個新的約束條件，$2x_1 + 2.4x_2 \leq 12$，問對最優解有何影響。

11. 已知某工廠計劃生產 A_1、A_2 和 A_3 三種產品，每種產品均需要在甲、乙、丙設備上加工。相關數據如表 3-23 所示：

表 3-23　　　　　　　　　　　　三種產品的相關數據

設備＼產品	A_1	A_2	A_3	工時限制(臺時)
甲	8	16	10	304
乙	10	5	8	400
丙	2	13	10	420
單位產品利潤(千元)	3	2	2.9	48

試問：

(1)如何充分發揮設備能力，使工廠獲利最大？

(2)若有 2 種新產品 A_4、A_5，其中 A_4 需用甲設備 12 臺時，乙設備 5 臺時，丙設備 10 臺時，每件獲利 2.1 千元；其中 A_5 需用甲設備 4 臺時，乙設備 4 臺時，丙設備 12 臺時，每件獲利 1.87 千元；假設甲、乙、丙三種設備的臺時數不增加，分別回答這兩種新產品投產是否合算。

(3)增加設備乙的臺時能否使企業的總利潤進一步增加？

12. 從 M_1、M_2、M_3 三種原材料中提煉 A、B 兩種貴金屬。已知每噸原材料中 A、B 的含量和各種原材料的價格如表 3-24 所示。

表 3-24　　　　　　　　　　　　原材料價格

貴金屬	每噸原材料中貴金屬含量($g \cdot t^{-1}$)		
	M_1	M_2	M_3
A	300	200	60
B	200	240	320
每噸原材料的價格(元/t)	60	48	56

如需提煉金屬 A 48 千克，金屬 B 56 千克，問：

(1)所用原材料各多少噸，能使總的原材料費用最省？

(2)如 M_1、M_2 的單價不變，M_3 的單價降為 32 元/噸，則最優決策有何變化？

13. 茲有線性規劃問題如下：

$$\max z = -5x_1 + 5x_2 + 13x_3$$

$$\text{s.t.} \begin{cases} -x_1 + x_2 + 3x_3 \leq 20 \text{(約束條件 1)} \\ 12x_1 + 4x_2 + 10x_3 \leq 90 \text{(約束條件 2)} \\ x_1, x_2, x_3 \geq 0 \end{cases}$$

先用單純形法求出最優解，然後分析在下列各條件下，最優解分別有什麼變化？

(1)約束條件 1 的右端常數項由 20 變為 35；

(2) 約束條件2的右端常數項由90變爲60；

(3) 目標函數中 x_2 的系數由13變成7；

(4) 增加一個約束條件 $2x_1 + 3x_2 + 5x_3 \leq 45$。

14. 分析下列參數規劃中當t變化時最優解的變化情況。

(1) $\quad \max z(t) = (3-6t)x_1 + (2-2t)x_2 + (5-5t)x_3 (t \geq 0)$

$$\text{s.t.} \begin{cases} x_1 + 2x_2 + x_3 \leq 430 \\ 3x_1 + 2x_3 \leq 460 \\ x_1 + 4x_3 \leq 420 \\ x_1, x_2, x_3 \geq 0 \end{cases}$$

(2) $\quad \max z(t) = (7+2t)x_1 + (12+t)x_2 + (10-t)x_3 (t \geq 0)$

$$\text{s.t.} \begin{cases} x_1 + x_2 + x_3 \leq 20 \\ 2x_1 + 2x_2 + x_3 \leq 30 \\ x_1, x_2, x_3 \geq 0 \end{cases}$$

15. 用單純形法求解某線性規劃問題得到最終單純形表如表3-25所示。

表 3-25　　　　　　　　　單純形法求解結果

c_j	基變量	50	40	10	60	S
		x_1	x_2	x_3	x_4	
a	c	0	1	$\frac{1}{2}$	1	6
b	d	1	0	$\frac{1}{4}$	2	4
$\sigma_j = c_j - Z_j$		0	0	e	f	g

(1) 給出 a、b、c、d、e、f、g 的值或表達式；

(2) 指出原問題是求目標函數的最大值還是最小值；

(3) 用 $a+\Delta a$、$b+\Delta b$ 分別代替 a 和 b，仍然保持上表是最優單純形表，求 Δa、Δb 滿足的範圍。

16. 某文教用品廠用原材料白坯紙生產原稿紙、日記本和練習本三種產品。該廠現有工人100人，每月白坯紙供應量爲30噸。已知工人的勞動生產率爲：每人每月可生產原稿紙30捆，或日記本30打，或練習本30箱。已知原材料消耗爲：每捆原稿紙用白坯紙 $\frac{10}{3}$ 千克，每打日記本用白坯紙 $\frac{40}{3}$ 千克，每箱練習本用白坯紙 $\frac{80}{3}$ 千克。又知每生產一捆原稿紙可獲利2元，生產一打日記本獲利3元，生產一箱練習本獲利1元。試確定：

(1) 現有生產條件下獲利最大的方案。

(2) 如白坯紙的供應數量不變，當工人數不足時可招收臨時工，臨時工工資支出爲每人每月40元。則該廠要不要招收臨時工？如要的話，招多少名臨時工最合適？

4 運輸問題

前兩章討論了一般線性規劃問題的單純形法求解方法。但在實際工作中,往往碰到有些線性規劃問題,它們的約束方程組的系數矩陣具有特殊的結構,這就有可能找到比單純形法更爲簡便的求解方法,從而節約計算時間和費用。本章討論的運輸問題就是屬於這樣一類特殊的線性規劃問題。

4.1 運輸問題的數學模型

在經濟活動中,經常碰到大宗物資的調運問題。如煤、鋼鐵、木材、糧食等,在全國有若干生產基地,要根據已有的交通網路,制訂調運方案,將這些物資運到各消費地點,使總的運費最省。

運輸問題的一般提法是:設某產品有 m 個生產地點 $A_i(i=1,2,\cdots,m)$,各生產地點的產量分別是 $a_i(i=1,2,\cdots,m)$,該產品有 n 個銷地 $B_j(j=1,2,\cdots,n)$,各銷地的銷量分別爲 $b_j(j=1,2,\cdots,n)$。從 $A_i(i=1,2,\cdots,m)$ 到 $B_j(j=1,2,\cdots,n)$ 運輸每單位物資的運價爲 c_{ij},爲了直觀地表示上面的問題,我們將這些數據匯總於產銷平衡表和單位運價表中(見表4-1和表4-2)。或者也可以將上述兩個表合併在一起,稱其爲運輸表(見表4-3),其中 x_{ij} $(i=1,2,\cdots,m;j=1,2,\cdots,n)$ 爲產地 A_i 運往銷地 B_j 的產品數量。

表4-1　　　　　　　　　　　產銷平衡表

產地＼銷地	1	2	…	n	產量(噸)
1					a_1
2					a_2
…					…
m					a_m
銷量(噸)	b_1	b_2	…	b_n	

表 4-2　　　　　　　　　　　單位運價表

產地＼銷地	1	2	…	n
1	c_{11}	c_{12}	…	c_{1n}
2	c_{21}	c_{22}	…	c_{2n}
…				
m	c_{m1}	c_{m2}	…	c_{mn}

表 4-3　　　　　　　　　　　運輸表

產地＼銷地	B_1	B_2	…	B_n	產量(噸)
A_1	x_{11} / c_{11}	x_{12} / c_{12}	…	x_{1n} / c_{1n}	a_1
A_2	x_{21} / c_{21}	x_{22} / c_{22}	…	x_{2n} / c_{2n}	a_2
…					…
A_m	x_{m1} / c_{m1}	x_{m2} / c_{m2}	…	x_{mn} / c_{mn}	a_m
銷量(噸)	b_1	b_2	…	b_n	

下面分兩種情況來討論：

（1）$\sum_{i=1}^{m} a_i = \sum_{j=1}^{n} b_j$，即運輸問題中的總產量等於其總銷量，則稱該運輸問題爲產銷平衡運輸問題。

（2）$\sum_{i=1}^{m} a_i \neq \sum_{j=1}^{n} b_j$，即運輸問題中的總產量不等於其總銷量，則稱該運輸問題爲產銷不平衡運輸問題。

產銷平衡運輸問題可以用以下數學模型來表示：

$$\min z = \sum_{i=1}^{m} \sum_{j=1}^{n} c_{ij} x_{ij}$$

$$\begin{cases} \sum_{j=1}^{n} x_{ij} = a_i & i = 1, 2, \cdots, n \\ \sum_{i=1}^{m} x_{ij} = b_j & j = 1, 2, \cdots, n \\ x_{ij} \geq 0 & i = 1, 2, \cdots, m; j = 1, 2, \cdots, n \end{cases}$$

其中約束條件中的常數 a_i 和 b_j 滿足 $\sum_{i=1}^{m} a_i = \sum_{j=1}^{n} b_j$。

上述模型即運輸問題的數學模型，它包含了 $m \times n$ 個變量，以及 $m+n$ 個約束方程，其系數矩陣的結構比較鬆散，而且比較特殊，如下：

$$\begin{matrix} x_{11} & x_{12} & \cdots & x_{1n} & x_{21} & x_{22} & \cdots & x_{2n} & & x_{m1} & x_{m2} & \cdots & x_{mn} \end{matrix}$$

$$\begin{bmatrix} 1 & 1 & \cdots & 1 & & & & & & & & & \\ & & & & 1 & 1 & \cdots & 1 & & & & & \\ & & & & & & & & \ddots & & & & \\ & & & & & & & & & 1 & 1 & \cdots & 1 \\ 1 & & & & 1 & & & & & 1 & & & \\ & 1 & & & & 1 & & & & & 1 & & \\ & & \ddots & & & & \ddots & & & & & \ddots & \\ & & & 1 & & & & 1 & & & & & 1 \end{bmatrix} \begin{matrix} \left.\begin{matrix} \\ \\ \\ \\ \end{matrix}\right\} m \text{行} \\ \left.\begin{matrix} \\ \\ \\ \\ \end{matrix}\right\} n \text{行} \end{matrix}$$

該系數矩陣中對應變量 x_{ij} 的系數向量 P_{ij}，其分量中除第 i 個和第 $m+i$ 個爲 1 以外，其餘的都爲零，即

$$P_{ij} = (0, \cdots, 0, 1, 0, \cdots, 0, 1, 0, \cdots, 0)^T = e_i + e_{m+j}$$

由於產銷平衡運輸問題有以下關係式存在：

$$\sum_{i=1}^{m} a_i = \sum_{i=1}^{m} (\sum_{j=1}^{n} x_{ij}) = \sum_{j=1}^{n} (\sum_{i=1}^{m} x_{ij}) = \sum_{j=1}^{n} b_j$$

所以模型最多只有 $m+n-1$ 個獨立的約束方程。由於有以上的一些特徵，在求解運輸問題時，可以採用比較簡單的計算方法，即我們常稱的表上作業法。

4.2 表上作業法

表上作業法是單純形法在求解運輸問題時的一種簡化方法，其實質是單純形法，但具體計算和術語有所不同。其可歸納爲：

(1) 找出初始基可行解。即在 ($m \times n$) 產銷平衡表上給出 $m+n-1$ 個數字格。

(2) 求各非基變量的檢驗數，即在表上計算空格的檢驗數，判別是否達到最優解。如已是最優解，則停止計算，否則轉到下一步。

(3) 確定換入變量和換出變量，找出新的基可行解。在表上用閉回路法調整。

(4) 重複(2)、(3)直到得到最優解爲止。

以上運算都可以在表上完成，下面通過例子說明表上作業法的計算步驟。

【例 4.1】某公司經銷一種產品，它下設三個加工產地，每日產量分別爲 A_1 16 噸，A_2 10 噸，A_3 22 噸。該公司將產品分別運往四個銷售點。各銷售點每日銷量爲 B_1 8 噸，B_2 14 噸，B_3 12 噸，B_4 14 噸。合並運價表和產銷平衡表如表 4-4 所示。問該公司該如何調運產品，能夠在滿足各銷售點的需要量的前提下使總運費最少。

表 4-4　　　　　　　　　　　　　產銷平衡表

產地＼銷地	B_1	B_2	B_3	B_4	產量(噸)
A_1	4	12	4	11	16
A_2	2	10	3	9	10
A_3	8	5	11	6	22
銷量(噸)	8	14	12	14	48

4.2.1 初始基可行解的確定方法

確定初始基可行解的方法很多,一般所用的方法是簡便的又盡可能接近最優解的方法。下面結合例題來介紹三種常見的方法:最小元素法、西北角法和伏格爾(Vogel)法。

1. 最小元素法

該方法的基本思想就是就近供應,即從單位運價表中的最小運價開始確定供銷關係,然後是次小運價。一直到給出初始基可行解為止。以例 4.1 進行討論。

第一步,從表 4-5 中找出 A_2 到 B_1 的最小單位運價 2,故首先考慮將 A_2 的產品供應給 B_1。因 $a_2 > b_1$,故 A_2 除滿足 B_1 的全部需求後,還可剩餘 2 噸產品。在表中的 (A_2, B_1) 處填入數字 8。並將表中的 B_1 列劃去,表示在以後分配運輸量時不再考慮 B_1。

表 4-5　　　　　　　　　　　　　運輸表

產地＼銷地	B_1	B_2	B_3	B_4	產量（噸）
A_1	4	12	4 10	11 6	16
A_2	2 8	10	3 2	9	10
A_3	8	5 14	11	6 8	22
銷量（噸）	8 ①	14 ④	12 ③	14 ⑥	48

第二步,在表中未劃去的元素中找出最小運價 3,確定將 A_2 多餘的 2 噸供應給 B_3,在表中的 (A_2, B_3) 處填入數字 2。並將表中的 A_2 行劃去,表示在以後的運輸量分配中不再考慮 A_2。

第三步,在表中未劃去的元素中找出最小運價;這樣一步步進行下去,直到表中的所有元素均被劃去為止。

這時候得到運輸問題的一個初始解：$x_{13}=10, x_{14}=6, x_{21}=8, x_{23}=10, x_{31}=14, x_{34}=8$，其餘變量為 0。目標函數值為：

$$Z = \sum_{i=1}^{m}\sum_{j=1}^{n}c_{ij}x_{ij} = 10\times4+6\times11+8\times2+2\times3+14\times5+8\times6 = 246$$

2. 西北角法

西北角法與最小元素法不同，它不是優先考慮具有最小單位運價的供銷業務，而是優先滿足運輸表中西北角(左上角)上空格的供銷需求。

依然以例 4.1 為例，從表 4-6 的左上角的變量 x_{11} 處開始分配運量，並使 x_{11} 取盡可能大的值。現在產地 A_1 的產量為 16 噸，銷地 B_1 的銷量為 8 噸，故 x_{11} 取 16 和 8 的最小值 8，從而一定有 $x_{21}=x_{31}=0$。至此，我們已經在方案的 12 個變量中確定了 3 個變量的值，劃去第一列，表中餘下部分的左上角的變量為 x_{12}。同理，為使 x_{12} 取盡可能大的值，應取 16、8 和 14 的最小值 8，從而得 $x_{13}=x_{14}=0$，按以上方法繼續進行下去，最後可得到初始方案如表 4-6 所示。

表 4-6　　　　　　　　　　運輸表

銷地＼產地	B_1	B_2	B_3	B_4	產量（噸）
A_1	8　4	8　12	4	11	16
A_2	2	6　10	4　3	9	10
A_3	8	5	8　11	14　6	22
銷量（噸）	8	14	12	14	48

用這種方法得到運輸問題的初始基可行解是：$x_{11}=8, x_{12}=8, x_{22}=6, x_{23}=4, x_{33}=8, x_{34}=14$，其餘變量為 0。目標函數值為：

$$Z = 8\times4+8\times12+6\times10+4\times3+8\times11+14\times6 = 372$$

3. 伏格爾(Vogel)法

最小元素法存在一個缺陷：為了節省一處的運費，有時候會造成其它地方要多花費幾倍的運費。伏格爾法則考慮：某一產地的產品假如不能按最小運費就近供應時，就考慮次小運費，這就存在一個差價。差價越大，說明不能按最小運費調運時，運費增加愈多。因而對差額最大處，就應當採用最小運費調運。

我們再結合上例來進行說明。首先計算運輸表(見表 4-7)中每一行和每一列的次小單位運價和最小單位運價之間的差值，並分別稱之為行罰數和列罰數。將算出來的行罰數填入運輸表右側罰數欄的左邊第一列對應的位置中，將列罰數填入運輸表下邊列罰數第一行相應的位置。例如，A_1 行中的次小和最小單位運價均為 4，故行罰數為 0；A_2 行中的次小和最小單位運價分別為 3 和 2，故行罰數為 1；B_1 列中的次小和最小單位運價分別為 4 和 2，故列罰數為 2；如此進行，計算出本例中 A_1、A_2、A_3 的行罰數分別為 0、1 和 1；B_1、B_2、B_3 和 B_4 的列罰數分別為 2、5、1 和 3。在這些罰數中，最大值為 B_2 的列罰數，我們在表中用圓圈標註。由於 B_2 列中的最小單位運價是位於 (A_3, B_2) 中的 5，故在 (A_3, B_2) 中填入盡可能大的運量 14，此時 B_2 的需要量得到滿足，劃去 B_2 列。

表 4-7　　　　　　　　　　　運輸表

銷地＼產地	B_1	B_2	B_3	B_4	產量(噸)	行罰數				
						1	2	3	4	5
A_1	4	12　12	4　4	11	16	0	0	0	⑦	0
A_2	2　8	10	3	9　2	10	1	1	1	6	0
A_3	8	5　14	11　8	6	22	1	2			
銷量(噸)	8	14	12	14	48					
列罰數 1	2	⑤	1	3						
2	2		1	③						
3	②		1							
4			1	2						
5			②							

在尚未劃去的各行和各列中，重新計算各行罰數和列罰數，並分別填入行罰數欄中的第 2 列和列罰數的第 2 行。例如，在 A_3 行中剩下的次小單位運價和最小單位運價分別為 8 和 6，故其罰數為 2。由表中填入這一次計算的各罰數可知，最大者位於 B_4 列，由於 B_4 列中最小單位運價為 6，故在 (A_3, B_4) 中填入最大可能調運量 8，並劃去 A_3 行。

不斷重複上述步驟，一次算出每次迭代的行罰數和列罰數，根據其最大罰數值的位置在運輸表中的合適位置填入一個盡可能大的運輸量，並劃去對應的行或列。用這種方法得到運輸問題的初始基可行解是：$x_{13}=12, x_{14}=4, x_{21}=8, x_{24}=2, x_{32}=14, x_{34}=8$，其餘變量為 0。目標函數值

$$Z = 12\times4 + 4\times11 + 8\times2 + 2\times9 + 14\times5 + 8\times6 = 244$$

此方法計算出的目標函數值優於最小元素法給出的值。一般說來，伏格爾法得出的初始解質量最好，常常用來作為運輸問題最優解的近似解。

4.2.2 最優解的判別

得到運輸問題的初始基可行解後，即應該對這個解進行判別。判別的方法是計算空格(非基變量)的檢驗數。因運輸問題的目標函數是要求最小化，故當所有的檢驗數大於

或等於0時，爲最優解。下面介紹兩種常用的檢驗方法：閉回路法和位勢法。

1. 閉回路法

在給出的調運方案的計算表上，從每一空格出發找一條閉回路。它是以某一空格爲起點，用水平或垂直線向前劃，每碰到一數字格轉90°後繼續前進，直到回到起始空格爲止。圖4-1顯示出了幾種可能的閉回路的形式。

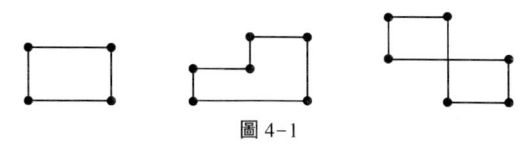

圖4-1

從每一空格出發找到唯一的閉回路，因(m+n-1)個數字格(基變量)對應的系數向量是一個基。任意空格(非基變量)對應的系數向量是這個基的線性組合。

現結合例題中用最小元素法給出的初始基可行解說明檢驗數的計算方法。

首先考慮表4-5中的(A_1, B_1)，設想由產地A_1供應1個單位的產品給B_1，爲使運入B_1的產品總數不大於它的銷量，就應當將A_2產品運到B_1的產品數量減去1個單位，即將(A_2, B_1)的數值由8改爲7；其次，爲了使產地運出的產品總數正好等於它的產量，且保持最新得到的解仍爲基可行解，將x_{23}由原來的2增加1；最後將x_{13}由10減去1，使運入銷地B_3的產品數量正好等於它的銷量，同時使由A_1運出的產品數量正好等於它的產量。這樣就構成了以(A_1, B_1)空格爲起點，其他格(A_2, B_1)、(A_2, B_3)、(A_2, B_1)爲數字格的閉回路，見表4-8。按照上述調整，由產地A_1供給1個單位的產品給銷地B_1，由此引起的總運費的變化爲：$c_{11}-c_{21}+c_{23}-c_{13}=1$，根據檢驗數的定義，它正是非基變量$x_{11}$的檢驗數。

表4-8　　　　　　　　　　　　運輸表

產地＼銷地	B_1	B_2	B_3	B_4	產量（噸）
A_1	4	12	4　10	11	16
A_2	2　8	10	3　2	9	10
A_3	8	5　14	11	6　8	22
銷量（噸）	8	14	12	14	48

我們可以按照同樣的方法求得其它非基變量的檢驗數如下：

$$\sigma_{12} = c_{12} - c_{32} + c_{34} - c_{14} = 2$$
$$\sigma_{22} = c_{22} - c_{32} + c_{34} - c_{14} + c_{13} - c_{23} = 1$$
$$\sigma_{24} = c_{24} - c_{14} + c_{13} - c_{23} = -1$$
$$\sigma_{31} = c_{31} - c_{21} + c_{23} - c_{13} + c_{14} - c_{34} = 10$$
$$\sigma_{33} = c_{33} - c_{34} + c_{14} - c_{13} = 12$$

由於存在 $\sigma_{24} = -1 < 0$,故該解不是最優解。

2. 位勢法

用閉回路法求檢驗數時,需給每一個空格找一條閉回路。當產銷點很多時,這種計算就比較繁瑣。下面我們介紹較爲簡便的方法——位勢法。位勢法求檢驗數是根據對偶理論推導出來的一種方法。

對產銷平衡問題,若用 $u_1, u_2, \cdots, u_m$ 分別表示前 m 個約束等式對應的對偶變量,用 $v_1, v_2, \cdots, v_n$ 分別表示後 n 個約束等式對應的對偶變量,即有對偶變量

$$Y = (u_1, u_2, \cdots, u_m, v_1, v_2, \cdots, v_n)$$

這時可將運輸問題的對偶規劃寫成:

$$\max z' = \sum_{i=1}^{m} a_i u_i + \sum_{j=1}^{n} b_j v_j$$
$$\begin{cases} u_i + v_j \leq C_{ij}, i=1,2,\cdots,m; j=1,2,\cdots,n \\ u_i, v_j \text{ 無約束}, i=1,2,\cdots,m; j=1,2,\cdots,n \end{cases} \quad (4-1)$$

由線性規劃問題的對偶理論可知,線性規劃問題變量 x_j 的檢驗數可表示爲:

$$\sigma_j = c_j - z_j = c_j - Y P_j$$

由此可以寫出運輸問題中某變量 x_{ij} 的檢驗數如下:

$$\sigma_{ij} = c_{ij} - z_{ij} = c_{ij} - Y P_{ij}$$
$$= c_{ij} - (u_1, u_2, \cdots, u_m, v_1, v_2, \cdots, v_n) P_{ij}$$
$$= c_{ij} - (u_i + v_j) \quad (4-2)$$

現假設我們已經得到了運輸問題的一個基可行解,其變量爲:

$$x_{i_1 j_1}, x_{i_2 j_2}, \cdots, x_{i_s j_s}, s = m+n-1$$

由於基變量的檢驗數等於 0,故對這組基變量可寫出方程組

$$\begin{cases} u_{i_1} + v_{j_1} = c_{i_1 j_1} \\ u_{i_2} + v_{j_2} = c_{i_2 j_2} \\ \cdots \\ u_{i_s} + v_{j_s} = c_{i_s j_s} \end{cases} \quad (4-3)$$

顯然,這個方程組有 $m+n-1$ 個方程。運輸表中每個產地和每個銷售地都對應原運輸問題的一個約束條件,從而也對應各自的一個對偶變量;由於運輸表中每行和每列都含有基變量,可知上面的方程組中含有全部 $m+n$ 個對偶變量。

可以證明,方程組(4-3)有解,由於對偶變量個數大於方程個數,故解不唯一。我們將方程組(4-3)的解稱爲位勢。

若由方程組(4-3)解得到的某組解滿足式 4-1 的所有條件約束,即對所有的 i 和 j

均有：
$$\sigma_{ij} = c_{ij} - (u_i + v_j) \geq 0$$
即這組對偶變量(位勢)對偶可行，由對偶問題的互補鬆弛的性質可得：
$$(YA - C)X = 0$$
從而這時得到的解：
$$X = (X_B, X_N) = (x_{i_1j_1}, x_{i_2j_2}, \cdots, x_{i_sj_s}, 0, 0, \cdots, 0)^T$$
$$Y = (u_1, u_2, \cdots, u_m, v_1, v_2, \cdots, v_n)$$
這兩個解分別為原問題和對偶問題的最優解。

若由方程組(4-3)得到的解不滿足式(4-1)的所有條件約束，即非基變量的檢驗數有負值存在，則上面得到的運輸問題的解不是最優解，需要對解進行調整。

下面我們用位勢法對前面的例題求出的解做最優性檢驗。

(1) 在表中增加一位勢列 u_i 和位勢行 v_j，得到表4-9。

表 4-9　　　　　　　　　　　運輸表

產地＼銷地	B_1	B_2	B_3	產量(噸)	u_i
A_1	4	12	4 / 10	16	$u_1(1)$
A_2	2 / 8	10	3 / 2	10	$u_2(0)$
A_3	8	5 / 14	11	10	$u_2(0)$
銷量(噸)	8	14	12	48	
v_i	$v_1(2)$	$v_2(9)$	$v_3(3)$		

(2) 計算位勢。可先建立方程組：
$$\begin{cases} u_1 + v_3 = 4 \\ u_1 + v_4 = 11 \\ u_2 + v_1 = 2 \\ u_2 + v_3 = 3 \\ u_3 + v_2 = 5 \\ u_3 + v_4 = 6 \end{cases}$$

在求解方程組時，可任意指定一變量為0，比如令 $u_2 = 0$ 得：
$$u_1 = 1, u_3 = -4, v_1 = 2, v_2 = 9, v_3 = 3, v_4 = 10$$

將上述位勢填入表中 u_i 和 v_j 相應的位置中。

(3) 計算檢驗數。有了位勢 u_i 和 v_j 後，即可通過式(4-2)來計算檢驗數，並填入表4-10中。

表 4-10　　　　　　　　　　　運輸表

產地＼銷地	B_1	B_2	B_3	B_4	u_i
A_1	4 1	12 2	4	11	1
A_2	2 1	10 2	3 -1	9	0
A_3	8 10	5	11 12	6	-4
銷量(噸)	8	14	12	14	
v_j	2	9	3	10	

因 $\sigma_{24}=-1<0$，故這個解不是最優解。

4.2.3　解的改進方法

當我們用閉回路法或伏爾格法對運輸問題的解進行檢驗時，如果表中空格處出現負檢驗數，表明未得到最優解。這時我們可以用閉回路調整法來調整。

閉回路調整法的思想是在運輸表中找出負檢驗數空格對應的閉回路 L_{ij}，在滿足所有約束的前提下，盡量使 x_{ij} 增大並相應調整此閉回路上其他頂點的運輸量，以得到另一個更好的基可行解。

解改進的具體步驟為：

(1) 以 x_{ij} 為換入變量，找出它在運輸表中的閉回路。

(2) 以 (A_i, B_j) 為第一個奇數頂點，沿閉回路的順(或逆)時針方向前進，對閉回路上的頂點依次編號。

(3) 在閉回路上的所有偶數頂點中，找出運輸量最小 $[\min(x_{ij})]$ 的頂點，以該頂點中的變量為換出變量。

(4) 以 $\min(x_{ij})$ 為調整量，將該閉回路上所有編號為奇數的頂點處的運輸量都增加這一調整量，所有編號為偶數的頂點處的運輸量都減去這一調整量，從而得到新的一個運輸方案。該方案的總運費比原運輸方案減少 $\sigma_{ij}[\min(x_{ij})]$。

然後採用閉回路法或伏爾格法對新運輸方案進行最優性檢驗，如不是最優解，就重複以上步驟繼續進行調整，一直到得出最優解為止。

【例 4.2】對例 4.1 中用最小元素法得出的解進行改進。

解：在例 4.1 中已經計算出這個解的檢驗數，由於 $\sigma_{24}=-1<0$，故以 x_{24} 為換入變量，它對應的閉回路如表 4-11 所示：

表 4-11　　　　　　　　　　運輸表

產地＼銷地	B_1	B_2	B_3	B_4	產量（噸）
A_1	4	12	(+2) 4 10	(-2) 11 6	16
A_2	2 8	10	(-2) 3 2	9 (+2)	10
A_3	8	5 14	11 8	6	22
銷量（噸）	8	14	12	14	48

該閉回路的偶數頂點位於 (A_1, B_4) 和 (A_2, B_3)，由於
$$\text{Min}(x_{14}, x_{23}) = 2$$
故做出如下調整：

x_{24}：加 2；x_{14}：減 2；x_{13}：加 2；x_{23}：減 2。

得到的新的基可行解為 $x_{13}=12, x_{14}=4, x_{21}=8, x_{24}=2, x_{32}=14, x_{34}=8$，其他為非基變量。此時目標函數值為 244。

現在再用位勢法或閉回路法對新解進行檢驗，其檢驗數列如表 4-12 所示。由於所有的非基變量的檢驗數全部非負，故這個解為最優。

表 4-12　　　　　　　　　　運輸表

產地＼銷地	B_1	B_2	B_3	B_4	產量（噸）
A_1	4 1	12 2	4	11	16
A_2	2 2	10	3 1	9	10
A_3	8 9	5	11 12	6	22
銷量（噸）	8	14	12	14	48

4.2.4 表上作業法計算中的幾個問題

1. 無窮多最優解

當迭代到運輸問題的最優解時，如果有某非基變量的檢驗數等於零，則說明該運輸問題有無窮多最優解。

2. 退化

當運輸問題中的某部分產地的產量和與某一部分銷地的銷量和相等時,在迭代過程中有可能在某個格中填入一個運量時需同時劃去運輸表中的一行和一列,這時就出現了退化。爲了使表上作業法的迭代工作能夠順利進行下去,退化時應在同時劃去的一行或一列的某一個格中填入數字 0,表示這個格中的變量是取值爲 0 的基變量,使迭代過程中基變量的個數保持不變。

3. 多個非基變量的檢驗數爲負

運輸問題的某一基可行解有多個非基變量對應的檢驗數爲負,在下一步迭代中可取其中任一非基變量進行換基迭代,均能使目標函數值得到改善,但通常取檢驗數中最小者對應的變量爲換入變量。

4.3 產銷不平衡的運輸問題

前面講的表上作業法,都是產銷平衡,即以 $\sum_{i=1}^{m} a_i = \sum_{j=1}^{n} b_j$ 爲前提的。但在實際問題中產銷往往是不平衡的。這時候就需要將產銷不平衡的問題轉換爲產銷平衡的問題。

當產大於銷時,$\sum_{i=1}^{m} a_i > \sum_{j=1}^{n} b_j$。產銷不平衡的運輸問題可以用以下數學模型來表示:

$$\min z = \sum_{i=1}^{m} \sum_{j=1}^{n} c_{ij} x_{ij}$$

$$\begin{cases} \sum_{j=1}^{n} x_{ij} \leqslant a_i & i = 1, 2, \cdots, n \\ \sum_{i=1}^{m} x_{ij} = b_j & j = 1, 2, \cdots, n \\ x_{ij} \geqslant 0 & i = 1, 2, \cdots, m; j = 1, 2, \cdots, n \end{cases}$$

爲借助於產銷平衡時的表上作業法求解,可增加一個假想的銷地 B_{n+1},由於實際中它不存在,因而由產地 A_i 調運到 B_{n+1} 的物品數量 $x_{i,n+1}$,實際上就是儲存在 A_i 的物品數量。故可令其單位運價 $c_{i,n+1} = 0 (i = 1, 2, \cdots, m)$。

若令假想銷地的銷量爲 b_{n+1},且 $b_{n+1} = \sum_{i=1}^{m} a_i - \sum_{j=1}^{n} b_j$,則模型可以調整爲:

$$\min z = \sum_{i=1}^{m} \sum_{j=1}^{n+1} c_{ij} x_{ij}$$

$$\begin{cases} \sum_{j=1}^{n+1} x_{ij} \leq a_i & i = 1, 2, \cdots, n \\ \sum_{i=1}^{m} x_{ij} = b_j & j = 1, 2, \cdots, n+1 \\ x_{ij} \geq 0 & i = 1, 2, \cdots, m; j = 1, 2, \cdots, n+1 \end{cases}$$

對於總銷量大於總產量的情形，可以仿照上述的處理方法，即增加一個假想的產地 A_{m+1}，它的產量為 $a_{m+1} = \sum_{j=1}^{n} b_j - \sum_{i=1}^{m} a_i$。

由於這個假想的產地並不存在，求出由它發往的各個銷地的產品數量 $x_{m+1,j}$，實際上是各銷地 b_j 所需物品的欠缺額，顯然有 $c_{m+1,j} = 0$ $(j = 1, 2 \cdots, n)$。

【例 4.3】設有三個化工廠供應四個地區的農用化肥，各廠的化肥生產量、各地區年需求量以及從各化肥廠到各地區的運送單位化肥運價如表 4-13 所示。試求出總的運費最節省的化肥調撥方案。

表 4-13   運輸表

產量(萬噸) \ 需求地區 \ 化肥廠	B_1	B_2	B_3	B_4	產量(萬噸)
A_1	16	13	22	17	50
A_2	14	13	19	15	60
A_3	19	20	23		50
最低需求(萬噸)	30	70	0	0	
最高需求(萬噸)	50	70	30	不限	

這是一個產銷不平衡的運輸問題，總產量為 160 萬噸，四個地區的最低需求為 11 萬噸，最高需求為無限。根據現有產量，B_4 每年最多，分配到 60 萬噸，這樣最高需求為 210 萬噸，大於產量。為了求得平衡，在產銷平衡表中增加一個假想的化肥廠 A_4，其年產量為 50 萬噸。由於各地區的需求量包含兩部分，如 B_1，其中 30 萬噸為最低需求，故不能假想由化肥廠 A_4 來供給，我們可以令相應的運價為 M (M 為任意大的整數)，而對於另外的 20 萬噸需求，滿足或不滿足均可，因此可以假想由化肥廠 A_4 來供給這些需求，可令相應的運價為 0。凡是需求為兩種類型的地區，均可按照兩個地區來看待。這樣，我們可以得到新的運價表和產銷平衡表，如表 4-14 所示。

表 4-14　　　　　　　　　運輸表

需求地區 化肥廠	B_1'	B_1''	B_2	B_3	B_4'	B_4''	產量(萬噸)
A_1	16	16	13	22	17	17	50
A_2	14	14	13	19	15	15	60
A_3	19	19	20	23	M	M	50
A_4	M	0	M	0	M	0	50
銷量(萬噸)	30	20	70	30	10	50	

根據表上作業法計算，可以求得這個問題的最優方案如表 4-15 所示：

表 4-15　　　　　　　　　運輸表

需求地區 化肥廠	B_1'	B_1''	B_2	B_3	B_4'	B_4''	產量(萬噸)
A_1			50				50
A_2			20		10	30	60
A_3	30	20					50
A_4				30		20	50
銷量(萬噸)	30	20	70	30	10	50	

習題

1. 試用伏格爾法給出下列兩個運輸問題的近似最優解（見表 4-16、表 4-17）。

表 4-16　　　　　　　　　運輸表

產地＼銷地	B_1	B_2	B_3	產量(t)
A_1	5	1	8	12
A_2	2	4	1	14
A_3	3	6	7	4
銷量(t)	9	10	11	

表 4-17　　　　　　　　　　運輸表

產地＼銷地	B_1	B_2	B_3	B_4	B_5	產量(t)
A_1	10	2	3	15	9	25
A_2	5	10	15	2	4	30
A_3	15	5	14	7	15	20
A_4	20	15	13	M	8	30
銷量(t)	20	20	30	10	25	

2. 請用表上作業法求出下列運輸問題的最優解(見表 4-18、表 4-19)。

表 4-18　　　　　　　　　　運輸表

產地＼銷地	B_1	B_2	B_3	B_4	產量(t)
A_1	3	7	6	4	5
A_2	2	4	3	2	2
A_3	4	3	8	5	3
銷量(t)	3	3	2	2	

表 4-19　　　　　　　　　　運輸表

產地＼銷地	B_1	B_2	B_3	B_4	B_5	產量(t)
A_1	10	18	29	13	22	100
A_2	13	M	21	14	16	120
A_3	0	6	11	3	M	140
A_4	9	11	23	18	19	80
A_5	24	28	36	30	34	60
銷量(t)	100	120	100	60	34	

3. 某公司生產的產品有 3 個產地 A_1、A_2、A_3，要把產品運送到 4 個地點 B_1、B_2、B_3、B_4 進行銷售。各產地的產量、各銷售地點的銷售量和各產地運往各銷售地的每噸產品的運價如表 4-20 所示。

表 4-20　　　　　　　　　　運輸表

產地＼銷地	B_1	B_2	B_3	B_4	產量(t)
A_1	5	11	8	6	750
A_2	10	19	7	10	210

表4-20(續)

產地＼銷地	B_1	B_2	B_3	B_4	產量(t)
A_3	9	14	13	15	600
銷量(t)	350	420	530	260	1 560

問：該公司如何調運，可使得總運輸費用最少？

4. 判斷下面各表(表4-21、表4-22、表4-23、表4-24)中給出的調運方案能否作為表上作業法求解時的初始解，為什麼？

表4-21　　　　　　　　　　　　運輸表

產地＼銷地	B_1	B_2	B_3	B_4	B_5	B_6	產量(t)
A_1	20	10					30
A_2		30	20				50
A_3			10	10	50	5	75
A_4						20	20
銷量(t)	20	40	30	10	50	25	

表4-22　　　　　　　　　　　　運輸表

產地＼銷地	B_1	B_2	B_3	B_4	B_5	B_6	產量(t)
A_1					30		30
A_2	20	30					50
A_3		10	30	10		25	75
A_4					30	20	20
銷量(t)	20	40	30	10	50		

表4-23　　　　　　　　　　　　運輸表

產地＼銷地	B_1	B_2	B_3	B_4	產量(t)
A_1			6	5	11
A_2	5	4		2	11
A_3		5	3		8
銷量(t)	5	9	9	7	

5. 已知運輸的產銷地、產銷量及各產銷地之間的單位運價如表4-24、表4-25所示，請據此分別列出兩個問題的數學模型。

表 4-24　　　　　　　　　　　運輸表

產地＼銷地	甲	乙	丙	產量(t)
1	20	16	24	300
2	10	10	8	500
3	M	18	10	100
銷量(t)	200	400	300	

表 4-25　　　　　　　　　　　運輸表

產地＼銷地	甲	乙	丙	產量(t)
1	10	16	32	15
2	14	22	40	7
3	22	24	34	16
銷量(t)	12	18	20	

6. 某飛機制造廠根據合同,要在當年算起的連續三年年末各提供三架同等規格的教練機。已知該廠今後三年的生產能力及生產成本如表 4-26 所示。

表 4-26　　　　飛機制造廠生產能力及生產成本

年度	正常生產時可完成的教練機架數(架)	加班生產時可完成的教練機架數(架)	正常生產時每架教練機的成本(萬元)
1	2	3	500
2	4	2	600
3	1	3	500

已知在加班生產條件下,每架教練機的成本比正常生產時高出 70 萬元。又已知造出的教練機當年不交貨,每架教練機每積壓一年,增加的維修保養費的損失為 40 萬元。在簽訂合同時,該廠有兩架未交貨的教練機,該廠希望在第三年年末在交完合同任務後能存儲一架備用。問:該廠應如何安排計劃,使在滿足上述要求的條件下,使得總的費用支出最少?

7. 為確保飛行的安全,飛機的發動機每半年必須被強迫更換,進行大修。某發動機維修廠估計某種型號的戰鬥機從下一個半年算起的今後三年內每半年發動機的更換需要量分別為:100 臺、70 臺、80 臺、120 臺、150 臺、140 臺。更換發動機時可以換上新的,也可以使用經過大修的舊的發動機。已知每臺發動機的購置費用為 10 萬元,而舊發動機的維修有兩種方式:快修,每臺 2 萬元,半年交貨;慢修,每臺 1 萬元。設該廠接受該項發動機的更換維修服務,又知這種型號的戰鬥機將在三年後退役,退役後這種發動機將報廢。問:在今後三年的每半年內,該廠為滿足維修需要新購送去快修和慢修的發動機數各爲多少,才能使總的維修費用最省?

8. 甲、乙、丙三個城市每年分別需要天然氣 320 億 m³、250 億 m³、350 億 m³,由 A、B 兩處天然氣產地負責供應。已知天然氣供應量爲 A——400 億 m³,B——450 億 m³。由天然氣產地至各城市的單位管道運輸費用(萬元/億 m³)見表 4-27。

表 4-27　　　　　　　　　　　　　運輸表

單位運輸費用(萬元)　　城市 天然氣產地	甲	乙	丙
A	150	180	220
B	210	250	160

由於需大於供,經研究決定,甲城市供應量可減少 0~30 億 m³,乙城市需要量應全部滿足,丙城市供應量不少於 270 億 m³。試求將供應量分配完又使總運費最低的調運方案。

9. 紅光儀器廠生產電腦繡花機是以產定銷的。1—6 月每個月的生產力,以及合同銷量和單臺電腦繡花機的平均生產費用如表 4-28 所示。

表 4-28　　　　　　　　　　　　　生產情況

項目 月份	正常生產能力(臺)	加班生產能力(臺)	銷量(臺)	單臺費用(萬元)
1 月份	60	10	104	15
2 月份	50	10	75	14
3 月份	90	20	115	13.5
4 月份	100	40	160	13
5 月份	100	40	103	13
6 月份	100	40	103	13
銷量(t)	80	40	70	13.5

已知上年年末庫存爲 103 臺,如果當月生產出來的繡花機不交貨,則要運到分廠庫房,每臺增加運輸成本 0.1 萬元,每臺機器每月的倉儲費、維護費爲 0.2 萬元。7—8 月爲銷售淡季,全廠停產 1 個月,因此在 6 月完成銷售合同後還要留出庫存 80 臺。加班生產機器每臺增加成本 1 萬元。問如何安排 1—6 月份的生產,可使總的生產費用(包括運輸、倉儲、維護)最少?

10. 設有某種物資從 A_1、A_2……A_6 運往 B_1、B_2……B_4,其收發情況如圖 4-2 所示,求最優調運方案。

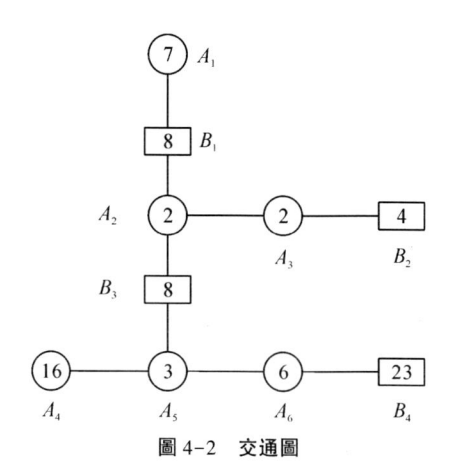

運籌學

圖 4-2　交通圖

5 整數規劃

5.1 整數規劃問題的數學模型

5.1.1 整數規劃問題的提出

在線性規劃問題的求解中,有些最優解可能是小數,但對於某些具體的問題,常常要求求解的結果爲整數。例如,所求解的是航班的次數、機器的臺數或完成工作的人數等,小數的解答就不符合要求。爲了滿足整數解的要求,我們必須採用合理的方法來找到整數解。初看起來,獲得整數解似乎只要把已求得的小數解經過"化零爲整"就可以了。但這樣得到的結果常常並非所求問題的最優解,因爲化整之後的解不見得是可行解;或者雖然是可行解,但不一定是最優解。因此對求最優整數解的問題,是與一般的線性規劃問題有一定區別的。在運籌學中,我們稱這樣一類問題爲整數規劃(Integer Programming),簡稱 IP。不考慮整數條件,由餘下的目標函數和約束條件構成的規劃問題被稱爲該整數規劃問題的鬆弛問題。整數規劃是規劃論中的一個分枝,它在許多領域中都有重要應用。

【例 5.1】合理下料問題。

設用某型號的圓鋼下零件 $A_1, A_2, \cdots, A_m$ 的毛坯。在一根圓鋼上下料的方式有 $B_1, B_2, \cdots, B_n$ 種,每種下料方式可以得到各種零件的毛坯數以及每種零件的需要量,如表 5-1 所示。應怎樣安排下料,既能滿足需要,又能使用料最少?

表 5-1　　　　　　　　　　不同下料情況所需零件毛坯

各方式下的毛坯個數(個)　　零件名稱 下料方式(種)	$A_1, \cdots, A_m$	零件毛坯數(個)
B_1	$a_{11} \cdots a_{1n}$	b_1
$\vdots$	$\vdots \quad \vdots$	$\vdots$
B_n	$a_{m1} \cdots a_{mm}$	b_m

設 x_j 表示用 $B_j(j=1,2,\cdots,n)$ 種方式下料的根數,模型爲:

$$\min z = \sum_{j=1}^{n} x_j$$

$$\begin{cases} \sum_{j=1}^{n} a_{ij} x_j \geq b_i, i = 1, 2, \cdots, m \\ x_j \geq 0, j = 1, 2, \cdots, n \end{cases}$$

這是一個整數規劃模型。

【例 5.2】選址建廠問題。

某公司計劃在 m 個地點建廠,可供選擇的地點有 $A_1, A_2, \cdots, A_m$,它們的生產能力分別是 $a_1, a_2, \cdots, a_m$(假設生產同一產品)。第 i 個工廠的建設費用爲 $f_i = 1, 2, \cdots, m$;又有 n 個地點 $B_1, B_2, \cdots, B_n$ 需要銷售這種產品,其銷量分別爲 $b_1, b_2, \cdots, b_n$。從工廠運往銷地的單位運費爲 C_{ij}(見表 5-2)。試決定應在哪些地方建廠,既能滿足各地需要,又能使總建設費用和總運輸費用最省?

表 5-2　　　　　　　　　　　不同選址關聯情況

單位運費＼銷地＼廠址	$B_1, \cdots, B_n$	生產能力	建設費用
A_1 $\vdots$ A_m	$c_{11} \cdots c_{1n}$ $\vdots \quad \vdots$ $c_{m1} \cdots c_{mm}$	a_1 $\vdots$ a_m	f_1 $\vdots$ f_m
銷量	$b_1 \cdots b_n$		

設 x_j 表示從工廠運往銷地的運量,$i = 1, 2, \cdots, m; j = 1, 2, \cdots, n$,又設

$$y_i = \begin{cases} 1, 在 A_i \text{ 建廠} \\ 0, 不在 A_i \text{ 建廠} \end{cases} \quad i = 1, 2, \cdots, m$$

模型爲

$$\min z = \sum \sum c_{ij} x_{ij} + \sum_{i=1}^{m} f_i y_i$$

$$\begin{cases} \sum_{j=1}^{n} x_{ij} \leq a_i y_i, i = 1, 2, \cdots, m \\ \sum_{i=1}^{m} x_{ij} \geq b_j, j = 1, 2, \cdots, n \\ x_{ij} \geq 0, y_i = 0 \text{ 或 } 1, i = 1, 2, \cdots, m, j = 1, 2, \cdots, n \end{cases}$$

在上述數學模型中,目標函數由兩部分組成,約束條件中既含有一般變量 x,也含有特殊變量 y(0-1 變量)。顯然,這是一個混合整數規劃問題。

【例 5.3】機床分配問題。

設有 m 臺同類機床,要加工 n 種零件。已知各種零件的加工時間分別爲 $a_1, a_2, \cdots$,

a_n,問應如何分配,可使各機床的總加工任務相等,或者盡可能平衡?

解:分配第 i 臺機床加工第 j 種零件,$i = 1, 2, \cdots, m; j = 1, 2, \cdots, n$。

設 $x_{ij} = \begin{cases} 1, 分配第 i 臺機床加工 j 種零件, i = 1, 2, \cdots; m, j = 1, 2, \cdots, n \\ 0, 相反 \end{cases}$

於是,第 i 臺機床加工各種零件的總時間爲

$$\sum_{j=1}^{n} a_j x_{ij}, i = 1, 2, \cdots, m$$

又由於一個零件只能在一臺機床上加工,所以有

$$\sum_{j=1}^{m} a_j x_{ij}, j = 1, 2, \cdots, n$$

因此,求 x_{ij},使得

$$\min z = \max(\sum_{j=1}^{n} a_j x_{1j}, \sum_{j=1}^{n} a_j x_{2j}, \cdots, \sum_{j=1}^{n} a_j x_{mj})$$

$$\begin{cases} \sum_{i=1}^{m} x_{ij} = 1, j = 1, 2, \cdots, n \\ x_{ij} = 0 \text{ 或 } 1, i = 1, 2, \cdots, m; j = 1, 2, \cdots, n \end{cases}$$

這是一個0-1整數規劃模型。

5.1.2 整數規劃與線性規劃的關係

從數學模型上看,整數規劃似乎是線性規劃的一種特殊形式,只需在線性規劃的基礎上,通過舍入、取整,尋求滿足整數要求的解即可。但實際上兩者卻有很大的不同,通過舍入得到的解(整數)也不一定就是最優解,有時甚至不能保證所得到的解是整數可行解。

現舉例說明用單純形法求得的解不能保證是整數最優解。

【例5.4】某人有一背包可以裝10千克重的0.025立方米的物品。他準備用來裝甲、乙兩種物品,每件物品的重量、體積和價值如表5-3所示。問:兩種物品各裝多少件,所裝物品的總價值最大?

表5-3　　　　　　　　　　物品情況

物品	重量(千克/件)	體積(立方米/件)	價值(元/件)
甲	1.2	0.002	4
乙	0.8	0.002 5	3

現在我們解這個問題,設 x_1、x_2 分別爲甲、乙兩種物品所裝的件數(件數均爲非負整數),那麼這是一個整數規劃問題,用數學式可以表示爲:

運籌學

$$\max z = 4x_1 + 3x_2$$
$$\text{st.} \begin{cases} 1.2x_1 + 0.8x_2 \leqslant 10 \\ 2x_1 + 2.5x_2 \leqslant 25 \\ x_1, x_2 \geqslant 0 \\ x_1, x_2 \text{ 均取整數} \end{cases} \quad (5-1)$$

如果不考慮 x_1、x_2 取整數的約束,線性規劃的可行域如圖 5-1 中的陰影部分所示。

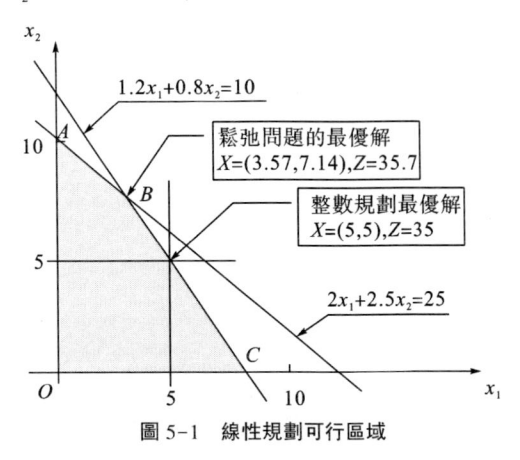

圖 5-1 線性規劃可行區域

用圖解法求得點 B 爲最優解:$X=(3.57,7.14)$,$Z=35.7$。由於 x_1、x_2 必須取整數值,實際上整數規劃問題的可行解集只是圖中可行域內的那些整數點。用湊整法來解時需要比較四種組合,但 $(4,7)$、$(4,8)$、$(3,8)$ 都不是可行解,$(3,7)$ 雖屬可行,但代入目標函數得 $Z=33$,並非最優解。實際上問題的最優解是 $(5,5)$,$Z=35$。即兩種物品各裝 5 件,總價值 35 元。

由圖 5-1 可知,點 $(5,5)$ 不是可行域的頂點,直接用圖解法或單純形法都無法求出整數規劃問題的最優解,因此求解整數規劃問題的最優解需要採用其它特殊方法。

5.1.3 整數規劃數學模型的一般形式

要求一部分或全部決策變量必須取整數值的規劃問題被我們稱爲整數規劃。不考慮變量取值的整數約束條件,由餘下的目標函數和約束條件構成的規劃問題被稱爲整數規劃問題的鬆弛問題。若鬆弛問題爲一個線性規劃,則稱該整數規劃爲現行整數規劃(Integer linear Programming)。整數線性規劃數學模型的一般形式爲:

$$\max(\text{或 } \min)z = \sum_{j=1}^{n} c_j x_j \quad (5-2a)$$

$$\text{St.} \begin{cases} \sum_{j=1}^{n} a_{ij}x_j \leqslant (或 =,或 \geqslant) b_i & (5-2b) \\ x_j \geqslant 0 \quad j = 1,2,\cdots,n & (5-2c) \\ x_1,x_2,\cdots,x_n \text{ 中部分或全部取整數} & (5-2d) \end{cases}$$

整數線性規劃問題可以劃分爲以下幾類：

(1)純整數線性規劃(Pure Integer Linear Programming)：指全部決策變量都必須取整數值的整數線性規劃。

(2)混合整數線性規劃(Mixed Integer Linear Programming)：指全部決策變量中的一部分必須取整數值，另外一部分可以不取整數值的整數線性規劃。

(3)0-1 型整數線性規劃(Zero-one Integer Linear Programming)：指決策變量只能取 0 或 1 的整數線性規劃。

5.2 分枝定界法

在求解整數規劃時，如果可行域是有界的，首先容易想到的方法是窮舉決策變量的所有可行的整數組合，然後比較它們的目標函數，可以得到最優解。對於變量比較少的問題，可行的整數解組合也比較少時，這種方法是可行的。對於變量很多的問題，枚舉變量的可行組合數會呈幾何級數增長。很明顯，隨著決策變量數量的增加，窮舉的方法是不可取的。所以我們的方法一般是僅僅檢查可行的整數組合的一部分，就能找出最優的整數解。分枝定界法(Branch and Bound Method)就是其中的一種方法。

分枝定界法實質上是一種搜索算法，其基本方法是根據某種搜索策略將原問題的可行域分解爲越來越多但越來越小的子域，並比較各個子域整數解的大小，直到找到最好的整數解或證明不存在整數解。

分枝定界法的基本思路爲：

第一，考慮純整數問題：

$$\max z = \sum_{j=1}^{n} c_j x_j$$

$$(\text{IP}) = \begin{cases} \sum_{j=1}^{n} a_{ij}x_j = b_i, i = 1,2,\cdots,m \\ x_i \geqslant 0, j = 1,2,\cdots,n, \text{且爲整數} \end{cases}$$

第二，整數問題的鬆弛問題：

$$\max z = \sum_{j=1}^{n} c_j x_j$$

$$(\text{LP}) \begin{cases} \sum_{j=1}^{n} a_{ij} x_j = b_i, i = 1, 2, \cdots, m \\ x_j \geqslant 0, j = 1, 2, \cdots, n \end{cases}$$

(1)先不考慮整數約束,解(IP)的鬆弛問題(LP),可能得到這些情況:①若(LP)沒有可行解,則(IP)也沒有可行解,停止計算。②若(LP)有最優解,並符合(IP)的整數條件,則(LP)的最優解即爲(IP)的最優解,停止計算。③若(LP)有最優解,但不符合(IP)的整數條件,轉入下一步。爲討論方便,設(LP)的最優解爲

$$x^{(0)} = (b_1', b_2', \cdots, b_r', \cdots, b_m', 0, \cdots, 0)^T$$

目標函數最優值爲 $z^{(0)}$,其中 $b_i'(i = 1, 2, \cdots, m)$ 不全爲整數。

(2)定界。記(IP)的目標函數最優值爲 z^*,以 $z^{(0)}$ 作爲 z^* 的上界,記爲 $\bar{z} = z^{(0)}$。再用觀察法找到一個整數可行解 x',並以其相應的目標函數值 z' 作爲 z^* 的下限,記爲 $\underline{z} = z'$,也可以令 $\underline{z} = -\infty$,則有 $\underline{z} \leqslant z^* \leqslant \bar{z}$。

(3)分枝。在(LP)的最優解 $x^{(0)}$ 中,任選一個不符合整數條件的變量,例如 $x_r = b_r'$(不爲整數),以 $[b_r']$ 表示不超過 b_r' 的最大整數。構造兩個約束條件 $x_r \leqslant [b_r']$ 和 $x_r \geqslant [b_r'] + 1$,將這兩個約束條件分別加入問題(IP),形成兩個子問題(IP1)和(IP2),再解這兩個問題的鬆弛問題(LP1)和(LP2)。

(4)修改上、下界。按照以下兩條規則進行:
①在各分枝問題中,找出目標函數值最大者作爲新的上界。
②從符合整數條件的分枝中,找出目標函數值最大者作爲新的下界。

(5)比較與剪枝。各分枝的目標函數值中,若有小於 $\underline{z}$ 者,則剪掉此枝,表明此子問題已經探清,不必再分枝了;否則繼續分枝。如此反復進行,直到得到 $\underline{z} = z^* = \bar{z}$ 爲止,即得最優解 x^*。

【例5.5】用分枝定界法求解整數規劃問題(用圖解法計算)

$$\min z = -x_1 - 5x_2$$

$$\begin{cases} x_1 - x_2 \geqslant -2 \\ 5x_1 + 6x_2 \leqslant 30 \\ x_1 \leqslant 4 \\ x_1, x_2 \geqslant 0 \text{ 且全爲整數} \end{cases} \text{記爲(IP)}$$

解:首先去掉整數約束,變成一般線性規劃問題

$$\min z = -x_1 - 5x_2$$

$$\begin{cases} x_1 - x_2 \geq -2 \\ 5x_1 + 6x_2 \leq 30 \\ x_1 \leq 4 \\ x_1, x_2 \geq 0 \end{cases} \text{記爲(LP)}$$

用圖解法求(LP)的最優解,如圖 5-2 所示。

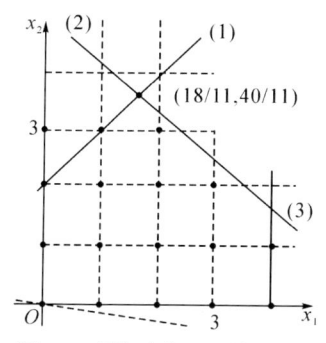

圖 5-2　圖解法求(LP)的最優解

$x_1 = 18/11, x_2 = 40/11, z^{(0)} = -218/11 \approx -19.8$,即 z 也是(IP)最小值的下限。

對於 $x_1 = 18/11 \approx 1.64$,取值 $x_1 \leq 1, x_1 \geq 2$。對於 $x_2 = 40/11 \approx 3.64$,取值 $x_2 \leq 3$, $x_2 \geq 4$。先將(LP)劃分爲(LP1)和(LP2),取 $x_1 \leq 1, x_1 \geq 2$,有下式:

$$(\text{LP1}) \min z = -x_1 - 5x_2 \begin{cases} x_1 - x_2 \geq -2 \\ 5x_1 + 6x_2 \leq 30 \\ x_1 \leq 4 \\ x_1 \leq 1 \\ x_1, x_2 \geq 0 \text{ 且爲整數} \end{cases} \qquad (\text{LP2}) \min z = -x_1 - 5x_2 \begin{cases} x_1 - x_2 \geq -2 \\ 5x_1 + 6x_2 \leq 30 \\ x_1 \leq 4 \\ x_1 \geq 2 \\ x_1, x_2 \geq 0 \text{ 且爲整數} \end{cases}$$

現在只要求出(LP1)和(LP2)的最優解即可。先求(LP1),如圖 5-3 所示。此時在 B 點取得最優解: $x_1 = 1, x_2 = 3, z^{(1)} = -16$。找到整數解,問題已被探明,此枝停止計算。同理求(LP2),如圖 5-3 所示。

在 C 點取得最優解,即 $x_1 = 2, x_2 = 10/3$。$z^{(2)} = -56/3 \approx -18.7$,應爲 $z^{(2)} < z^{(1)} = -16$,所以原問題有比 -16 更小的最優解,但 x_2 不是整數,故利用 $3 \leq 10/3 \leq 4$ 爲加入條件。加入條件 $x_2 \leq 3, x_2 \geq 4$,有下式:

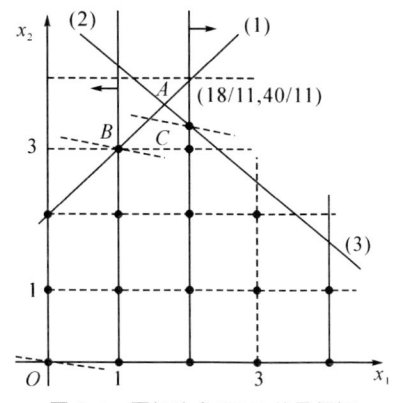

圖 5-3　圖解法求(LP2)的最優解

$$(\text{LP3})\begin{cases} \min z = -x_1 - 5x_2 \\ x_1 - x_2 \geq -2 \\ 5x_1 + 6x_2 \leq 30 \\ x_1 \leq 4 \\ x_1 \geq 2 \\ x_2 \leq 3 \\ x_1, x_2 \geq 0 \text{ 且爲整數} \end{cases}$$

$$(\text{LP4})\begin{cases} \min z = -x_1 - 5x_2 \\ x_1 - x_2 \geq -2 \\ 5x_1 + 6x_2 \leq 30 \\ x_1 \leq 4 \\ x_1 \geq 2 \\ x_2 \geq 4 \\ x_1, x_2 \geq 0 \text{ 且爲整數} \end{cases}$$

只要求出(LP3)和(LP4)的最優解即可。可先求(LP3)，如圖 5-4 所示。此時在 D 點取得最優解，即 $x_1 = 12/5 \approx 2.4, x_2 = 3, z^{(3)} = -87/7 \approx -17.4 > z \approx -19.8$ 但 $x_1 = 12/5$ 不是整數，可繼續分枝。求(LP4)，如圖 5-4 所示。無可行解，不在分枝。

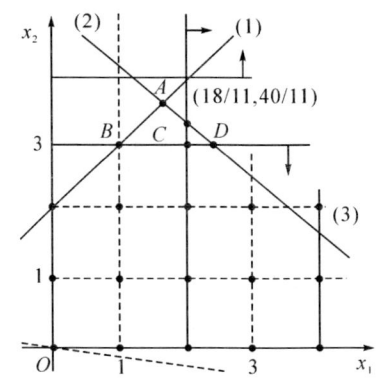

圖 5-4　圖解法求(LP3)和(LP4)的最優解

在(LP3)的基礎上繼續分枝。加入條件 $x_1 \leq 2, x_1 \geq 3$，有下式：

$$\min z = -x_1 - 5x_2 \qquad\qquad \min z = -x_1 - 5x_2$$

$$(\text{LP5}) \begin{cases} x_1 - x_2 \geq -2 \\ 5x_1 + 6x_2 \leq 30 \\ x_1 \leq 4 \\ x_1 \geq 2 \\ x_2 \leq 3 \\ x_1 \leq 2 \\ x_1, x_2 \geq 0 \text{ 且為整數} \end{cases} \qquad (\text{LP6}) \begin{cases} x_1 - x_2 \geq -2 \\ 5x_1 + 6x_2 \leq 30 \\ x_1 \leq 4 \\ x_1 \geq 2 \\ x_2 \leq 3 \\ x_1 \geq 3 \\ x_1, x_2 \geq 0 \text{ 且為整數} \end{cases}$$

只要求出(LP5)和(LP6)的最優解即可。先求(LP5)，如圖5-5所示。此時在 E 點取得最優解，即 $x_1 = 2, x_2 = 3, z^{(5)} = -17$。找到整數解，問題已被探明，此枝停止計算。求(LP6)，如圖5-5所示。此時在 F 點取得最優解。

$$x_1 = 3, x_2 = 2.5, z^{(6)} = -31/2 \approx -15.5 > z^{(5)}$$

如對 $z^{(6)}$ 繼續分解，其最小值也不會低於-15.5，問題探明，剪枝。

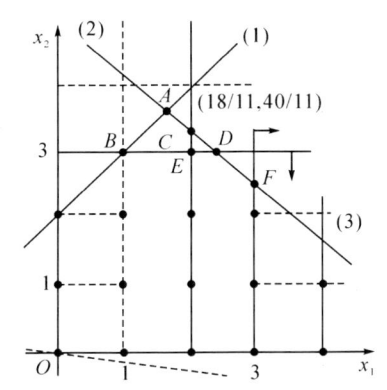

圖 5-5 圖解法求(LP5)和(LP6)的最優解

至此，原問題(IP)的最優解為：$x_1 = 2, x_2 = 3, z^* = z^{(5)} = -17$。以上的求解過程可以用一個樹形圖表示，如圖5-6所示。

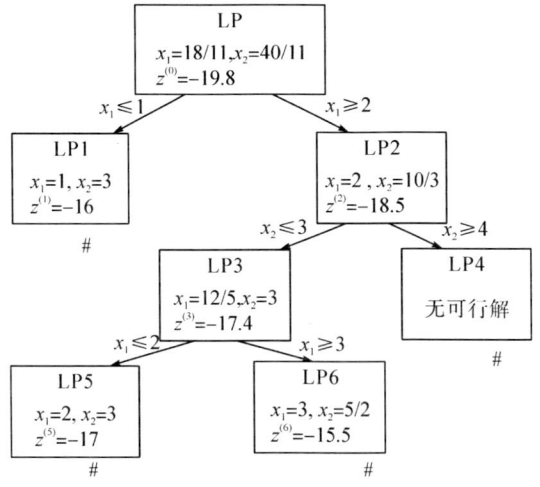

```
                    ┌─────────────────┐
                    │       LP        │
                    │ x₁=18/11,x₂=40/11│
                    │   z⁽⁰⁾=-19.8    │
                    └─────────────────┘
                  x₁≤1 /         \ x₁≥2
          ┌──────────┐         ┌──────────┐
          │   LP1    │         │   LP2    │
          │x₁=1, x₂=3│         │x₁=2, x₂=10/3│
          │z⁽¹⁾=-16  │         │ z⁽²⁾=-18.5 │
          └──────────┘         └──────────┘
               #            x₂≤3 /    \ x₂≥4
                         ┌──────────┐  ┌──────┐
                         │   LP3    │  │ LP4  │
                         │x₁=12/5,x₂=3│ │无可行解│
                         │ z⁽³⁾=-17.4 │  └──────┘
                         └──────────┘       #
                      x₁≤2 /    \ x₁≥3
               ┌──────────┐   ┌──────────┐
               │   LP5    │   │   LP6    │
               │x₁=2, x₂=3│   │x₁=3, x₂=5/2│
               │ z⁽⁵⁾=-17 │   │ z⁽⁶⁾=-15.5 │
               └──────────┘   └──────────┘
                    #              #
```

圖 5-6　樹形圖

5.3　割平面法

　　割平面法，於 1958 年由高莫瑞（R. E. Gomory）首先提出，故又被稱爲"Gomory 割平面法"。這種方法的基礎仍然是用解線性規劃的方法去求解整數規劃問題。首先不考慮變量是整數這一條件，但是增加線性約束條件（即割平面）使原來的可行域切割掉一部分，這部分只包含非整數解，但不影響任何整數可行解。這個方法就是指怎樣找到適當的割平面，使切割過後最終得到這樣一個可行域，它的一個整數坐標的頂點恰好是問題的最優解。下面以例 5.6 爲例，介紹割平面法的基本原理和步驟，重點是新約束的求法。

　　【例 5.6】用割平面法求解整數規劃問題

$$\max z = 40x_1 + 90x_2$$

$$\begin{cases} 9x_1 + 7x_2 \leq 56 \\ 7x_1 + 20x_2 \leq 70 \\ x_1 \geq 0, x_2 \geq 0 \\ x_1, x_2 \text{ 都是整數} \end{cases}$$

求解過程如下：

1. 由原問題（記作 L0）構造線性規劃問題（記作 L1）

　　應用割平面法之前，必須把線性規劃問題（L0）（不考慮" x_1、x_2 都是整數"的條件）中原始約束條件的所有係數與常數變爲整數，然後再化爲標準型，這樣得到線性規劃問題（L1）。

$$\min(-z) = -40x_1 - 90x_2$$
$$\begin{cases} 9x_1 + 7x_2 + x_3 = 56 \\ 7x_1 + 20x_2 + x_4 = 70 \\ x_j \geq 0 (j = 1, 2, 3, 4) \end{cases}$$

2. 求解線性規劃問題(L1)

用單純形法的表格形式求解,得最終表(見表5-4)。

表5-4　　　　　　　　　單純形式的表格形式求解

迭代次數	c_j		-40	-90	0	0	0
	C_B	X_B	x_1	x_2	x_3	x_4	b
2	-40	x_1	1	0	20/131	-7/131	630/131
	-90	x_2	0	1	-7/131	9/131	238/131
	σ_j		0	0	170/131	530/131	355+155/131

由表5-4及式 $\max z = -[\min(-z)]$ 可知,問題(L0)的最優解 A_1 點爲

$$x_1 = 630/131 = 4.809, x_2 = 238/131 = 1.817, z_1 = 355.9$$

因爲沒有得到整數解,故應引入新的約束。

3. 求一個切割方程

切割方程可以由上述最終表上的任一個含有非整數基變量的約束等式演變而來,因而切割方程不是唯一的。

(1)在上述最終表中,任選一個非整數基變量所在的約束等式。由最終表可知,x_1、x_2 兩個基變量都不是整數,可任取其一。如選 x_2 所在的約束等式,使它演變出切割方程。該約束等式爲

$$x_2 - \frac{7}{131}x_3 + \frac{9}{131}x_4 = \frac{238}{131} \tag{5-3}$$

(2)將式(5-3)左端各非基變量的系數及右端的常數都分解成一個整數與一個非負真分數之和。於是有

$$x_2 + (-1 + \frac{124}{131})x_3 + (0 + \frac{9}{131})x_4 = (1 + \frac{107}{131}) \tag{5-4}$$

(3)通過移項對上式重新組合。只把式(5-4)中各非基變量的系數爲非真分數的部分留在左端,將其餘各項均移到右端,並將右端變成兩項:一項是常數項中的非負真分數;另一項是右端其他項之和。這里的"右端其他項"包括:常數項中的整數部分、基變量項和具有整數系數的各非基變量項。本例將式(5-4)變爲

$$\frac{124}{131}x_3 + \frac{9}{131}x_4 = \frac{107}{131} + (1 - x_2 + x_3 - 0x_4) \tag{5-5}$$

(4)分析式(5-5)並得到切割方程。因爲要求 x_1、x_2 都是非負整數,由以上的計算可知 x_3、x_4 也都是非負整數(否則,應在引入附加變量 x_3、x_4 之前,將不等式兩端同乘以適

當常數,使原始約束條件中所有系數與常數都爲整數)。

在式(5-5)中,容易看出,左端、右端都大於等於零。因各變量均爲非負整數,故式(5-5)右端的第 2 項是整數項;又因右端≥0,故式(5-5)右端的第 2 項只能是 0 或正整數,不可能是負整數,因此有

$$\frac{124}{131}x_3 + \frac{9}{131}x_4 \geq \frac{107}{131} \qquad (5-6)$$

爲了方便後面的計算,避免引入人工變量,把式(5-5)兩端同乘以(-1),再加上附加變量 x_5,化爲等式約束,得

$$-\frac{124}{131}x_3 - \frac{9}{131}x_4 + x_5 = -\frac{107}{131} \qquad (5-7)$$

式(5-7)即所求的切割方程。

當需要用 x_1、x_2 表示切割方程時,可由約束條件得

$$x_3 = 56 - 9x_1 - 7x_2 \qquad (5-8)$$

$$x_4 = 70 - 7x_1 - 20x_2 \qquad (5-9)$$

把式(5-8)、式(5-9)帶入式(5-5),得

$$9x_1 + 8x_2 \leq 57 \qquad (5-10)$$

引入附加變量 x_5,得到

$$9x_1 + 8x_2 + x_5 = 57 \qquad (5-11)$$

上述式(5-7)、式(5-10)、式(5-11)均可作爲第一個切割方程。

這里對上面介紹的求切割方程的方法小結如下:

(1)設 x_{B_i} 是線性規劃問題的最終表上第 i 行約束式的基變量,其值爲非整數。由最終表可得

$$x_{B_i} + \sum_j a_{ij}x_j = b_i \qquad (5-12)$$

其中,$j \in J$,J 爲非基變量下標的集合。

(2)將 b_i 和 a_{ij} 都分解爲整數部分 F 與非負真分數部分 f 之和,即

$$b_i = F_i + f_i (0 \leq f_i < 1) \qquad (5-13)$$

$$a_{ij} = F_{ij} + f_{ij} (0 \leq f_{ij} < 1) \qquad (5-14)$$

(3)將式(5-13)、式(5-14)帶入式(5-12)中得

$$x_{B_i} + \sum_j F_{ij}x_j + \sum_j f_{ij}x_j = F_i + f_i$$

即

$$\sum_j f_{ij}x_j = f_i + (F_i - x_{B_i} - \sum_j F_{ij}x_j)$$

因爲

$$\sum_j f_{ij}x_j \geq 0$$

且

$$(F_i - x_{B_i} - \sum_j F_{ij}x_j) \text{ 爲整數且大於等於 } 0$$

故有
$$\sum_j f_{ij} x_j \geq f_i \qquad (5\text{-}15)$$

式(5-15)就是切割方程的最終形式。

(4)構成線性規劃問題(L2)並求解,在線性規劃問題(L1)的基礎上,增加第一個切割方程,構成線性規劃問題(L2),可用單純形法或對偶單純形法求出最優解。求解問題(L2)時,可以在問題(L1)的最終表的基礎上,得到第二次迭代表(見表5-5),用對偶單純形法迭代一次,即可得到最優解A_2點爲:

$$x_1 = \frac{145}{31} = 4.677, x_2 = \frac{231}{124} = 1.863, x_3 = \frac{107}{124} = 0.863, z_1 = 355.9$$

表 5-5　　　　　　　　　　　　第二次迭代

迭代次數	c_j		-40	-90	0	0	0	0
	C_B	X_B	x_1	x_2	x_3	x_4	x_5	b
2	-40	x_1	1	0	20/131	$-7/131$	0	630/131
	-90	x_2	0	1	$-7/131$	9/131	0	238/131
	0	x_5	0	0	$-124/131$	$-9/131$	1	$-107/131$
	σ_j		0	0	170/131	530/131	0	46 620/131
3	-40	x_1	1	0	0	$-2/31$	5/31	145/31
	-90	x_2	0	1	0	9/124	$-7/124$	231/124
	0	x_3	0	0	1	9/127	$-131/124$	107/124
	σ_j		0	0	0	245/62	85/62	21 995/62

我們也可以在線性規劃問題(L1)的基礎上,增加第一個切割方程式(5-11),構成問題(L2)。另外,如果採用圖解法求解線性規劃問題,則可以在問題(L0)的基礎上,增加第一個切割方程式(5-10)以構成問題(L2)。

從表5-5可知,問題(L2)仍未得到整數解,故應返回步驟三,繼續求第二個切割方程。

根據表5-5的最終表,選擇基變量x_2所在的約束等式,由它演變出第二個切割方程。基變量x_2所在的約束等式爲

$$x_2 + \frac{9}{124} x_4 - \frac{7}{124} x_5 = \frac{231}{124} \qquad (5\text{-}16)$$

即

$$\frac{9}{124} x_4 + \frac{117}{124} x_5 = \frac{107}{124} + (1 - x_2 - 0 x_4 + x_5) \qquad (5\text{-}17)$$

分析式(5-17)可知

$$\frac{9}{124} x_4 + \frac{117}{124} x_5 \geq \frac{107}{124} \qquad (5\text{-}18)$$

式(5-18)即為第二個切割方程,由式(5-11)可得
$$x_5 = 57 - 9x_1 - 8x_2 \quad (5-19)$$
把式(5-9)、式(5-19)代入式(5-20),得
$$9x_1 + 9x_2 \leq 58 \quad (5-20)$$
式(5-20)即是用 x_1、x_2 表示的第二個切割方程。

(5)圖解法結果。上述例題的圖解法結果如圖5-7所示。凸集 A_1BEC 是線性規劃問題(L0)的可行域,也是問題(L1)的可行域,最優點是 A_1。在問題(L0)的基礎上增加第一個切割方程式(5-10),構成問題(L2),第一個切割方程式(5-10)切去了 ΔA_1AA,使問題(L2)的可行域縮小為凸集 A_2ABEC,最優點為 A_2。在問題(L2)的基礎上增加第二個切割方程式(5-20),構成問題(L3),第二個切割方程式(5-20)切去了 ΔA_2AA_3,使問題(L3)的可行域縮小為凸集 A_3ABEC,最優點為 A_3。繼續迭代,當得到整數最優解時,一定是點(4,2)到了最終的可行域的邊界上,且成為一個頂點。圖5-7各點的坐標及最優點的目標函數值如表5-6所示。

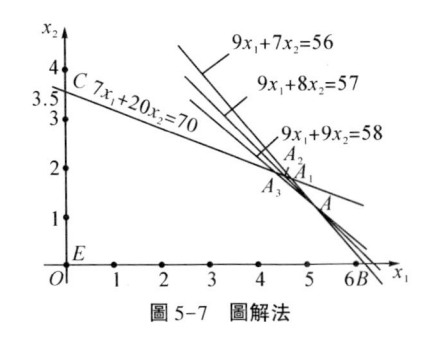

圖5-7 圖解法

表5-6　　　　　　　　　目標函數值

點 \ 坐標	x_1	x_2	z
A	49/9	1	307.8
B	56/9	0	248.9
E	0	0	0
C	0	7/2	315
A_1	630/131 = 4.809	238/131 = 1.817	355.9
A_2	145/31 = 4.677	231/124 = 1.863	354.8
A_3	530/117 = 4.53	244/117 = 1.915	353.55
最優整數解	4	2	340

在實際應用中,割平面法在有些情況下收斂迅速,而在另一些情況下又可能收斂很慢。因此,求解整數規劃問題時,可以先選用割平面法,如不能在適當次數中收斂於最優

解,則換成分枝定界法或其他方法來求解。

5.4　0-1型整數規劃

5.4.1　0-1變量及其應用

0-1型整數規劃是整數規劃中的特殊情形,它的決策變量 x_i 取值只能爲 0 或 1,這時候 x_i 被稱爲 0-1 變量。

0-1變量作爲邏輯變量,常常用來表示系統處於某個特定狀態,或者決策時是否取某個特定方案。例如

$$x = \begin{cases} 1 & 當決策方案取 P 時 \\ 0 & 當決策方案不取 P 時 \end{cases}$$

當問題含有多個決策變量,而每個變量的取值均有兩種選擇時,可用一組 0-1 變量來描述,設問題有若干有限項變量 $E_1, E_2, \cdots, E_n$,設其中每項 E_j 有兩種選擇 A_j 和 $\overline{A}_j (j=1, 2, \cdots, n)$,則可令

$$x_j = \begin{cases} 1 & 若 E_j 選擇 A_j \\ 0 & 若 E_j 選擇 \overline{A}_j \end{cases}$$

那麼,問題的特定狀態或方案就可以用 $(x_1, x_2, \cdots, x_n)^T$ 來描述:

$$(x_1, x_2, \cdots, x_n)^T = \begin{cases} (1,1,\cdots,1,1)^T, 若選擇 (A_1, A_2 \cdots, A_{n-1}, A_n)^T \\ (1,1,\cdots,1,0)^T, 若選擇 (A_1, A_2 \cdots, A_{n-1}, \overline{A}_n)^T \\ \cdots \\ (1,0,\cdots,0,0)^T, 若選擇 (A_1, \overline{A}, \overline{A}_{n-1}, \overline{A}_n)^T \\ (0,0,\cdots,0,0)^T, 若選擇 (\overline{A}_1, \overline{A}, \overline{A}_{n-1}, \overline{A}_n)^T \end{cases}$$

0-1變量不僅僅廣泛應用於科學技術問題,在經濟管理問題中也經常被用到,下面我們舉例來說明。

1. 相互排斥的計劃

【例5.7】投資項目的選定——相互排斥的選擇

某公司有600萬元的資金用於投資,有5個項目被列入投資計劃,各項目的投資額和期望收益如表5-7所示。

表5-7　　　　　　　　　　　　　項目情況

項目編號	投資額(萬元)	期望收益(萬元)
1	210	150
2	300	210
3	100	60

表5-7(續)

項目編號	投資額(萬元)	期望收益(萬元)
4	130	80
5	260	180

由於技術原因限制，投資受到以下約束：
①項目1、2、3中必須只能有一項被選中；
②項目3和4中最多只能有一項被選中；
③選中項目5的前提是項目1被選中。
問如何選擇最好的投資方案，使得投資的期望收益最大。
解：令 x_i 為模型的決策變量，模型為

$$\max Z = 150x_1 + 210x_2 + 60x_3 + 80x_4 + 180x_5$$

$$\text{st.} \begin{cases} 210x_1 + 300x_2 + 100x_3 + 130x_4 + 260x_5 \leq 600 \\ x_1 + x_2 + x_3 = 1 \\ x_3 + x_4 \leq 1 \\ x_5 \leq x_1 \\ x_i \text{ 取 } 0 \text{ 或 } 1, i = 1, \cdots, 5 \end{cases}$$

從上例中我們可以看出：
如決策 i 是必須以決策 j 的結果為前提，可用下面的模型描述：

$$x_i \leq x_j$$

如選擇的方案是互斥的，要從多種方案中選擇一個，則可用下面的模型描述：

$$\sum x_j = 1$$

關於特殊約束可以進行如下的處理：

(1)矛盾約束：需同時出現的矛盾約束。例如 $f(x) - 5 \geq 0$ 和 $f(x) \leq 0$，可以引入一個 0-1 變量進行處理：$-f(x) + 5 \leq M(1-y)$ 和 $f(x) \leq My$。y 取 0 或 1。

(2)絕對值約束：$|f(x)| \geq a(a \geq 0)$，約束可以改寫為 $f(x) \geq a$ 和 $f(x) \leq -a$，可以引入一個 0-1 變量進行處理：$-f(x) + a \leq M(1-y)$ 和 $f(x) + a \leq My$

(3)多中選一約束。在下列 n 個約束中，只能有一個約束有效：$f_i(x) \leq 0, i = 1, \cdots, n$。

引入 n 個 0-1 變量 $y_i(i = 1, \cdots, n)$。約束可寫為：$f_i(x) \leq M(1-y_i), i = 1, \cdots, n$。$\sum_{i=1}^{n} y_i = 1$

2. 相互排斥的約束條件

【例5.8】在例5.4中，假設此人還有一只旅行箱，最大載重量為12千克，其體積是0.02立方米。背包和旅行箱只能選擇其一，建立下列幾種情形的數學模型，使所裝物品價值最大。

(1)所裝物品不變；
(2)如果選擇旅行箱，載重量和體積的約束為

$$1.2x_1 + 0.8x_2 \leq 12$$
$$2x_1 + 2.5x_2 \leq 20$$

解：此問題可以建立兩個整數規劃模型，但用一個模型描述更簡單。
引入 0-1 變量(或稱邏輯變量)y_i，令

$$y_i = \begin{cases} 1, \text{採用第 } i \text{ 種方式裝載時} \\ 0, \text{不採用第 } i \text{ 種方式裝載時} \end{cases} \quad (i = 1,2)$$

$i = 1,2$ 分別是採用背包及旅行箱裝載。

(1) 由於所裝物品不變，式(5-1)約束左邊不變，整數規劃數學模型爲

$$\max z = 4x_1 + 3x_2$$
$$\begin{cases} 1.2x_1 + 0.8x_2 \leq 10y_1 + 12y_2 \\ 2x_1 + 2.5x_2 \leq 25y_1 + 20y_2 \\ y_1 + y_2 = 1 \\ x_i \geq 0, \text{且取整數}, y_i = 0 \text{ 或 } 1, i = 1,2 \end{cases}$$

(2) 由於不同載體所裝物品不一樣，數學模型爲

$$\max z = 4x_1 + 3x_2$$
$$\begin{cases} 1.2x_1 + 0.8x_2 \leq 10 + My_2 & (5-21) \\ 1.8x_1 + 0.6x_2 \leq 12 + My_1 & (5-22) \\ 2x_1 + 2.5x_2 \leq 25 + My_2 & (5-23) \\ 1.5x_1 + 2x_2 \leq 20 + My_1 & (5-24) \\ y_1 + y_2 = 1 \\ x_1, x_2 \geq 0, \text{且均取整數}, y = 0 \text{ 或 } 1 \end{cases}$$

式中 M 爲充分大的正數。從上式可知，當使用背包時($y_1 = 1, y_2 = 0$)，式(5-22)和(5-24)是多餘的；當使用旅行箱時($y_1 = 0, y_2 = 1$)，式(5-21)和式(5-23)是多餘的。上式也可以令：$y_1 = y, y_2 = 1 - y$。

3. 固定費用的問題(Fixed Cost Problem)

【例5.9】企業計劃生產 2 000 件某種產品，該種產品可利用 A、B、C 設備中的任意一種加工。已知每種設備的生產準備結束費用、生產該產品時的單件成本以及每種設備限定的最大加工數量(件)如表 5-8 所示，試建立總成本最小的數學模型。

表 5-8　　　　　　　　　　　　設備相關情況

設備	生產準備結束費用(元)	生產成本(元/件)	限定最大加工數(件)
A	100	10	600
B	300	2	800
C	200	5	1 200

解：設 x_j 表示在第 $j(j=1,2,3)$ 種設備上加工的產品數量，其生產費用爲：

$$C_j(x_j) = \begin{cases} K_j + c_j x_j & (x_j > 0) \\ 0 & (x_j = 0) \end{cases}$$

式中 K_j 是同產量無關的生產準備費用(即固定費用),c_j 是單位產品成本。設 0-1 變量爲 y_j,令

$$y_j = \begin{cases} 1 & \text{當在第 } j \text{ 種設備上加工,即 } x_j > 0 \text{ 時} \\ 0 & \text{不在第 } j \text{ 種設備上加工,即 } x_j = 0 \text{ 時} \end{cases}$$

目標函數爲

$$\min z = (100 y_1 + 10 x_1) + (300 y_2 + 2 x_2) + (200 y_3 + 5 x_3)$$

$$\begin{cases} x_j \leq M y_j, j = 1, 2, 3 \\ x_1 + x_2 + x_3 \geq 2\,000 \\ x_1 \leq 600, x_2 \leq 800, x_3 \leq 1\,200 \\ x_j \geq 0, y_j = 1 \text{ 或 } 0, j = 1, 2, 3 \end{cases}$$

式中 $x_j \leq M y_j$ 是一個特殊的約束條件,顯然當 $x_j > 0$ 時,$y_j = 1$;當 $x_j = 0$ 時,爲使 Z 極小化,只有 $y_j = 0$ 才有意義。

5.4.2 0-1 型整數規劃的求解方法

0-1 規劃可以用隱枚舉法求解。隱枚舉法實際上是一種特殊的分枝定界法,下面通過例題來說明。

【例 5.10】求下面 0-1 規劃問題的解:

$$\begin{cases} \min f = 10 x_1 + 5 x_2 + 8 x_3 + 4 x_4 + 2 x_5 \\ 3 x_1 - 2 x_2 + 4 x_3 - x_4 + x_5 \geq 4 & (5-25) \\ -2 x_1 + x_2 - 4 x_3 + x_4 - x_5 \geq -5 & (5-26) \\ x_j = 0 \text{ 或 } 1, j = 1, 2, \cdots, 5 \end{cases}$$

解:我們將上面的 0-1 規劃問題記爲問題(L_0),並把問題(L_0)的鬆弛問題取爲:

$$(L_0') \begin{cases} \min f = 10 x_1 + 5 x_2 + 8 x_3 + 4 x_4 + 2 x_5 \\ x_j = 0 \text{ 或 } 1, j = 1, 2, \cdots, 5 \end{cases}$$

即僅保留約束條件中變量取 0 或 1 的條件,而將其他約束不等式全部去掉。需要註意的是,在鬆弛問題中,目標函數各變量的系數都是非負的,所以,只要所有變量都取零時,便可得到鬆弛問題的最優解。

$$x_1 = x_2 = x_3 = x_4 = x_5 = 0, 將對應的目標函數值記爲 f_0 = 0。 \quad (5-27)$$

顯然,原問題(L_0)的任一可行解一定是鬆弛問題(L_0')的可行解,反之就不一定了。因此,$f_0 = 0$ 只是原問題(L_0)的下界。

將式(5-3)代入問題(L_0)的約束條件式(5-25)、式(5-26)的左邊,就可以看出 $x_j = 0 (j = 1, 2, \cdots, 5)$ 不是問題(L_0)的可行解,因爲它不滿足式(5-25)。這時,需要把問題(L_0)分枝爲兩個子問題,在式(5-25)左邊有較大正系數的變量是 x_3,則分別令 $z x_3 = 1$ 或

$x_3 = 0$,並代入問題(L_0)中,就得到子問題(L_1)和子問題(L_2),分枝過程可用枚舉樹(見圖 5-8)表示。

$$(L_1)\begin{cases} \min f = 8 + 10x_1 + 5x_2 + 4x_4 + 2x_5 \\ 3x_1 - 2x_2 - x_4 - x_5 \geq 0 & (5-28) \\ -2x_1 + x_2 + x_4 - x_5 \geq -1 & (5-29) \\ x_3 = 1 \\ x_j = 0 \text{ 或 } 1, j = 1,2,4,5 \end{cases}$$

$$(L_2)\begin{cases} \min f = 10x_1 + 5x_2 + 4x_4 + 2x_5 \\ 3x_1 - 2x_2 - x_4 - x_5 \geq 4 & (5-30) \\ -2x_1 + x_2 + x_4 - x_5 \geq -5 & (5-31) \\ x_3 = 0 \\ x_j = 0 \text{ 或 } 1, j = 1,2,4,5 \end{cases}$$

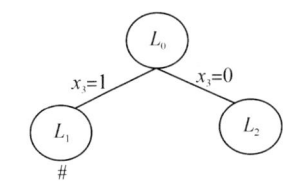

圖 5-8 枚舉樹

在子問題(L_1)和(L_2)中,x_3的值都已固定,其他變量還需定值,將這些變量稱爲自由變量。類似地,爲解子問題(L_1),可先解其對應的鬆弛問題(L_1'):

$$(L_1')\begin{cases} \min f = 8 + 10x_1 + 5x_2 + 4x_4 + 2x_5 \\ x_3 = 1 \\ x_j = 0 \text{ 或 } 1, j = 1,2,4,5 \end{cases}$$

顯然,問題(L_1')的最優解爲$x_1 = x_2 = x_4 = x_5 = 0, x_3 = 1$,將對應的目標函數值記爲$f_1 = 8$。

問題(L_1')的最優解滿足式(5-28)、式(5-29),所以它也是子問題(L_1)的最優解,所以子問題(L_1)已被探明。同時,$x_1 = x_2 = x_4 = x_5 = 0, x_3 = 1$,也就是問題($L_0$)的可行解,因此它對應的目標函數值$f_1 = 8$是原問題($L_0$)的上界,記爲$Z = f_1 = 8$。

子問題(L_1)被探明後,在枚舉樹上(見圖5-8)標以"#"。以表示它不用再繼續分枝了。

再考慮未探明的子問題(L_1),我們先解它對應的鬆弛問題:

$$(L_2')\begin{cases} \min f = 8 + 10x_1 + 5x_2 + 4x_4 + 2x_5 \\ x_3 = 1 \\ x_j = 0 \text{ 或 } 1, j = 1,2,4,5 \end{cases}$$

鬆弛問題(L_2')的最優解是$x_1 = x_2 = x_3 = x_4 = x_5 = 0$,但它不是子問題($L_2$)的可行解,

因爲它不滿足式(5-30)。又因問題(L_2')的最優值f_2等於0,仍小於現有上界$Z=8$,所以子問題(L_2)可能有更好的解。於是再將子問題(L_2)分枝。

我們選擇式(5-30)中有較大正係數的變量x_1進行分枝。分別令$x_1=1,x_1=0$,代入子問題(L_2),得到子問題(L_3)和子問題(L_4):

$$(L_3)\begin{cases}\min f = 10 + 5x_2 + 4x_4 + 2x_5 \\ -2x_2 - x_4 + x_5 \geq 1 \\ x_2 + x_4 - x_5 \geq -3 \\ x_3 = 0, x_1 = 1 \\ x_j = 0 \text{ 或 } 1, j = 2,4,5\end{cases}$$

$$(L_4)\begin{cases}\min f = 5x_2 + 4x_4 + 2x_5 \\ -2x_2 - x_4 + x_5 \geq 4 \\ x_2 + x_4 - x_5 \geq -5 \\ x_3 = 0, x_1 = 1 \\ x_j = 0 \text{ 或 } 1, j = 2,4,5\end{cases} \tag{5-32}$$

問題(L_2)的分枝過程可以用枚舉樹表示(見圖5-9)。

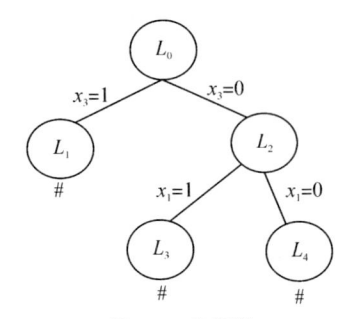

圖5-9 枚舉樹

先考慮子問題(L_3)的鬆弛問題(L_3'):

$$(L_3')\begin{cases}\min f = 10 + 5x_2 + 4x_4 + 2x_5 \\ x_3 = 0, x_1 = 1 \\ x_j = 0 \text{ 或 } 1, j = 2,4,5\end{cases}$$

問題(L_3')的最優解爲:$x_1=1,x_2=x_3=x_4=x_5=0$。對應的目標函數值爲$f_3=10$。f_3是子問題(L_3)的最優值下界。雖然這個最優解不是子問題(L_3)的可行解,但是由於$f_3=10$大於現有的上界$Z=8$,所以將(L_3)再繼續分枝也不會得到更好的結果了。這時,我們將子問題(L_3)剪枝,於是子問題(L_3)已被探明,在圖5-9上標記"#"。

最後,考慮問題(L_4)。在約束不等式(5-32)中,左邊只有x_5有正係數1。顯然,式(5-32)左邊的最大可能值只有當$x_2=x_4=0,x_5=1$時才可能達到。但式(5-32)的右邊是4,所以這是一個矛盾不等式,或者說子問題(L_4)無可行解。這時子問題(L_4)也已被探明,在圖 5-9 上標記"#"。

由於所有的子問題都已探明,我們已得到原問題(L_0)的最優解[也就是子問題(L_1)的最優解]:
$$x_1 = 0, x_2 = 0, x_3 = 1, x_4 = 0, x_5 = 0$$
對應的最優值爲 8。

總結一下,利用隱枚舉法求解 0-1 規劃問題時應注意以下幾點:

(1)使目標函數中各變量的系數全部是非負的。如果某變量 x_k' 在目標函數中的系數是負數,則可令 $x_k = 1 - x_k'$,就可以使目標函數中 x_k 的系數變爲正數。同時,x_k 也只能取 0 或 1。例如:若某 0-1 規劃問題中,目標函數爲 $f = x_1 - 2x_2 + 3x_3$,則令 $x_2 = 1 - x_2'$,並將此式代入目標函數和約束條件中,目標函數就變爲
$$f = -2 + x_1 + 2x_2' + 3x_3$$
這時,所有變量的系數都是非負的,原 0-1 規劃問題就可以化爲我們所要求的形式。

(2)鬆弛問題的選擇。我們總是去掉原 0-1 規劃問題(或子問題)的所有不等式約束,只保留變量取 0 或 1 的條件。由於目標函數中所有變量的系數都是非負的,我們只要使所有自由變量取零,就可以得到鬆弛問題的最優解,計算十分方便。

(3)定界方法。原 0-1 規劃問題的任何一可行解都可以作爲其最優值的上界。在開始求解時,如果找不到可行解,就可以令上界 $Z = +\infty$。如果我們求解某個子問題的鬆弛問題時,其最優解恰好是子問題的最優解,就將對應的最優值與現有上界比較,取其中較小者作爲新的上界。

(4)子問題探明的判定。①如果某個子問題的鬆弛問題的最優解恰好是該子問題的最優解時,該子問題就已被探明。同時,應重新定界。②如果某子問題的鬆弛問題沒有可行解,則該子問題也沒有可行解。該子問題也已經探明。③如果某子問題的鬆弛問題有最優解,但對應的最優值大於現有的上界 Z 時,則可將該子問題剪枝,該子問題也已被探明。

(5)判斷最優解。如果所有的子問題都已被探明,就可以得到原 0-1 規劃問題的最優解。

5.5 指派問題

5.5.1 指派問題的數學模型

在工作中經常遇到這樣的問題,某單位需要完成 n 項任務,恰好有 n 個人可以承擔這些任務,由於每個人的專長不同,完成不同任務的效率也不同。於是產生應分配哪個人去完成哪項任務,使得完成 n 項任務的總效率最高的問題。這類問題就被稱爲分配問題或指派問題。

【例 5.11】單位準備安排 4 位員工到 4 個不同的崗位工作,每個崗位安排一個人。這 4 個人在經考核的不同崗位上的成績(百分制)見表 5-9,問應如何安排他們的工作才可

使總成績最好。

表 5-9　　　　　　　　　　　　員工考核表

工時(小時)　任務 人員	A	B	C	D
甲	85	92	73	90
乙	95	87	78	95
丙	82	83	79	90
丁	86	90	80	88

解：此工作問題可以採用枚舉法求解，將所有分配方案求出，總分最大的方案就是最優解。本例的方案有 4! ＝4×3×2×1＝24 種。由於方案數是人數的階乘，當人數和任務數較多時計算量非常大。用 0-1 規劃模型描述此類分配問題則比較簡單。

設

$$x_{ij} = \begin{cases} 1(分配第\ i\ 個人做\ j\ 工作時) \\ 0(不分配第\ i\ 個人做\ j\ 工作時) \end{cases} \quad i,j = (1,2,\cdots,n)$$

目標函數為

$$\max z = 85x_{11} + 92x_{12} + 73x_{13} + 90x_{14} + 95x_{21} + 87x_{22} + 78x_{23} + 95x_{24} + 82x_{31} + 83x_{32} + 79x_{33} + 90x_{34} + 86x_{41} + 90x_{42} + 80x_{43} + 88x_{44}$$

要求每人做一項工作，約束條件為

$$\begin{cases} x_{11} + x_{12} + x_{13} + x_{14} = 1 \\ x_{21} + x_{22} + x_{23} + x_{24} = 1 \\ x_{31} + x_{32} + x_{33} + x_{34} = 1 \\ x_{41} + x_{42} + x_{43} + x_{44} = 1 \end{cases}$$

要求每項工作只能安排一人，約束條件為

$$\begin{cases} x_{11} + x_{21} + x_{31} + x_{41} = 1 \\ x_{12} + x_{22} + x_{32} + x_{42} = 1 \\ x_{13} + x_{23} + x_{33} + x_{43} = 1 \\ x_{14} + x_{24} + x_{34} + x_{44} = 1 \end{cases}$$

變量約束為

$$x_{ij} = 0\ 或\ 1(i,j = 1,2,3,4)$$

如果把 4 位員工看成是產量為 1 的產地，把 4 項任務看成是 4 個需求量為 1 的銷地，那麼該問題又可以轉化成運輸問題模型來求解。

下面給出指派問題的一般模型。假設 n 個人恰好做 n 項工作，第 i 個人做第 j 項工作的效率為 $c_{ij} \geq 0$。費用矩陣為 $C = (c_{ij})_{n \times n}$，如何分配工作使費用最省(效率最高)的數學模型為

$$\min z = \sum_{i=1}^{n} \sum_{j=1}^{n} c_{ij} x_{ij}$$

$$\text{st.} \begin{cases} \sum_{i=1}^{5} x_{ij} = 1 & i = 1,2,\cdots,5 \\ \sum_{j=1}^{5} x_{ij} = 1 & j = 1,2,\cdots,5 \\ x_{ij} = 0 \text{ 或 } 1 & i,j = 1,2,\cdots,5 \end{cases}$$

從例 5.11 可以看出,指派問題既是 0-1 規劃問題的特例,也是運輸問題的特例,當然可用整數規劃、0-1 規劃或運輸問題的解法去求解;然而這樣是不合算的,就如用單純形法去求解運輸問題一樣,針對指派問題的特殊性有更簡便的方法。

指派問題具有這樣的性質:若從系數矩陣 $C = (c_{ij})_{n \times n}$ 的一行(列)各元素中分別加上或減去一個常數 k,得到新矩陣 $(b_{ij})_{n \times n}$,那麼以 $(b_{ij})_{n \times n}$ 爲系數矩陣的指派問題與原問題具有相同的最優解,但最優值與原問題的最優值相差一個常數 k。

利用這個性質,可使原系數矩陣變換爲含有很多 0 元素的新系數矩陣,而最優解保持不變。由於指派問題的目標函數一般是求最小值,在系數矩陣 $(b_{ij})_{n \times n}$ 中,關注位於不同行不同列的 0 元素,或者被稱爲獨立的 0 元素。若能在系數矩陣 $(b_{ij})_{n \times n}$ 中找出 n 個獨立的 0 元素,則令矩陣 $(x_{ij})_{n \times n}$ 中對應這 n 個獨立的 0 元素的變量取值爲 1。將其代入目標函數中得到 $z_b = 0$,它一定最小。這就是以 $(b_{ij})_{n \times n}$ 爲系數矩陣的指派問題的最優解,也就得到了原問題的最優解。

5.5.2 匈牙利法

1955 年,庫恩(W. W. Kuhn)提出了指派問題的解法。他引用了匈牙利數學家康尼格一個關於矩陣中 0 元素的定理:系數矩陣中獨立 0 元素的最多個數等於能覆蓋所有 0 元素的最少直線數,這個解法也就被稱爲匈牙利法。匈牙利法的基本解題步驟如下:

第一步:變換指派問題的系數矩陣,使各行各列中都出現 0 元素。再從所得系數矩陣的每列元素中減去該列的最小元素,若某行(列)已有 0 元素,則不需要再減了。

第二步:進行試指派,以尋求最優解。按以下步驟進行。經過第一步變換後,系數矩陣中每行每列中都已有 0 元素,但需要找出 n 個獨立的 0 元素。如能找出,就以這些獨立的 0 元素對應矩陣 (x_{ij}) 中的元素爲 1,其餘爲 0,這就得到最優解。具體步驟爲:

(1)從只有一個 0 元素的行(列)開始,給這個 0 元素加圈,記作"◎",表示對這行所代表的人只有一種任務可指派。然後劃去"◎"所在列(行)的其他 0 元素,記作"∅",表示這列所代表的任務已經指派完,不必再考慮別人。

(2)給只有一個 0 元素列(行)的 0 元素加圈,記作"◎";然後劃去"◎"所在行的 0 元素,記作"∅"。

(3)反復進行(1)、(2)步驟,直到所有 0 元素都被圈出、劃掉爲止。

(4)若仍有沒有劃圈的 0 元素,且同行(列)的 0 元素至少有兩個(表示對這人可以從兩項任務中指派其一),則從剩下的 0 元素最少的的行(列)開始,比較這行各 0 元素所在列中0元素的數目,對0元素少的那列的這個0元素加圈(表示選擇性多的應該先滿足選擇性少的),然後劃掉同行同列的其他0元素。可反復進行,直到所有0元素都已被畫圈或被劃掉爲止。

(5)若"◎"元素的數目 m 等於矩陣的階數 n,那麼該指派問題的最優解已得到;若 $m < n$,則轉入下一步。

第三步:作最少的直線覆蓋所有0元素,以確定該系數矩陣中能找到的最多的獨立0元素。爲此按以下步驟進行:

(1)對含有0元素的行打"√"。
(2)在已經打"√"的行中所有含有0元素的列打"√"。
(3)再對打有"√"的列中含有0元素的打"√"。
(4)重複(2)和(3),直到再也找不出可以打"√"的行或列爲止。
(5)對沒有打"√"的行畫一條橫線,對打"√"的列劃一垂線,這就得到了能覆蓋所有0元素的最小直線數。

令直線數爲 k。若 $k < n$,則說明必須再變換當前的系數矩陣,才能找到 n 個獨立的0元素,轉第四步;若 $k = n$,而 $m < n$,則返回第二步第(4),重新嘗試。

第四步:對直線數 $k < n$ 的矩陣進行變換的目的是增加0元素。爲此在沒有被直線覆蓋的部分中找出最小元素。然後在打"√"行各元素中都減去這個最小元素,而對打"√"的各元素都加上這個最小元素,以保證原來的0元素不變。這樣便得到新系數矩陣(它的最優解與原問題相同)。若得到 n 個獨立的0元素,則已得到最優解,否則返回到第三步重複進行。

當指派問題的系數矩陣經過變換得到了同行和同列中都有的兩個或兩個以上的0元素時,可以任選一行(列)中某一個元素,再劃去同行(列)的其他元素。這時會出現多重解。下面將通過兩個例子來具體説明匈牙利法的解題步驟。

【例5.12】某零件生産需要4項工序A、B、C、D,有4個員工甲、乙、丙、丁能勝任4項工序中的任何一項,每個人消耗的工時是不一樣的(見表5-10)。求應指派何人去完成何項工序,使總的所需工時最少?

表5-10　　　　　　　　　　員工任務耗時表

人員＼工時(小時)＼任務	A	B	C	D
甲	2	15	13	4
乙	10	4	14	15
丙	9	14	16	13
丁	7	8	11	9

解:按第一步的(1)和(2)先讓系數矩陣減去每行的最小元素,然後再減去每列的最小元素,如下所示:

$$(c_{ij}) = \begin{bmatrix} 2 & 15 & 13 & 4 \\ 10 & 4 & 14 & 15 \\ 9 & 14 & 16 & 13 \\ 7 & 8 & 11 & 9 \end{bmatrix} \rightarrow \begin{bmatrix} 0 & 13 & 11 & 2 \\ 6 & 0 & 10 & 11 \\ 0 & 5 & 7 & 4 \\ 0 & 1 & 4 & 2 \end{bmatrix} \rightarrow \begin{bmatrix} 0 & 13 & 7 & 0 \\ 6 & 0 & 6 & 9 \\ 0 & 5 & 3 & 2 \\ 0 & 1 & 0 & 0 \end{bmatrix} = (b_{ij})$$

然後按第二步進行試指派，尋求最優解。按步驟(1)，先給 b_{22} 加圈，然後給 b_{31} 加圈，同時劃掉 b_{11}、b_{41}；按步驟(2)給 b_{43} 加圈，劃掉 b_{44}，最後給 b_{14} 加圈，如下所示：

$$\begin{bmatrix} 0 & 13 & 7 & 0 \\ 6 & 0 & 6 & 9 \\ 0 & 5 & 3 & 2 \\ 0 & 1 & 0 & 0 \end{bmatrix} \rightarrow \begin{bmatrix} \varnothing & 13 & 7 & 0 \\ 6 & \odot & 6 & 9 \\ \odot & 5 & 3 & 2 \\ \varnothing & 1 & 0 & 0 \end{bmatrix} \rightarrow \begin{bmatrix} \varnothing & 13 & 7 & 0 \\ 6 & \odot & 6 & 9 \\ \odot & 5 & 3 & 2 \\ \varnothing & 1 & \odot & \varnothing \end{bmatrix} \rightarrow \begin{bmatrix} \varnothing & & & 0 \\ & \odot & & \\ \odot & & & \\ \varnothing & & \odot & \varnothing \end{bmatrix}$$

此時 $k = n = 4$，所以最優解為：

$$(x_{ij}) = \begin{bmatrix} 0 & 0 & 0 & 1 \\ 0 & 1 & 0 & 0 \\ 1 & 0 & 0 & 0 \\ 0 & 0 & 1 & 0 \end{bmatrix}$$

這表示，指定甲做 D 工序，乙做 B 工序，丙做 A 工序，丁做 C 工序。所需的工時最少，總的工時為 4+4+9+11 = 28 小時。

【例 5.13】有甲、乙、丙、丁、戊五位工人被指派去完成 A、B、C、D、E 五項任務，每個人完成任務所需的工時各不相同(見表 5-11)。求：如何指派人員才能使得所用工時最少？

表 5-11　　　　　　　　　　　員工任務耗時表

任務 工時(小時) 人員	A	B	C	D	E
甲	12	7	9	4	9
乙	8	9	6	6	6
丙	7	17	12	14	9
丁	15	14	6	6	10
戊	4	10	7	10	9

解：按第一步將系數矩陣進行變換，即

$$(c_{ij}) = \begin{bmatrix} 12 & 7 & 9 & 7 & 9 \\ 8 & 9 & 6 & 6 & 6 \\ 7 & 17 & 12 & 14 & 9 \\ 15 & 14 & 6 & 6 & 10 \\ 4 & 10 & 7 & 10 & 9 \end{bmatrix} \rightarrow \begin{bmatrix} 5 & 0 & 2 & 0 & 2 \\ 2 & 3 & 0 & 0 & 0 \\ 0 & 10 & 5 & 7 & 2 \\ 9 & 8 & 0 & 0 & 4 \\ 0 & 6 & 3 & 6 & 5 \end{bmatrix} = (b_{ij})$$

按第二步進行試指派，得

$$\begin{bmatrix} 5 & 0 & 2 & 0 & 2 \\ 2 & 3 & 0 & 0 & 0 \\ ◎ & 10 & 5 & 7 & 2 \\ 9 & 8 & 0 & 0 & 4 \\ ⌀ & 6 & 3 & 6 & 5 \end{bmatrix} \rightarrow \begin{bmatrix} 5 \\ 2 \\ ◎ \\ 9 \\ ⌀ \end{bmatrix}$$

$$\rightarrow \begin{bmatrix} 5 & ◎ & 2 & ⌀ & 2 \\ 2 & 3 & ⌀ & ⌀ & ⌀ \\ ◎ & 10 & 5 & 7 & 2 \\ 9 & 8 & 0 & 0 & 4 \\ ⌀ & 6 & 3 & 6 & 5 \end{bmatrix} \rightarrow \begin{bmatrix} 5 & ◎ & 2 & ⌀ & 2 \\ 2 & 3 & ⌀ & ⌀ & ◎ \\ ◎ & 10 & 5 & 7 & 2 \\ 9 & 8 & ◎ & ⌀ & 4 \\ ⌀ & 6 & 3 & 6 & 5 \end{bmatrix}$$

可以看到"◎"的個數 $m = 4$，而 $n = 5$，所以要轉入第三步。

按第三步的步驟進行，過程如下：

$$\begin{bmatrix} 5 & ◎ & 2 & ⌀ & 2 \\ 2 & 3 & ⌀ & ⌀ & ◎ \\ ◎ & 10 & 5 & 7 & 2 \\ 9 & 8 & ◎ & ⌀ & 4 \\ ⌀ & 6 & 3 & 6 & 5 \end{bmatrix} \rightarrow \begin{bmatrix} 5 & ◎ & 2 & ⌀ & 2 \\ 2 & 3 & ⌀ & ⌀ & ◎ \\ ◎ & 10 & 5 & 7 & 2 \\ 9 & 8 & ◎ & ⌀ & 4 \\ ⌀ & 6 & 3 & 6 & 5 \end{bmatrix} \rightarrow \begin{bmatrix} 5 & ◎ & 2 & ⌀ & 2 \\ 2 & 3 & ⌀ & ⌀ & ◎ \\ ◎ & 10 & 5 & 7 & 2 \\ 9 & 8 & ◎ & ⌀ & 4 \\ ⌀ & 6 & 3 & 6 & 5 \end{bmatrix}$$

$$\rightarrow \begin{bmatrix} -5- & ◎ & -2- & ⌀ & -2- \\ -2- & 3 & -⌀- & ⌀ & -◎- \\ ◎ & 10 & 5 & 7 & 2 \\ -9- & 8 & -◎- & ⌀ & -4- \\ ⌀ & 6 & 3 & 6 & 5 \end{bmatrix} \quad (1)$$

由於矩陣(1)中覆蓋直線數 $k = 4 < n$，所以應轉到第四步，對第二步得到的矩陣進行變換，過程如下：矩陣(1)在沒有被直線覆蓋的部分(第 3 行、第 5 行)中，最小元素是 2，所以在第 3 行、第 5 行各減去 2；而在第 1 列中加上 2，得到新矩陣，然後再按第二步找出所有獨立 0 元素。如下所示：

$$\begin{bmatrix} 5 & 0 & 2 & 0 & 2 \\ 2 & 3 & 0 & 0 & 0 \\ 0 & 10 & 5 & 7 & 2 \\ 9 & 8 & 0 & 0 & 4 \\ 0 & 6 & 3 & 6 & 5 \end{bmatrix} \begin{matrix} \\ \\ -2 \\ \\ -2 \end{matrix} \rightarrow \begin{bmatrix} 7 & 0 & 2 & 0 & 2 \\ 4 & 3 & 0 & 0 & 0 \\ 0 & 8 & 3 & 5 & 0 \\ 11 & 8 & 0 & 0 & 4 \\ 0 & 4 & 1 & 4 & 3 \end{bmatrix} \rightarrow \begin{bmatrix} 7 & ◎ & 2 & \varnothing & 2 \\ 4 & 3 & ◎ & \varnothing & \varnothing \\ \varnothing & 8 & 3 & 5 & ◎ \\ 11 & 8 & \varnothing & ◎ & 4 \\ ◎ & 4 & 1 & 4 & 3 \end{bmatrix}$$
+ 2

可以看出,得到的結果具有 5 個獨立 0 元素。這就得到了最優解,相應的矩陣爲:

$$\begin{bmatrix} 0 & 1 & 0 & 0 & 0 \\ 0 & 0 & 1 & 0 & 0 \\ 0 & 0 & 0 & 0 & 1 \\ 0 & 0 & 0 & 1 & 0 \\ 1 & 0 & 0 & 0 & 0 \end{bmatrix}$$

解矩陣可得最優指派方案:甲→B,乙→C,丙→E,丁→D,戊→A。所需總工時爲 32 小時。

在前面已經指出,當指派問題的系數矩陣經過變換得到了同行和同列中都有的兩個或兩個以上的 0 元素時會出現多重解。本例還可得到另一指派方案:

$$\begin{bmatrix} 5 & 0 & 2 & 0 & 2 \\ 2 & 3 & 0 & 0 & 0 \\ 0 & 10 & 5 & 7 & 2 \\ 9 & 8 & 0 & 0 & 4 \\ 0 & 6 & 3 & 6 & 5 \end{bmatrix} \begin{matrix} \\ \\ -2 \\ \\ -2 \end{matrix} \rightarrow \begin{bmatrix} 7 \\ 4 \\ 0 \\ 11 \\ 0 \end{bmatrix} \rightarrow \begin{bmatrix} 7 \\ 4 \\ \varnothing \\ 11 \\ ◎ \end{bmatrix}$$
+ 2

即甲→B,乙→D,丙→E,丁→C,戊→A,即

$$\begin{bmatrix} 0 & 1 & 0 & 0 & 0 \\ 0 & 0 & 0 & 1 & 0 \\ 0 & 0 & 0 & 0 & 1 \\ 0 & 0 & 1 & 0 & 0 \\ 1 & 0 & 0 & 0 & 0 \end{bmatrix}$$

以上討論的只是求最小值問題。對求最大值問題,即求

$$\max z = \sum_i \sum_j c_{ij} x_{ij}$$

可令

$$b_{ij} = M - c_{ij}$$

其中 M 是足夠大的常數(一般選 c_{ij} 中最大元素 M 即可),這時系數矩陣可轉化爲

$$B = (b_{ij})$$

這時 $b_{ij} \geq 0$,符合匈牙利法的條件。目標函數經變換後,即求解

$$\min z' = \sum_i \sum_j b_{ij} x_{ij}$$

所得最小解就是原問題的最大解,因爲

$$\sum_i\sum_j b_{ij}x_{ij} = \sum_i\sum_j (M-c_{ij})x_{ij} = \sum_i\sum_j Mx_{ij} - \sum_i\sum_j c_{ij}x_{ij} = nM - \sum_i\sum_j c_{ij}x_{ij}$$

因爲 nM 是常數，所以當 $\sum_i\sum_j b_{ij}x_{ij}$ 取最小值時，$\sum_i\sum_j c_{ij}x_{ij}$ 便取最大值。

【例 5.14】某工廠有 4 個工人甲、乙、丙、丁，他們都可以從事 4 種不同的工作 A、B、C、D，但每個人在不同的崗位創造的產出是不同的(見表 5-12)。現給每個工人分配一個崗位，求如何安排才能使產出最大？

表 5-12　　　　　　　　工人在不同崗位的產出情況表

人員＼工種／產出	A	B	C	D
甲	10	9	8	7
乙	3	4	5	6
丙	2	1	1	2
丁	4	3	5	6

解：這是一個求最大值的問題，因此首先對系數矩陣進行變換，表中的系數矩陣最大值是 10，因此 $b_{ij} = M - c_{ij} = 10 - c_{ij}$，然後就可以按照匈牙利法的步驟進行求解。具體過程如下：

$$(c_{ij}) = \begin{bmatrix} 10 & 9 & 8 & 7 \\ 3 & 4 & 5 & 6 \\ 2 & 1 & 1 & 2 \\ 4 & 3 & 5 & 6 \end{bmatrix} \xrightarrow{b_{ij}=10-c_{ij}} (b_{ij}) = \begin{bmatrix} 0 & 1 & 2 & 3 \\ 7 & 6 & 5 & 4 \\ 8 & 9 & 9 & 8 \\ 6 & 7 & 5 & 4 \end{bmatrix} \to \begin{bmatrix} 0 & 1 & 2 & 3 \\ 3 & 2 & 1 & 0 \\ 0 & 1 & 1 & 0 \\ 2 & 3 & 1 & 0 \end{bmatrix}$$

$$\to \begin{bmatrix} 0 & 1 & 2 & 3 \\ 3 & 2 & 1 & 0 \\ 0 & 1 & 1 & 0 \\ 2 & 3 & 1 & 0 \end{bmatrix} \to \begin{bmatrix} ◎ & & & \\ & & 3 & \\ & ⌀ & & \\ & & & 2 \end{bmatrix}$$

即最優方案爲甲→A，乙→C，丙→B，丁→D，最大產出爲 10+15+1+6 = 22。

設分配問題中人數爲 m，任務數爲 n，當 $m > n$ 時虛擬 $m-n$ 項任務，對應的效率爲零；當 $m < n$ 時虛擬 $n-m$ 個人，對應的效率爲零，轉化爲人數與任務數相等的平衡問題後再求解。如有 5 個人被分配做 3 項工作，則虛擬 2 項工作，效率矩陣變化如下：

$$\begin{bmatrix} 5 & 8 & 9 \\ 10 & 15 & 17 \\ 9 & 4 & 3 \\ 16 & 17 & 18 \\ 8 & 6 & 11 \end{bmatrix} \to \begin{bmatrix} 5 & 8 & 9 & 0 & 0 \\ 10 & 15 & 17 & 0 & 0 \\ 9 & 4 & 3 & 0 & 0 \\ 16 & 17 & 18 & 0 & 0 \\ 8 & 6 & 11 & 0 & 0 \end{bmatrix}$$

再用匈牙利法求解，即當某人不能完成某項任務時，令其對應的效率爲一個大 M(表示完成的費用爲無窮大)的值即可。

【例5.15】某企業集團計劃在市內4個點投資4個專業超市,考慮的商品有家電、服裝、食品、家具和計算機5個類別。通過評估,家具超市不能放在第三個點,計算機超市不能放在第4個點,不同類別的商品投資到各點的年利潤(萬元)預測值見表5-13。該商業集團如何做出投資決策才可使年利潤最大?

解:這是求最大值、人數與任務數不相等及不可接受的配置的一個綜合指派問題,分別對表5-13進行轉換。

表5-13　　　　　　　　　不同類別的商品投資到各點的利潤預測值

商品年利潤預測值 地點	1	2	3	4
家電(萬元)	120	300	360	400
服裝(萬元)	80	350	420	260
食品(萬元)	150	160	380	300
家具(萬元)	90	200	-	180
計算機(萬元)	220	260	270	-

(1)令 $c_{43} = c_{34} = 0$。
(2)轉換成求最小值問題,令 M=420,得到效率表。
(3)虛擬一個地點5,轉換後得到表5-14。

表5-14　　　　　　　　　轉換後的表

商品年利潤預測值 地點	1	2	3	4	5
家電(萬元)	300	120	60	20	0
服裝(萬元)	340	70	0	160	0
食品(萬元)	270	260	40	120	0
家具(萬元)	330	220	420	240	0
計算機(萬元)	200	160	150	420	0

利用匈牙利法求解得到最優解為:

$$\begin{bmatrix} 0 & 0 & 0 & 1 & 0 \\ 0 & 1 & 0 & 0 & 0 \\ 0 & 0 & 1 & 0 & 0 \\ 0 & 0 & 0 & 0 & 1 \\ 1 & 0 & 0 & 0 & 0 \end{bmatrix}$$

最優投資方案為:地點1投資建設計算機超市,地點2投資建設服裝超市,地點3投資建設食品超市,地點4建設家電超市。年利潤總額預測值為1 350萬元。

習題

1. 對下列整數規劃問題,用先解相應的線性規劃然後湊整的方法能否求得最優整數解?

(1) max $Z = 3x_1 + 2x_2$

s.t. $\begin{cases} 2x_1 + 3x_2 \leq 14.5 \\ 4x_1 + x_2 \leq 16.5 \\ x_1, x_2 \geq 0 \\ x_1, x_2 取整數 \end{cases}$

(2) max $Z = 3x_1 + 2x_2$

s.t. $\begin{cases} 2x_1 + 3x_2 \leq 14 \\ 2x_1 + x_2 \leq 9 \\ x_1, x_2 \geq 0 \\ x_1, x_2 取整數 \end{cases}$

2. 考慮下列線性規劃問題:

$$\max z = (3x + 7y)$$

s.t. $\begin{cases} 2x + y \leq 25 \\ x + 2y \leq 6 \\ y \geq 0 \\ x 取值只能等於 0、1、4 或 6 \end{cases}$

請用一等價的整數規劃模型來表達上述線性規劃問題。

3. 用分枝定界法求解下面的整數規劃。

$$\max z = x_1 + x_2$$

s.t. $\begin{cases} x_1 + \dfrac{9}{14}x_2 \leq \dfrac{51}{14} \\ -2x_1 + x_2 \leq \dfrac{1}{3} \\ x_1, x_2 \geq 0 \\ x_1, x_2 取整數 \end{cases}$

4. 用你認爲合適的方法求解下面的整數規劃。

(1) max $Z = x_1 + x_2$

s.t. $\begin{cases} 2x_1 + 3x_2 \leq 6 \\ 4x_1 + 5x_2 \leq 20 \\ x_1, x_2 \geq 0 \\ x_1, x_2 取整數 \end{cases}$

(2) max $Z = 3x_1 - x_2$

s.t. $\begin{cases} 3x_1 - 2x_2 \leq 3 \\ -5x_1 - 4x_2 \leq -10 \\ 2x_1 + x_2 \leq 5 \\ x_1, x_2 \geq 0 \\ x_1, x_2 取整數 \end{cases}$

5. 有 4 個工人,要指派他們分別完成 4 項工作,每人做各項工作所耗費的時間如表 5-15 所示。

表 5-15　　　　　　　　　　　　　耗費工時

工人 \ 工時(小時) \ 工作	A	B	C	D
甲	15	18	21	24
乙	19	23	22	18
丙	26	17	16	19
丁	19	21	23	17

請問:指派哪個人去完成哪項工作,可使得總的耗費時間最少?

6. 有三個不同的產品要在三臺機床上加工,每個產品必須先在機床 1 上加工,然後依次在機床 2、3 上加工,在每臺機床上加工三個產品的順序應保持一致。假定用 t_{ij} 表示 i 產品在 j 機床上加工的時間,問:應該如何安排,能使三個產品的總的加工週期最短?請建立這個問題的數學模型。

7. 求解下列 0-1 整數規劃。

(1) $\min Z = 4x_1 + 3x_2 + 2x_3$

s.t. $\begin{cases} 2x_1 - 5x_2 + 3x_3 \leq 4 \\ 4x_1 + x_2 + 3x_3 \geq 3 \\ x_2 + x_3 \geq 1 \\ x_1, x_2, x_3 \text{ 取 0 或 1} \end{cases}$

(2) $\min Z = 2x_1 + 5x_2 + 3x_3 + 4x_4$

s.t. $\begin{cases} -4x_1 + x_2 + x_3 + x_4 \geq 0 \\ -2x_1 + 4x_2 + 2x_3 + 4x_4 \geq 3 \\ x_1 + x_2 - x_3 + x_4 \geq 1 \\ x_1, x_2, x_3 \text{ 取 0 或 1} \end{cases}$

8. 某大學運籌學專業碩士研究生被要求在課程計劃中必須選修兩門數學類課程:兩門運籌學類課程和兩門計算機類課程。課程中有些只歸屬某一類,如微積分歸屬數學類,計算機程序歸屬計算機類;但有些課程是跨類的,如運籌學可以歸爲運籌學類和數學類,數據結構歸屬計算機類和數學類,預測歸屬運籌學類和數學類。凡選修歸屬兩類的課程後可被認爲是在兩類中各學一門課。此外有些課程要求先學習選修課,如學計算機模擬或數據結構必須先修計算機課程,學管理統計須先修微積分,學預測必須先修管理統計。問一個碩士研究生最少應學幾門?學哪幾門,才能滿足上述要求?

9. 某大學計算機實驗室聘請了 4 名大學生(代號為 A、B、C、D)和兩名研究生(代號為 E、F)值班答疑。已知每人從周一到周日每天最多可以安排的值班時間及每人每小時值班的報酬如表 5-16 所示。

表 5-16　　　　　　　　　　　　　值班表

學生代號	報酬(元/小時)	每天最多可安排的值班時間(小時)				
		周一	周二	周三	周四	周五
A	10	6	0	6	0	7
B	10	0	6	0	6	0
C	9.9	4	8	3	0	5

表5-16(續)

學生代號	報酬 (元/小時)	每天最多可安排的值班時間(小時)					
		周一	周二	周三	周四	周五
D	9.8	5	5	6	0	4
E	10.8	3	0	4	8	0
F	11.3	0	6	0	6	3

該實驗室開放時間爲上午8點至晚上10點,開放時間內須有且僅有一名學生值班。規定大學生每周值班不少於10小時,研究生每周值班不少於8小時,每名學生每周值班不超4次,每次值班不少於2小時,每天安排值班的學生不超過3人,且其中必須有一名研究生。試爲該實驗室安排一張人員值班表,使總支付的報酬最少。

10. 長壽密封容器廠生產6種規格的金屬密封容器,每種容器的容量、需求量和可變成本費用如表5-17所示。

表5-17　　　　　　　容器信息

容器代號	A	B	C	D	E	F
容量(立方米)	150	250	400	600	900	1 200
需求量(件)	500	550	700	900	400	300
可變成本費用(萬元/件)	5	8	10	12	16	18

每種容器需要用不同的專用設備進行生產,其固定費用均爲12萬元。當某種容器在數量上不能滿足需求時,可用容量大的容器代替。問:在滿足需求的情況下,如何組織生產可使總的費用最小?

11. 某商業公司計劃開辦五家新商店。爲了盡早建成營業,商業公司決定由五家建築公司分別承建。已知建築公司 $A_i (i=1,2,\cdots,5)$ 對新商店 $B_j (j=1,2,\cdots,5)$ 的建造報價爲 $c_{ij} (i,j=1,2,\cdots,5)$(見表5-18)。問商業公司應對5家建築公司怎樣分配建造任務,才能使總的建造費用最少?

表5-18　　　　　　　建造費用

c_{ij}(萬元) A_i \ B_j	B_1	B_2	B_3	B_4	B_5
A_1	4	8	7	15	12
A_2	7	9	17	14	10
A_3	6	9	12	8	7
A_4	6	7	14	9	10
A_5	6	9	12	10	6

6 圖與網路分析

　　圖論是目前被運用十分廣泛的運籌學分支之一,廣泛應用於計算機、物理學、化學、管理學、經濟學等各領域,同時圖論的運用也能有效地解決生產、科研、工程項目以及實際生活中的許多問題。比如在工程問題的研究中,如何找出在現有資源的情況下使工程所用時間最短或成本最低的方案。又比如在交通運輸問題的研究中,如何找出調運的物資數量最多且費用最小的方法等。

　　早期的圖論研究與"數學遊戲"有着密切關係,著名的"哥尼斯堡七橋"問題就是其中之一。所謂"哥尼斯堡七橋"問題,就是18世紀時原東普魯士的哥尼斯堡城有一條普萊格爾河,河中有兩個小島,有七座橋把這兩個小島與河岸聯結起來,如圖6-1所示。

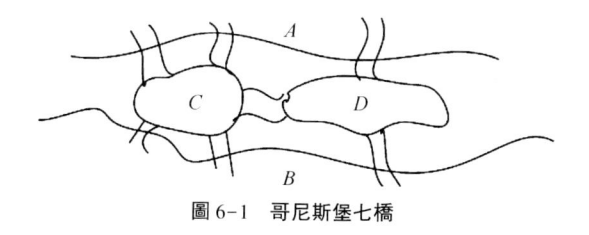

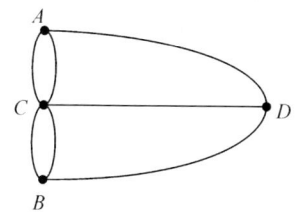

圖6-1　哥尼斯堡七橋

圖6-2　"七橋"問題歐拉模型

　　當時,那里的人們熱衷於討論這樣的問題:從河岸或島上任一地方開始步行,能否走過每座橋恰恰一次後又回到出發點?

　　瑞士數學家歐拉將這個問題簡化爲如圖6-2所示的直觀數學模型,他用A、B、C、D四點表示河的兩岸和兩個小島,用兩點之間的連線表示橋。於是問題轉化爲:從A、B、C、D任意一點開始,能否通過每一條邊一次且僅僅一次,再回到原點?歐拉證明這樣的走法是不存在的,並爲此寫下了歷史上第一篇圖論方面的論文,於1736年在聖彼得堡科學院發表。

　　1857年,英國數學家哈密爾頓(Hamilton)發明了一種遊戲。他用一個實心正12面體象徵地球,該實心正12面體的20個項點分別表示世界上20座名城,要求遊戲者從任意一個城市出發,尋找一條可經每個城市一次且僅一次再回到原出發點的路,這就是"環球旅行"問題,如圖6-3所示。它與"七橋"問題不同,前者要求在圖中找一條經過每邊一次且僅一次的路,通稱歐拉回路,而後者是要在圖中尋找一條經過每個點一次且僅一次的路,通稱"哈密爾頓"回路。哈密爾頓根據這個問題的特點,給出了一種解法。如圖6-4粗箭頭所示。

123

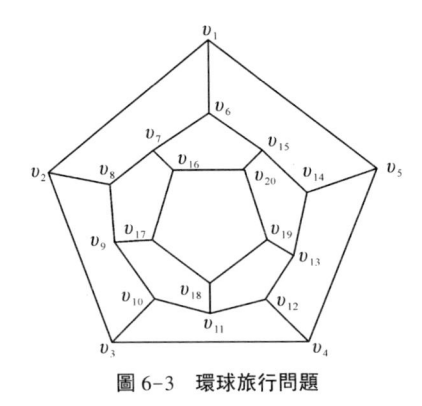

圖 6-3　環球旅行問題 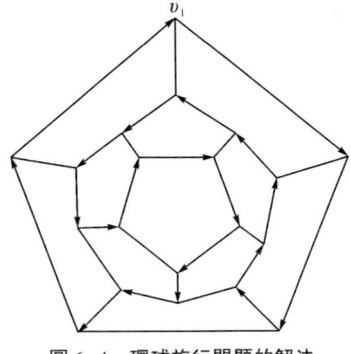　　　　　　　圖 6-4　環球旅行問題的解法

在這一時期，還有諸如迷宮問題、博弈問題以及棋盤上馬的行走路線之類的遊戲難題，吸引了許多學者。這些看起來似乎無足輕重的遊戲卻引出了許多有實用意義的新問題，開辟了圖論這門新學科。

6.1　圖與網路的基本概念

在日常生產和生活中，人們經常用點和線連接起來的圖形來描述許多事物以及事物之間的關係。本節主要介紹有關圖與網路的基本概念。

6.1.1　圖及其分類

自然界和人類社會中，大量的事物及事物之間的關係，常可以用圖形來描述。例如，爲了反應 5 家企業的業務往來關係，可以用點間連線表示兩家企業有業務聯繫，如圖 6-5 所示。又如工作分配問題，我們可以用點表示工人與需要完成的工作，用點間連線表示每個人可以勝任哪些工作，如圖 6-6 所示。

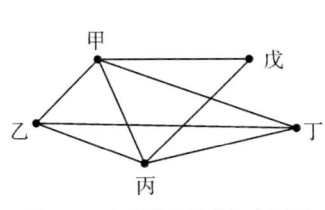

圖 6-5　企業間的業務往來關係 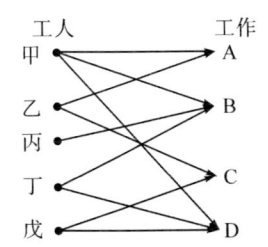　　　　圖 6-6　工人與所做工作之間的關係

這樣的例子很多，如物質結構、電路網路、城市規劃、交通運輸、信息傳遞、物資調配等都可以用點和連線連接起來的圖進行模擬。如果用點表示研究的對象，用這些點之間的連線來表示對象之間的聯繫，則這些點和線所形成的整體就是圖。

運籌學所研究的圖是一種點線圖,這種點線圖與通常的幾何圖形或函數圖形中的圖是不同的,它只是一種反應事物之間關係的示意圖。圖論中的圖通常用點代表所研究的對象,用線代表兩個對象之間的特定關係。圖中點的位置如何,點與點之間連線的長短曲直,都是無關緊要的。

綜上所述,一個圖是由一些點及一些點之間的連線(不帶箭頭或帶箭頭)所組成的。其中不帶箭頭的連線被稱為邊,帶箭頭的連線被稱為弧。

定義1:由點和邊組成的圖被稱為無向圖,記為 $G = (V, E)$。其中,V 表示圖 G 中點的集合,$V = (v_1, v_2, \cdots, v_i)$,E 表示圖 G 中邊的集合,$E = (e_1, e_2, \cdots, e_i)$。一條連結點 v_i 和 v_j($v_i, v_j \in V$)的邊記為 $e = [v_i, v_j]$ 或 $e = [v_j, v_i]$。

由點和弧組成的圖被稱為有向圖,記為 $D = (V, A)$。其中,V 表示圖 D 中點的集合,$V = (v_1, v_2, \cdots, v_i)$;A 表示圖 D 中弧的集合,$A = (a_1, a_2, \cdots, a_i)$。一條方向為 v_i 指向 v_j 的弧記為 $a = [v_i, v_j]$。

下面介紹無向圖的一些概念:

(1)端點、相鄰、關聯邊。如果邊 $e = [v_i, v_j] \in E$,則稱 v_i 和 v_j 是邊 e 的端點;點 v_i 和 v_j 相鄰,則稱邊 e 為點 v_i 和 v_j 的關聯邊;若邊 e_i 和 e_j 具有公共端點,則稱邊 e_i 和 e_j 相鄰。

(2)環、多重邊。如果一條邊 e 的兩個端點相重疊,則稱該邊為環;如果兩點之間有多於一條的關聯邊,則稱該兩點具有多重邊。

定義2:不含環和多重邊的圖被稱為簡單圖,含有多重邊的圖被稱為多重圖。以後我們討論的,如果沒有特別說明,都是簡單圖。

有向圖中兩點之間有不同方向的兩條邊,不是多重邊。如圖 6-7 中的(a)、(b)均為簡單圖,(c)、(d)為多重圖。

(a)　　　　　(b)　　　　　(c)　　　　　(d)

圖 6-7　簡單圖與多重圖

6.1.2　頂點的次

定義3:以點 v 為端點的邊數叫作 v 的次,記作 $\deg(v)$,簡記為 $d(v)$。如圖 6-8 中的點 v_1 的次 $d(v_1) = 4$,因為邊 e_1 要計算兩次。點 v_3 的次 $d(v_3) = 4$。

次為1的點被稱為懸掛點,連接懸掛點的邊被稱為懸掛邊。如圖 6-8 中的 v_4、e_6。次為零的點被稱為孤立點,如圖 6-8 中的點 v_5。次為奇數的點被稱為奇點。次數為偶數的點被稱為偶點。

圖 6-8 無向圖

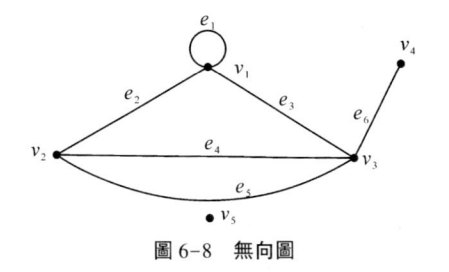

定理 1:任何圖中,頂點次數的總和等於邊數的 2 倍。
定理 2:任何圖中,次為奇數的頂點必為偶數個。
定理 3:有向圖中,以 v_i 為始點的邊數被稱為點 v_i 的出次,以 v_i 為終點的邊數被稱為點 v_i 的入次,v_i 點的出次和入次之和就是該點的次。容易證明,在有向圖中,所有頂點的入次之和等於所有頂點的出次之和。

6.1.3 子圖

定義 4:圖 $G = (V, E)$,若 E' 是 E 的子集,V' 是 V 的子集,且 E' 中的邊僅與 V' 中的頂點相關聯,則稱 $G' = (V', E')$ 是 G 的一個子圖。特別是,若 $V' = V$,則 G' 稱為 G 的一個支撐子圖(又稱為生成子圖)。圖 6-9(b)是圖 6-9(a)的一個子圖,圖 6-9(c)是圖 6-9(a)的支撐子圖。支撐圖是子圖,但子圖不一定是支撐子圖。子圖在描述圖的性質和圖的局部結構中有重要作用。

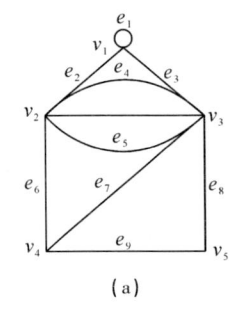

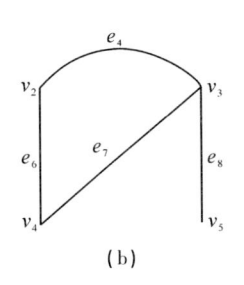

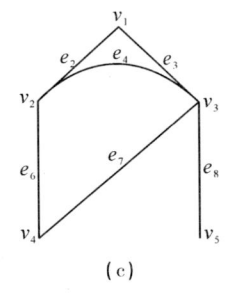

圖 6-9 支撐子圖與子圖

6.1.4 網路

在實際問題中,往往只用圖來描述所研究對象之間的關係還不夠。與圖聯繫在一起的,通常還有與點或邊有關的某些數量指標,我們通常稱之為"權","權"可以代表距離、費用、時間、通過能力(容量)等。這種點或邊帶有某種數量指標的圖被稱為網路(賦權圖)。與無向圖和有向圖相對應,網路又分為無向網路和有向網路,圖6-10、圖 6-11 分別是常見的無向網路圖和有向網路圖。

圖 6-10　無向網路圖

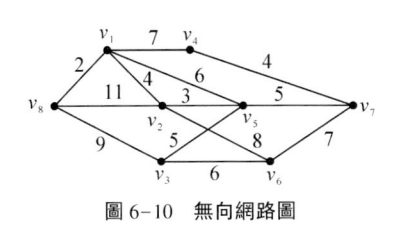

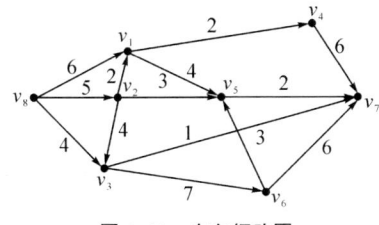

圖 6-11　有向網路圖

6.2　樹與最小部分樹

6.2.1　樹及其性質

樹圖(Tree)是一類極其簡單卻很有用的圖。

例如,在城市間架設電話線、鋪設煤氣管道等問題,在滿足任何兩個城市都可以互相通話或通氣(允許通過其他城市)的條件下,使得所使用的材料(電話線、通道)根數最少。均可轉化為一個樹的問題來解決。又如,某大學的部分組織機構網如圖 6-12 所示,如果用圖表示即為一個樹狀,如圖 6-13 所示。

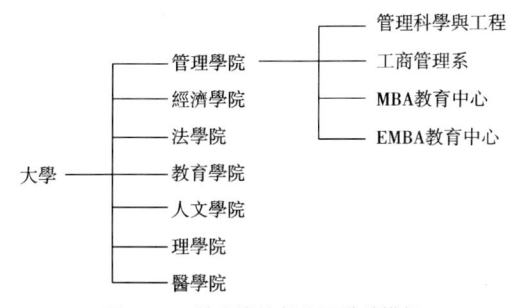

圖 6-12　某大學的部分組織結構網

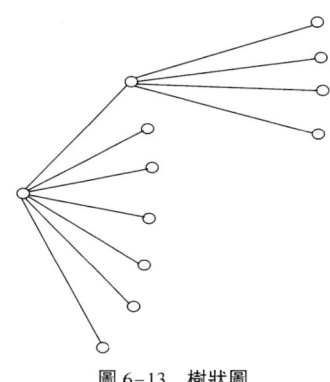

圖 6-13　樹狀圖

定義 5:將一個無圈的連通圖稱爲樹,記爲 T。

很顯然,電話線網圖、煤氣管道網圖和機構組織關係圖,爲滿足任意兩點間互通的條件而必須是連通的。

若圖中有圈的話,從圈上任意去掉一條邊,餘下的圖仍是連通的,這樣可以節省材料(電話線或管道)。同樣,這在組織機構圖中也避免了領導關係混亂如多頭領導的問題。下面介紹樹的一些重要性質:

(1)樹必連通且無圈。

(2)樹不含圈且有 p-1 條邊。

(3)樹連通且有 p-1 條邊。

(4)樹無圈,但不相鄰頂點連以一邊,恰得一圈。

(5)樹連通,但去掉任一邊必變爲不連通。

(6)樹中任兩點間,恰有一條初等鏈。

以上對樹的不同描述,實質上是等價的。

6.2.2　圖的生成樹與最小生成樹

定義 6:如果圖 G 的生成圖是一棵樹,則稱該樹是 G 的生成樹(支撐樹)。一般圖 G 含有多個生成樹。圖 G 中屬於生成樹的邊被稱爲樹枝,不在生成樹中的邊被稱爲弦。

例如,圖 6-15 是圖 6-14 的支撐樹。

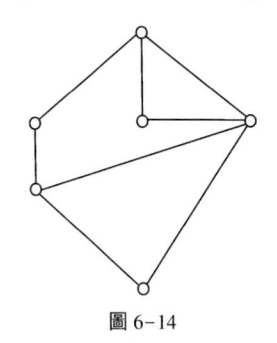

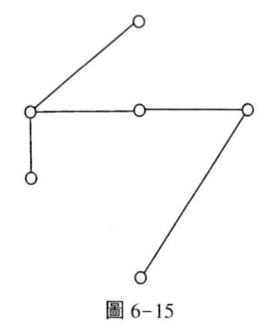

圖 6-14

圖 6-15

定理 4:圖 G 有支撐樹的充分必要條件是圖 G 是連通的。

證明:必要性是顯然的。

充分性:設圖 G 是連通圖,如果 G 不含圈,那麼 G 本身是一個樹,從而 G 是它自身的一個支撐樹。現設 G 含圈,任取一個圈,從圈中任意去掉一條邊,得到圖 G 的一個支撐子圖 G_1。如果 G_1 不含圈,那麼 G_1 是 G 的一個支撐樹;如果 G_1 仍含圈,那麼從 G_1 中任取一個圈,從圈中再任意去掉一條邊,得到圖 G 的一個支撐子圖 G_2,如此重複,最終可以得到 G 的一個支撐子圖 G_k,它不含圈,於是 G_k 是 G 的一個支撐樹。

定義 7:一般地,設有一個連通圖 $G = (V, E)$,每一邊 (v_i, v_j) 有一個非負權數 $\omega_{ij} \geq 0$,如果 $T = (V, E')$ 是 G 的一個生成樹,稱 E' 中所有邊的權值之和爲生成樹 T 的權,記爲 $\omega_{(T)}$,即 $\omega_{(T)} = \sum_{(v_i, v_j) \subset T} \omega_{ij}$。如果生成樹 T^* 的權 $\omega(T^*)$ 是 G 的所有生成樹的權中最

小者,則稱 T^* 是 G 的最小生成樹,即 $\omega_{(T)} = \min \sum_{(v_i, v_j \subset T)} \omega_{ij}(T^*)$。

6.2.3 最小生成樹的求法

爲了求出一個連通圖的最小生成樹,常用的方法有 Kruskal 算法(1956 年提出)和 Prime 算法(1957 年提出)。

1. Kruskal 算法

該算法可敘述爲,對所給頂點數爲 n 的連通圖 G,將圖 G 中的邊按權值由小到大順序選取。若選取該邊後不形成圈,則將該邊保留作爲最小生成樹的一條邊;若選取該邊後形成圈,將其舍去,以後不再考慮。如此進行,直到選夠 $n-1$ 條邊,即得圖 G 的最小生成樹。

【例 6.1】圖 6-16 爲某公司的各單位之間安裝供水管道的距離圖,圖中圓圈代表單位,線上的數字代表距離。問該公司怎樣鋪設管道,才能使所用的管道總長度最短?

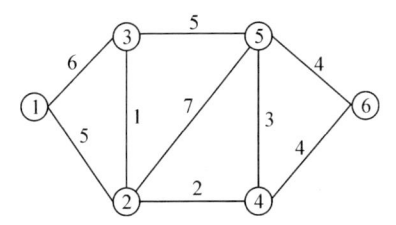

圖 6-16　各單位之間供水管道距離

這一問題就是最小生成樹問題,用 Kruskal 方法求其最小生成樹,將邊上的權值按照由小到大的順序列出,如表 6-1 所示。

表 6-1　　　　　　　　按邊的權值由小到大順序排列表

頂點	②	②	④	⑤	④	①	③	①	②
頂點	③	④	⑤	⑥	⑥	②	⑤	③	⑤
權值	1	2	3	4	4	5	5	6	7

前 4 步按權值由小到大選取,將未形成圈的四條邊保留下來。第 5 步選取邊④—⑥後,因爲形成圈,因此舍去該邊。第 6 步以後,由於已選夠了 5 條邊,算法結束。

由 Kruskal 方法可得到啓發,求頂點數爲 n 的連通圖 G 的最小支撐樹,就是去掉連通圖 G 中權值較大的邊,使其剩餘的 $n-1$ 條邊形成連通的但又不形成圈的樹。所以就得到了求最小生成樹的破圈法,就是在圖中任選一個圈,從圈中去掉權值最大的一條邊,重複進行直到不合圈爲止。

用破圈法求例 6.1 中的最小生成樹。取一個圈①②③①,去掉邊①—③;取一個圈②③⑤②,去掉邊②—⑤;取一個圈②④⑤③②,去掉邊③—⑤;取一個圈⑤⑥④⑤,去掉邊⑤—⑥或④—⑥;此時圖中無圈。

2. Prime 算法

Prime 於 1957 年提出該算法，這是按逐個頂點連通的方法進行的，僅需採用一個頂點集合，這個集合開始是空集，直到全部頂點加入同一集合。

用 Prime 算法求解例 6.1 的最小生成樹的過程如表 6-2 所示。求得的最小生成樹如圖 6-17 所示。

表 6-2　　　　　　　　　　　最小生成樹過程

集合狀態	與集合中頂點有關的邊	權值最小的邊	舍/留
{1}	{1,2}, {1,3}	{1,2}	舍
{1,2}	{1,2}, {2,3}, {2,4}, {2,5}	{2,3}	留
{1,2,3}	{1,3}, {2,4}, {2,5}, {3,5}	{2,4}	留

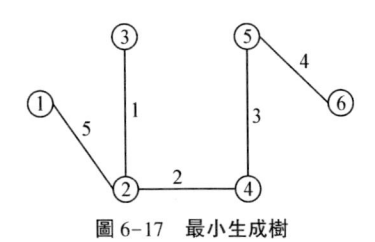

圖 6-17　最小生成樹

6.3　最短路問題

6.3.1　問題的提出

【例 6.2】如圖 6-18 所示的單行線交通網，每條弧旁邊的數字表示通過這條道路所花的時間。現在某人要從 v_1 出發，通過該交通網到達 v_6，求使得總時間最小的交通線路。

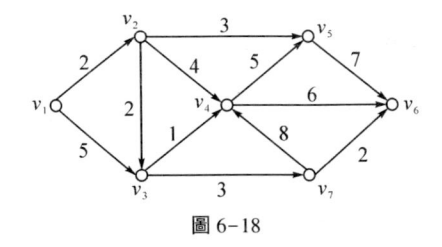

圖 6-18

解：顯然，存在很多從 v_1 到 v_6 的交通線路。例如，從 v_1 出發，依次經過 v_2 和 v_5，然後到達 v_6；也可以從 v_1 出發，依次經過 v_3、v_4、v_5，然後到達 v_6。選擇不同的線路，所花費的總時間是不同的。例如前一條線路的總時間為 12 個單位，後一條線路的總時間為 18 個單位。不難看出，從 v_1 到 v_6 的交通線路是與有向圖中從 v_1 到 v_6 的路一一對應的。一條交通線路的總時間就是從 v_1 到 v_6 的路中所有弧旁數字之和。本例的問題就相當於求一條從從 v_1 到 v_6 的路,使得路中所有弧旁數字之和最小。

從這個實例可以引出最短路問題的一般描述。

定義 8:在有向圖 D = (V, A) 中,始點 v_s,終點 v_t,對每條弧 $[(v_i, v_j) \in A]$ 相應地有一個權 w_{ij}。設 P 是 D 中從 v_s 到 v_t 的一條路,定義路 P 的權是 P 中所有弧的權之和,記爲 W(P)。最短路問題就是要在所有從 v_s 到 v_t 的路中求一條權最小的路,即求一條從 v_s 到 v_t 的路 P0,使

$$W(P0) = \underset{P}{Min}\, W(P)$$

稱 P0 是 v_s 到 v_t 的最短路(Shortest Path)。路 P0 的權被稱爲從 v_s 到 v_t 的距離,記爲 d(v_s, v_t)。當然,d(v_s, v_t) 與 d(v_t, v_s) 不一定相等。

最短路問題是非常重要的最優化問題之一,不僅有利於解決很多實際問題如管道鋪設、線路安排、廠區布局、設備更新等,而且經常可以被作爲一個基本工具用於解決其他優化問題。

6.3.2 最短路問題的算法

最短路問題的求解方法有 Dijkstra 算法和求任意兩點間最短距離的矩陣算法。

1. Dijkstra 算法

Dijkstra 算法的基本思路是:若序列 $(v_s, v_1, v_2, \cdots, v_t - 1, v_t)$ 是從 v_s 到 v_t 的最短路,則序列 $(v_s, v_1, v_2, \cdots, v_t - 1, v_t)$ 必爲從 v_s 到 v_t 的最短路。

具體做法是:對所有的點採用兩種標號,即 T 標號和 P 標號,T 標號即臨時性標號,P 標號爲永久性標號。給 v_i 一個 P 標號,用 $P(v_i)$ 表示,是指從 v_s 到 v_i 的最短路權,v_i 的標號不改變,給 v_i 一個 T 標號,用 $T(v_i)$ 表示,是指從 v_s 到 v_i 估計的最短路權的一個上界,是一種臨時性標號。凡是沒有得到 P 標號的點都是 T 標號。算法的每一步都把某一點的 T 標號改爲 P 標號,當終點 v_t 得到 P 標號時,全部計算結束。對於有 m 個頂點的圖,最多經過 m−1 步計算,就可以得到從始點到各點的最短路。

計算步驟如下:

(1) 給始點 v_s 以標號 $P(v_s) = 0$,其餘各點給 T 標號, $T(v_i) = \infty$, $i \neq 1$;

(2) 從上次 P 標號的點 v_i 出發,考慮與之相鄰的所有 T 標號點 v_j, $(v_i, v_j) \in A$,對 v_j 的 T 標號進行以下計算比較:

$T(v_j) = \min[T(v_j), P(v_i) + w_{ij}]$ (j 爲 i 與相鄰且爲 T 標號的點)

如果 $T(v_j) > P(v_i) + w_{ij}$,則把 $T(v_j)$ 的值修改爲 $P(v_i) + w_{ij}$;

(3) 比較以前過程中剩餘的所有具有 T 標號的點,把最小的 T 括號中對應點 v_j 的標號改爲 P 標號: $P(v_j) = \min[T(v_j)]$;

(4) 若全部的點均已爲 P 標號,則計算停止,否則轉回到 (2) 步驟。

【例 6.3】用 Dijkstra 算法求解圖 6-19 中 v_s 到 v_t 的最短路。

圖 6-19

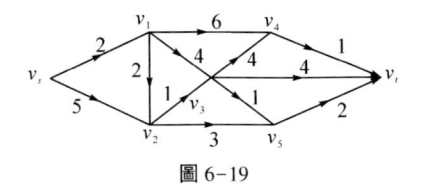

解：(1)給 v_s 以 P 標號，$P(v_s)=0$，其餘各點給 T 標號，$T(v_i)=\infty$，$i=1,2,\cdots,t$。已知 v_1、v_2 與 v_s 相鄰，且方向從 v_s 出發，記為 T 標號，於是有

$$T(v_1) = \min[T(v_1), P(v_s)+w_{s1}] = \min[\infty, 0+2] = 2$$
$$T(v_2) = \min[T(v_2), P(v_s)+w_{s2}] = \min[\infty, 0+5] = 5$$
$$P(v_i) = \min[T(v_1), T(v_2)] = 2 = P(v_1)$$

(2)考慮 v_1 點，有 v_2、v_3、v_4 與 v_1 相鄰，則

$$T(v_2) = \min[T(v_2), P(v_1)+w_{12}] = \min[\infty, 2+2] = 4$$
$$T(v_3) = \min[T(v_3), P(v_1)+w_{13}] = \min[\infty, 2+4] = 6$$
$$T(v_4) = \min[T(v_4), P(v_1)+w_{14}] = \min[\infty, 2+6] = 8$$
$$P(v_i) = \min[T(v_2), T(v_3), T(v_4)] = 4 = P(v_2)$$

(3)考慮 v_2 點，有 v_3、v_5 與 v_2 相鄰，前面剩餘的 T 標號為點 $T(v_4)$，則

$$T(v_3) = \min[T(v_3), P(v_2)+w_{23}] = \min[6, 4+1] = 5$$
$$T(v_5) = \min[T(v_5), P(v_2)+w_{25}] = \min[\infty, 4+3] = 7$$
$$P(v_i) = \min[T(v_3), T(v_4), T(v_5)] = 5 = P(v_3)$$

(4)考慮 v_3 點，有 v_4、v_5、v_t 與 v_3 相鄰，則

$$T(v_4) = \min[T(v_4), P(v_3)+w_{34}] = \min[8, 5+4] = 8$$
$$T(v_5) = \min[T(v_5), P(v_3)+w_{35}] = \min[7, 5+1] = 6$$
$$T(v_t) = \min[T(v_t), P(v_3)+w_{3t}] = \min[\infty, 5+4] = 9$$
$$P(v_i) = \min[T(v_4), T(v_5), T(v_t)] = 6 = P(v_5)$$

(5)考慮 v_5 點，有 v_t 與 v_5 相鄰，前面剩餘的 T 標號為點 $T(v_4)$，則

$$T(v_t) = \min[T(v_t), P(v_5)+w_{5t}] = \min[9, 6+2] = 8$$
$$P(v_i) = \min[T(v_4), T(v_t)] = 8 = P(v_4) = P(v_t)$$

由點 v_s 到 v_t 的最短距離為 8。這時由終點往前反推，可找到 v_t 到網路中各個點的最短路線為：$v_s \to v_1 \to v_2 \to v_3 \to v_5 \to v_t$ 和 $v_s \to v_1 \to v_4$。

對於有向圖，a_{ij} 表示弧的方向 $v_i \to v_j$，可以認為 a_{ji} 的路不通，即 $T(a_{ji})=\infty$。Dijkstra 的算法依然有效。

2. 求任意兩點間最短距離的矩陣算法

第一步，寫出 v_i 一步到達 v_j 的距離矩陣 $L = [L_{ij}^{(1)}]$，L_1 是一步到達的最短距離矩陣，如果 v_i 與 v_j 之間沒有關聯或者方向相反，則令 $c_{ij}=+\infty$；

第二步，計算兩步最短距離矩陣，設 v_i 到 v_j 經過一個中間點 v_r，兩步到達 v_j，則 v_i 到 v_j 的最短距離為 $L_{ij}^{(2)} = \min\{c_{ir}+c_{rj}\}$，最短距離矩陣記為 $L_2 = L_{ij}^{(2)}$；

第三步，計算 K 步最短距離矩陣，設 v_i 經過中間點 v_r 到達 v_j，v_i 經過 k-1 步達到點 v_r

的最短距離為 $L_{ir}^{(k-1)}$，v_r 經過 k-1 步到達點 v_j 的最短距離為 $L_{rj}^{(k-1)}$，則 v_i 經 k 步到達點 v_j 的最短距離為：

$$L_{ij}^{(k)} = \min\{L_{ir}^{(k-1)} + L_{rj}^{(k-1)}\}$$

將最短距離矩陣記為 $L_k = [L_{ij}^{(k)}]$；

第四步，比較矩陣 L_k 與 L_{k-1}，當 $L_k = L_{k-1}$ 時得到任意兩點間的最短距離矩陣 L_k。

設圖的頂點數為 n，且 $c_{ij} \geq 0$，迭代次數 k 由下面式子估計得到

$$2^{k-1} - 1 < n - 2 \leq 2^k - 1, k - 1 < \frac{\lg(n-1)}{\lg 2} \leq k$$

【例 6.4】如圖 6-20 所示，用 Floyd 算法求解從 v_s 到 v_t 的最短路徑。

解：本例 n = 8，$\frac{\lg 7}{\lg 2}$ = 2.807，因此通過計算得到 L_3。首先，依據圖 6-20 和第一步，寫出任意兩點間的一步到達距離矩陣 L_1：

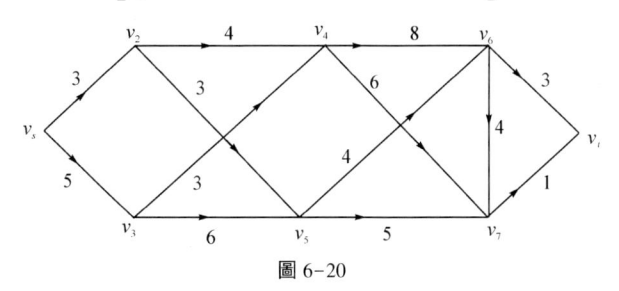

$$\begin{bmatrix}
 & v_s & v_2 & v_3 & v_4 & v_5 & v_6 & v_7 & v_t \\
v_s & 0 & 3 & 5 & \infty & \infty & \infty & \infty & \infty \\
v_2 & \infty & 0 & \infty & 4 & 3 & \infty & \infty & \infty \\
v_3 & \infty & \infty & 0 & 3 & 6 & \infty & \infty & \infty \\
v_4 & \infty & \infty & \infty & 0 & \infty & 8 & 6 & \infty \\
v_5 & \infty & \infty & \infty & \infty & 0 & 4 & 5 & \infty \\
v_6 & \infty & \infty & \infty & \infty & \infty & 0 & 4 & 3 \\
v_7 & \infty & \infty & \infty & \infty & \infty & \infty & 0 & 1 \\
v_t & \infty & \infty & \infty & \infty & \infty & \infty & \infty & 0
\end{bmatrix}$$

圖 6-20

其次，由第二步和上圖得到矩陣 L_2：

$$\begin{bmatrix} & v_s & v_2 & v_3 & v_4 & v_5 & v_6 & v_7 & v_t \\ v_s & 0 & 3 & 5 & 7 & 6 & \infty & \infty & \infty \\ v_2 & \infty & 0 & \infty & 4 & 3 & 7 & 8 & \infty \\ v_3 & \infty & \infty & 0 & 3 & 6 & 10 & 9 & \infty \\ v_4 & \infty & \infty & \infty & 0 & \infty & 8 & 6 & 7 \\ v_5 & \infty & \infty & \infty & \infty & 0 & 4 & 5 & 6 \\ v_6 & \infty & \infty & \infty & \infty & \infty & 0 & 4 & 3 \\ v_7 & \infty & \infty & \infty & \infty & \infty & \infty & 0 & 1 \\ v_t & \infty & \infty & \infty & \infty & \infty & \infty & \infty & 0 \end{bmatrix}$$

$L_{ij}^{(2)}$ 等於矩陣第 i 行與第 j 列對應元素相加取最小值。例如，v_s 經過兩步（最多一個中間點）到達 v_5 的最短距離是：

$L_{s5}^{(2)} = \min\{c_{ss} + c_{s5}, c_{s2} + c_{25}, c_{s3} + c_{35}, c_{s4} + c_{45}, c_{s5} + c_{55}, c_{s6} + c_{65}, c_{s7} + c_{75}, c_{st} + c_{t5}\}$

$= \min\{0 + \infty, 3 + 3, 5 + 6, \infty + \infty, \infty + 0, \infty + \infty, \infty + \infty, \infty + \infty\} = 6$

再次，由第三步和上圖得到矩陣 L_3：

$$\begin{bmatrix} & v_s & v_2 & v_3 & v_4 & v_5 & v_6 & v_7 & v_t \\ v_s & 0 & 3 & 5 & 7 & 6 & 10 & 11 & \infty \\ v_2 & \infty & 0 & \infty & 4 & 3 & 7 & 8 & 9 \\ v_3 & \infty & \infty & 0 & 3 & 6 & 10 & 9 & 10 \\ v_4 & \infty & \infty & \infty & 0 & \infty & 8 & 6 & 7 \\ v_5 & \infty & \infty & \infty & \infty & 0 & 4 & 5 & 6 \\ v_6 & \infty & \infty & \infty & \infty & \infty & 0 & 4 & 3 \\ v_7 & \infty & \infty & \infty & \infty & \infty & \infty & 0 & 1 \\ v_t & \infty & \infty & \infty & \infty & \infty & \infty & \infty & 0 \end{bmatrix}$$

最後，由第三步和圖得到 L_4：

$$\begin{bmatrix} & v_s & v_2 & v_3 & v_4 & v_5 & v_6 & v_7 & v_t \\ v_s & 0 & 3 & 5 & 7 & 6 & 10 & 11 & 12 \\ v_2 & \infty & 0 & \infty & 4 & 3 & 7 & 8 & 9 \\ v_3 & \infty & \infty & 0 & 3 & 6 & 10 & 9 & 10 \\ v_4 & \infty & \infty & \infty & 0 & \infty & 8 & 6 & 7 \\ v_5 & \infty & \infty & \infty & \infty & 0 & 4 & 5 & 6 \\ v_6 & \infty & \infty & \infty & \infty & \infty & 0 & 4 & 3 \\ v_7 & \infty & \infty & \infty & \infty & \infty & \infty & 0 & 1 \\ v_t & \infty & \infty & \infty & \infty & \infty & \infty & \infty & 0 \end{bmatrix}$$

$L_{ij}^{(4)}$ 等於矩陣 L_3 中第 i 行與第 j 列對應元素相加取最小值，例如 v_s 經過四步（最多三個中間點四條邊）到達 v_t 的最短距離是：

$$L_{st}^{(4)} = \min\{L_{s1}^{(3)} + L_{st}^{(3)}, L_{s2}^{(3)} + L_{2t}^{(3)}, \cdots, L_{s5}^{(3)} + L_{t5}^{(3)}\}$$
$$= \min\{0+\infty, 3+9, 5+10, 7+7, 6+6, 10+3, 11+1, \infty+0\}$$
$$= 12$$

所以從 v_s 到 v_t 的最短路是 12,路線是:

$$L_{s2}^{(3)} + L_{2t}^{(3)}$$
$$= c_{s2} + L_{2t}^{(3)}$$
$$= c_{s2} + \min\{L_{2s}^{(2)} + L_{st}^{(2)}, \cdots, L_{2t}^{(2)} + L_{tt}^{(2)}\}$$
$$= c_{s2} + L_{25}^{(2)} + L_{5t}^{(2)} = c_{s2} + c_{25} + L_{5t}^{(2)}$$
$$= c_{s2} + c_{25} + \min\{L_{5s}^{(1)} + L_{st}^{(1)}, \cdots, L_{5t}^{(1)} + L_{tt}^{(1)}\}$$
$$= c_{s2} + c_{25} + L_{57}^{(1)} + L_{7t}^{(1)}$$
$$= c_{s2} + c_{25} + c_{57} + c_{7t} = 12$$

從 v_s 到 v_t 最短路線是 $v_s \to v_2 \to v_5 \to v_7 \to v_t$。

6.3.3 應用舉例

1. 設備更新問題

【例 6.5】某公司使用一臺設備。在每年年初,公司就要決定購買新的設備還是繼續使用舊的設備。如果購置新設備,就要支付一定的購置費,當然新設備的維修費用低。如果繼續使用舊設備,這樣可以省去購置費,但維修費用高。現在需要制訂一個 5 年內更新設備的計劃,使得 5 年內購置費和維修費總的支付費用最少。已知這種設備每年年初的價格如表 6-3 所示。

表 6-3　　　　　　　　　　設備每年年初的價格

年份	1	2	3	4	5
年初價格(萬元)	11	11	12	12	13

還已知使用了不同時間(年)的設備所需要的維修費如表 6-4 所示。

表 6-4　　　　　　　使用了不同時間的設備所需要的維修費

使用年數(年)	1	2	3	4	5
年維修費用(萬元)	5	6	8	11	18

解:可以把求得的總費用最少的設備更新計劃問題,化為最短路徑問題。用點 v_i 表示"第 i 年年初購進一臺新設備",假設 v_6 點為第 5 年年底,從 vi 到 $vi+1$ 各畫一條弧,弧 (v_i, v_j) 表示在第 i 年年初購進的設備一直使用到第 j 年年初,即第 $j-1$ 年年底。此最短路徑問題如圖 6-21 所示。

運籌學

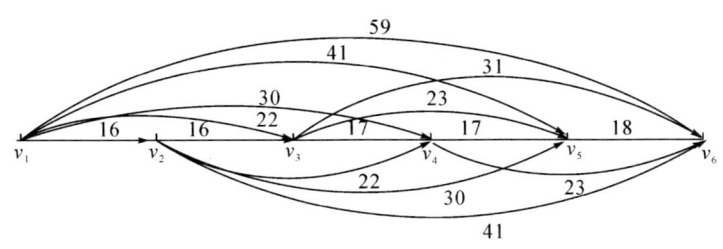

图 6-21 設備更新方案圖

對圖 6-21 中的每條弧賦予權數,對於弧 (v_i, v_j),它的權數即為從第 i 年年初購進設備使用到第 $j-1$ 年年底所花費的購置費及維修費的總和。例如弧 (v_2, v_3) 的權數應為第 2 年年初購置設備的價格 11 萬元與從第 2 年年初到第 2 年年底一年的維修費用 5 萬元(因為設備使用年數在 0~1 之間)之和,應為 16 萬元。而弧 (v_1, v_6) 的權數應為第 1 年年初購置設備的費用 11 萬元與從第 1 年年初到第 5 年年底 5 年的維修費 5+6+8+11+18=48 萬元之和,應為 59 萬元。把所有的弧 (v_i, v_j) 的權數 c_{ij} 計算出來如表 6-5 所示。

表 6-5　　　　　　　　　　計算弧的權數列表

從年初到年底	1	2	3	4	5	6
1	0	16	22	30	41	59
2		0	16	22	30	41
3			0	17	23	31
4				4	17	23
5						18
6						0

把權數 c_{ij} 賦到圖上,得到圖 6-21。這樣只要在圖 6-21 上求出一條從 v_i 到 v_j 的最短路,就找到了 5 年之內總的支付費用最少的設備更新計劃。

用 Dijkstra 算法來求最短路徑。其最短路徑有兩條:一條為 $v_1 — v_3 — v_6$,另一條為 $v_1 — v_4 — v_6$,最短距離為 53。也就是說一個方案為第 1 年年初的購置新設備,使用到第 2 年年底(第 3 年年初),第 3 年年初再購置新設備,使用到第 5 年年底(第 6 年年初)。第二個方案為第 1 年年初購置新設備,使用到第 3 年年底(第 4 年年初),第 4 年年初再購置新設備,使用到第 5 年年底(第 6 年年初),這兩個方案使得總的支付為最小,均為 53 萬元。

2. 廠址選擇問題

【例 6.6】現準備在如圖 6-22 所示的 $v_1, v_2, \cdots, v_7$ 總共 7 個居民點中,設置一個工商銀行,各點之間的距離由圖 6-22 給出。問:工商銀行設在哪個點,可使居民點間最大的服務距離為最小值?若要設置兩個銀行,設在哪兩個點?

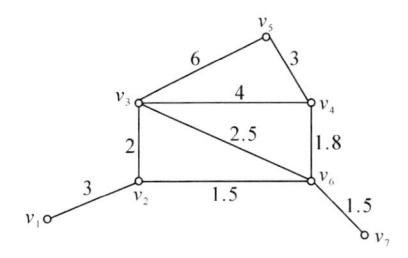

圖 6-22　各居民點之間的距離

解：先求出圖 6-22 中任意兩點之間的最短路的長度，如表 6-6 所示。

表 6-6　　　　　　　　　　任意兩點之間的最短路的長度

	v_1	v_2	v_3	v_4	v_5	v_6	v_7	各行中最大數 $e(v_i)$
v_1	0	3	5	6.3	9.3	4.5	6	9.3
v_2	3	0	2	3.3	6.3	1.5	3	6.3
v_3	5	2	0	4	6	2.5	4	6
v_4	6.3	3.3	4	0	3	1.8	3.3	6.3
v_5	9.3	6.3	6	3	0	4.8	6.3	9.3
v_6	4.5	1.5	2.5	1.8	4.8	0	1.5	4.8
v_7	6	3	4	3.3	6.3	1.5	0	6.3

從表 6-6 最後一列中找出最小的數：$4.8 = e(v_6)$，故若設一個銀行，應設於 v_6，此時最大服務距離最小為 4.8。

如設兩個銀行，則共有 $C_7^2 = 21$ 方案，計算出每一方案的最大距離，並在這 21 個最大距離中選擇最小的距離，就是應設立銀行的兩個點，具體計算如下。

從表 6-6 前 7 列中任取兩列，如 v_j、v_k（$1 \leqslant j < k \leqslant 7$），記這兩列為

$$v_j = (a_{1j}, a_{2j}, \cdots, a_{7j})^T, \quad v_k = (a_{1k}, a_{2k}, \cdots, a_{7k})^T$$

從這兩列分量中選取最小的數，$\min\{a_{ij}, a_{ik}\}$，$i = 1, 2, \cdots, 7$。再從這 7 個最小的數中選出最大者，記為 b_{jk}，即 $b_{jk} = \max_{1 \leqslant i \leqslant 7} \{\min\{a_{ij}, a_{ik}\}\}$。

可以算出：

$$b_{12} = \max\{0, 0, 2, 3.3, 6.3, 1.5, 3\} = 6.3$$
$$b_{13} = \max\{0, 2, 0, 4, 6, 2.5, 4\} = 6$$
$$b_{14} = \max\{0, 3, 4, 0, 3, 1.8, 3.3\} = 4$$
$$b_{15} = \max\{0, 3, 5, 3, 0, 4, 5, 6\} = 6$$
$$b_{16} = \max\{0, 1.5, 2.5, 1.8, 4.8, 0, 1.5\} = 4.8$$
$$b_{17} = \max\{0, 3, 4, 3.3, 6.3, 1.5, 0\} = 6.3$$
$$b_{23} = \max\{3, 0, 3, 3.3, 6, 1, 5, 4\} = 6$$
$$b_{24} = \max\{3, 0, 2, 0, 3, 1.5, 3\} = 3$$

$b_{25} = \max\{3,0,2,3,0,1.5,3\} = 3$

$b_{26} = \max\{3,0,2,1.8,4.8,0,1.5\} = 4.8$

$b_{27} = \max\{3,0,2,3.3,6.3,1.5,0\} = 6.3$

$b_{34} = \max\{5,2,0,0,3,1.8,3.3\} = 5$

$b_{35} = \max\{5,2,0,3,0,2.5,4\} = 5$

$b_{36} = \max\{4.5,1.5,0,1.8,4.8,0,1.5\} = 4.8$

$b_{37} = \max\{5,2,0,3.3,6,1.5,0\} = 6$

$b_{45} = \max\{6.3,3.3,3,4,0,0,1.8,3.3\} = 6.3$

$b_{46} = \max\{4.5,1.5,2.5,0,3,0,1.5\} = 4.5$

$b_{47} = \max\{6,3,4,0,3,1.5,0\} = 6$

$b_{56} = \max\{4.5,1.5,2.5,1.8,0,0,1.5\} = 4.5$

$b_{57} = \max\{6,3,4,3,0,1.5,0\} = 6$

$b_{67} = \max\{4.5,1.5,2.5,1.8,4.8,0,0\} = 4.8$

從以上 21 個數字中選出最小者即表明若設兩個銀行,應設於 v_2、v_4 或者 v_2、v_5 之間,此時最大服務距離最小,最小值為 3。

【例 6.7】圖 6-23 是一個地區的示意圖,點代表城市、原料產地和農業區,實直線表示鐵路,虛線表示公路,每條線旁邊的數字表示里程(千米)。現在準備在這個地區建立一個鋼鐵聯合企業,問應建在何處(限定在 v_1、v_2、$\cdots$、v_7 附近),才能使投產後的總運費最少? 已知,v_1 是一石灰石礦,每年供給該企業石灰石 30 萬噸;v_2 是一城市,每年用該企業的鋼鐵 15 萬噸,並供給該企業 5 萬噸蔬菜;v_3 是一工業城市,每年用該企業的鋼鐵 40 萬噸,且每年有 15 萬噸廢鋼鐵給該企業,並且,其附近可提供 5 萬噸蔬菜,5 萬噸糧食,另外其附近有一小煤礦,每年可供煤 5 萬噸;v_4 是一小城市,可供給 10 萬噸糧食;v_5 是一大鐵礦,每年供給該企業礦石 50 萬噸;v_6 是一工礦城市,每年用鋼鐵 5 萬噸,並產鐵礦石 5 萬噸;v_7 是一大煤礦,每年可供該企業煤 50 萬噸。另外公路運價是鐵路運價的兩倍。

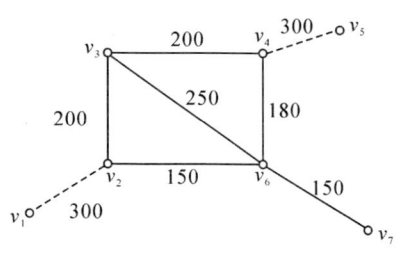

圖 6-23 地區示意圖

解:每個點需運輸物資的總量作為該點的權:

W(v_1) = 30;W(v_2) = 15+5 = 20;W(v_3) = 40+15+5+5+5 = 70;W(v_4) = 10;W(v_5) = 50;W(v_6) = 5+5 = 10;W(v_7) = 50。

每條路的距離作為該路的權,但由於公路運價是鐵路運價的兩倍,因此把公路的長度乘以 2 作為該路的長度,再把虛直線改為實直線。得到賦權圖如圖 6-24 所示。

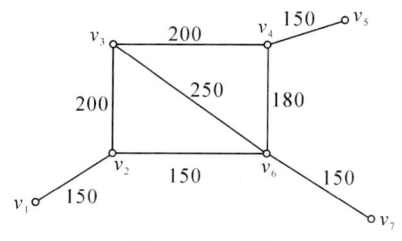

圖 6-24　賦權圖

計算每對點間的最短路，得到如下矩陣：

$$D = \begin{pmatrix} 0 & 300 & 500 & 630 & 930 & 450 & 600 \\ 300 & 0 & 200 & 330 & 630 & 150 & 300 \\ 500 & 200 & 0 & 200 & 500 & 250 & 400 \\ 630 & 330 & 200 & 0 & 300 & 180 & 330 \\ 930 & 630 & 500 & 300 & 0 & 480 & 630 \\ 450 & 150 & 250 & 180 & 480 & 0 & 150 \\ 600 & 300 & 400 & 330 & 630 & 150 & 0 \end{pmatrix}$$

而 $W = (30, 20, 70, 10, 50, 10, 50)^T$，則

$$DW = \begin{pmatrix} 6\,000 + 35\,000 + 6\,300 + 46\,500 + 4\,500 + 24\,000 \\ 9\,000 + 14\,000 + 3\,300 + 31\,500 + 1\,500 + 12\,000 \\ 15\,000 + 4\,000 + 2\,000 + 25\,000 + 2\,500 + 16\,000 \\ 18\,900 + 6\,600 + 14\,000 + 15\,000 + 1\,800 + 13\,200 \\ 27\,900 + 12\,600 + 35\,000 + 3\,000 + 4\,800 + 25\,200 \\ 13\,500 + 3\,000 + 17\,500 + 1\,800 + 24\,000 + 6\,000 \\ 18\,000 + 6\,000 + 28\,000 + 3\,300 + 31\,500 + 500 \end{pmatrix} = \begin{pmatrix} 122\,300 \\ 71\,300 \\ 64\,500 \\ 69\,500 \\ 108\,500 \\ 65\,800 \\ 88\,300 \end{pmatrix}$$

最小分量 64 500 對應的點是 v_3，所以鋼鐵企業建於 v_3 點，投產後總運費最小。

6.4　網路最大流問題

6.4.1　問題的提出

最大流問題是一類應用極爲廣泛的問題，現實生活中就存在許多最大流問題，比如公路系統中有車流量，供水系統中有水流，金融系統中有現金流。在實際問題中往往希望系統達到某種流量最大，這就是所謂網路最大流問題。

如圖 6-25 所示的是連接某產品(如計算機)產地 v_1 和銷地 v_7 的物流網，每一弧(v_i, v_j)代表從 v_i 到 v_j 的運輸線，弧旁未加括號的數字表示這條運輸線的最大運送能力，現在要求制訂一個運輸方案使從 v_1 運到 v_7 的產品數量最多。

這就是一個網路最大流問題。我們可以給出一個具體的運輸方案，如圖 6-25 所示，每條弧旁括號內的數字表示每條線路上實際運輸產品的數量。這個方案表示：13 個單位的運輸量從 v_1 運到 v_7。現在的問題是：在這個物流網上，從 v_1 到 v_7 的運輸量是否還可以增加，或者說在這個運網上，從 v_1 到 v_7 的最大輸送量是多少？

這就是網路最大流問題要解決的問題。

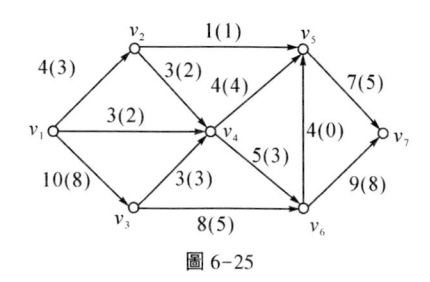

圖 6-25

6.4.2 有關概念介紹

1. 網路

給定一個有向圖 $D=(V,A)$，在 V 中指定了一點，稱其為發點（記為 v_s）；指定另一個點，稱其為收點（記為 v_t）；其餘的點叫中間點。對於每一條弧，$(v_i,v_j) \in A$，對應有一個 $c_{ij} \geq 0$，被稱為弧的容量。通常就把這樣的有向圖叫做一個網路，記為：$D=(V,A,C)$。

2. 流、可行流、最大流

網路上的流就是定義在弧集合 A 上的一個函數 $f = \{f(v_i,v_j)\}$，稱 $f(v_i,v_j)$ 為弧 (v_i, v_j) 上的流，簡寫為 f_{ij}。

滿足以下兩個約束條件的流被稱為可行流：

(1) 容量約束條件：每一條弧 (v_i, v_j) 的流 f_{ij} 應小於或等於弧 (v_i, v_j) 的容量 c_{ij}，並大於或等於零，即 $0 \leq f_{ij} \leq c_{ij}$。

(2) 節點流量平衡條件：網路中的流量必須滿足守恒條件，即發點的總流量等於收點的總流量，中間點的總流入量等於總流出量。

以 $v(f)$ 表示網路發點到收點的總流量，所謂求網路的最大流，是指在滿足容量約束的條件和節點流量平衡的條件下，使 $v(f)$ 值達到最大。

3. 前向弧和後向弧

設 μ 是 D 中一條鏈，規定將這條鏈上所有指向為 $v_s \rightarrow v_t$ 的弧稱為前向弧（記為 a^+），反之則稱為後向弧（記為 a^-）。

4. 增廣鏈

對於網路 $D=(V,A,C)$，有一可行流 f_{ij}，若按照每條弧上流量的大小可分為四種類型：

(1) 飽和弧 $f_{ij} = c_{ij}$；
(2) 非飽和弧 $f_{ij} < c_{ij}$；
(3) 零流弧 $f_{ij} = 0$；
(4) 非零流弧 $f_{ij} > c_{ij}$。

給定一個可行流 f_{ij}，μ 是一條從 v_s 到 v_t 的鏈，如果滿足以下兩個條件，則稱 μ 爲關於可行流 f_{ij} 的一條增廣鏈。條件爲：①對弧 $(v_i,v_j) \in a^+$，有 $0 \leq f_{ij} < c_{ij}$，且 a^+ 中的每一條弧都是非飽和弧；②對弧 $(v_i,v_j) \in a^-$，有 $0 < f_{ij} \leq c_{ij}$，且 a^- 中的每一條弧都是非零流弧。

5. 截集與截量

網路 D 的節點集 V，把節點集 V 分割成兩個集合 S 和 T，S 包含發點 v_s，T 包含收點 v_t，則把所有起點在 S，終點在 T 的弧組成的弧集稱爲截集（記爲 A^*）。截集 A^* 中所有弧的容量之和被稱爲這個截集的截量。截集是 v_s 到 v_t 的必經之路，任何一個可行流都不會超過任意截集的截量。最小截集是割斷 S 和 T 的容量最小的截集。

定理 9：當且僅當不存在關於 f^* 的增廣鏈，可行流 f^* 是最大流。

定理 10：任一個網路 D 中，從 v_s 到 v_t 的最大流的流量等於分離的 v_s 和 v_t 最小截集的流量之和。

6.4.3 最大流問題的求解

1. 用線性規劃模型進行求解

首先建立最大流問題的數學模型（線性規劃模型），然後，求解該模型就得到最大流問題的解。

【例 6.8】某公司有一個管道網路如圖 6-26 所示，使用這個網路可以將石油從產地 v_1 運送到銷地 v_7，每一段管道的容量 c_{ij} 在圖的弧上已標出，其單位爲萬加侖/小時。如果使用這個網路從產地 v_1v_7 向銷地 v_7 運送石油，問每小時最多能運送多少加侖石油？

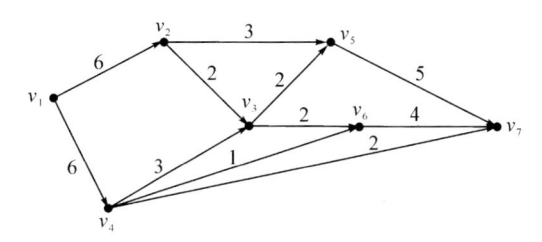

圖 6-26

解：設弧 (v_i, v_j) 上的流量爲 f_{ij}，網路上的總流量爲 f，則有：

$$\max f = f_{12} + f_{14}$$

$$st \begin{cases} f_{12} = f_{23} + f_{25} \\ f_{14} = f_{43} + f_{46} + f_{47} \\ f_{23} + f_{43} = f_{35} + f_{36} \\ f_{25} + f_{35} = f_{57} \\ f_{36} + f_{46} = f_{67} \\ f_{57} + f_{67} + f_{47} = f_{12} + f_{14} \\ f_{ij} \leq c_{ij} \quad i = 1,2,\cdots,6; j = 2,3,\cdots,7 \\ f_{ij} \geq 0 \end{cases}$$

將上面的線性規劃模型帶入 QM 軟件包，可得結果為：$f_{12}=5$, $f_{14}=5$, $f_{23}=2$, $f_{25}=3$, $f_{43}=2$, $f_{46}=1$, $f_{47}=2$, $f_{35}=5$, $f_{36}=2$, $f_{57}=5$, $f_{67}=3$。最大流量為 10。

2. 求最大流量標號算法（Ford-Fulkerson）

求最大流量的標號算法是由 Ford 和 Fulkerson 於 1957 年首先給出的。其基本思想是，從任意一個可行流 f 出發，由出發點 v_s 開始，用對網路中的每個頂點進行標號的辦法尋找 f 的增廣鏈。若無，則 f 為所求的最大流，若有，則在增廣鏈上進行調整，由定義知，當 $(v_i, v_j) \in \mu^+$ 時，$f_{ij} < c_{ij}$；當 $(v_i, v_j) \in \mu^-$ 時，$f_{ij} > 0$。此時取調整量

$$\theta = \min\{\min(c_{ij} - x_{ij}), \min x_{ij}\} > 0$$

且令

$$f'_{ij} = \begin{cases} f_{ij} + \theta & (v_i, v_j) \in \mu^+ \\ f_{ij} - \theta & (v_i, v_j) \in \mu^- \\ f_{ij} & (v_i, v_j) \notin \mu \end{cases}$$

由此得到調整後的可行流 f'，重複進行直至得到無增廣鏈時的最大流為止。

下面給出最大流的標號法步驟：

設 θ 為鏈上的淨不飽和值，並且先給出初始可行流（只要 $f_{ij}=0$ 即可）。

第一步，標號過程，尋找增廣鏈。給出發點標號 $(0,+\infty)$；選擇一個已經標號的頂點 v_i，對 v_i 的所有未給標號的鄰接點按以下規則處理：

(1) 若後向弧 $a^- = (v_j, v_i) \in E$，有 $f_{ji} > 0$，則令 $\theta_j = \min(f_{ji}, \theta_i)$，並給 v_j 以標號 $(-v_i, \theta_j)$；

(2) 若前向弧 $a^+ = (v_i, v_j) \in E$，有 $f_{ij} < c_{ij}$，則令 $\theta_j = \min(c_{ij} - f_{ji}, \theta_i)$，並給 v_j 以標號 $(+v_i, \theta_j)$；

重複(2)直到 v_t 被標號或不再有頂點可標號為止；若 v_t 得到標號，說明找到一條增廣鏈，轉入(2)，否則，已經獲得最大流。

第二步，沿著增廣鏈調整 f，以增加流量。

(1) 令新的 $f'_{ij} = \begin{cases} f_{ij} + \theta(v_i, v_j) & 為增廣鏈的前向邊 \\ f_{ij} - \theta(v_i, v_j) & 為增廣鏈的後向邊 \\ f_{ij}(v_i, v_j) & 不在增廣鏈上 \end{cases}$

(2) 去掉所有標號回到第一步。

【例 6.10】求圖 6-27 中從 $v_s \to v_t$ 的最大流。

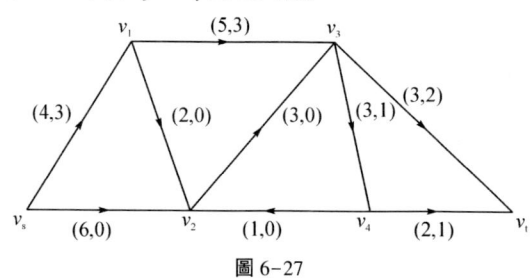

圖 6-27

解：先給 v_s 標以 $(0, +\infty)$。

(1) 檢查 v_s 的鄰接點 v_1、v_2，$f_{s1} = 3 < c_{s1} = 4$，$\theta_{v_1} = \min(1, \theta_{v_s}) = \min\{1, +\infty\} = 1$，所以將 v_1 標為 $(+v_s, 1)$；

(2) 檢查 v_1 的鄰接點 v_2，$f_{12} = 0 < c_{12} = 2$，$\theta_{v_2} = \min(1, \theta_{v_1}) = \min\{2, 1\} = 1$，所以 v_2 標為 $(+v_1, 1)$；

(3) 檢查 v_2 的鄰接點 v_3、v_4，由於 (v_2, v_4) 流量 $f_{42} = 0$，不符合標號條件，而 v_3 是符合標號的，所以 v_3 標為 $(+v_2, 1)$，同理 v_4 標號為 $(+v_3, 1)$。

(4) 從而找出了一條增廣鏈：$v_s \to v_1 \to v_2 \to v_3 \to v_t$，調整量為 1，可得新的流量較最初流量為 3 時增大了一個單位的流量圖，此時流量為 4，如圖 6-28 所示。

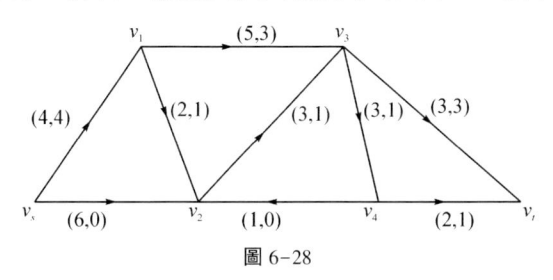

圖 6-28

重複上述步驟，再繼續找下一個增廣鏈：$v_s \to v_2 \to v_3 \to v_4 \to v_t$，調整量為 1。可得新的流量較上一步流量為 4 時增大了一個單位的流量圖，此時流量為 5，如圖 6-29，檢查後，沒有增廣鏈了，所以是最優解。不難看出最小截集是 $\{(v_4, v_t), (v_3, v_t)\}$，流量是 5。

圖 6-29

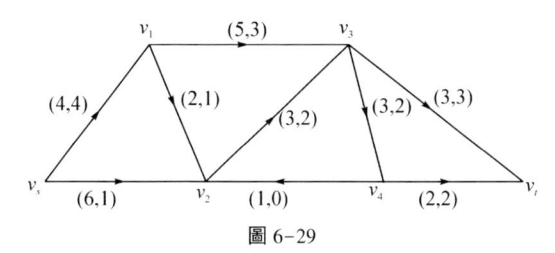

6.5 最小費用最大流

6.5.1 問題描述

在最大流問題中，已經討論了如何尋求網路的最大流。但是在實際生活中，涉及網路"流"的問題時，往往不僅要考慮流量，還要考慮"費用"因素。例如，在運輸網路中，從發點 v_s 到收點 v_t 所經過的路程，經常因為交通工具不同或道路本身狀況不同而導致不同運輸方案的交通費用不同。這樣，問題就變成了不僅要求使 vs 到 vt 的運輸量最大，而且要求這種運輸方案的總費用最小。這一類問題就是所謂的最小費用最大流問題。

下面給出最小費用最大流問題的一般描述：

給定網路 $D=(V,A,C)$，在每一條弧 $[(v_i,v_j)\in A]$ 上，除容量 c_{ij} 外，還涉及單位流量費用 $b(v_i,v_j)\geq 0$(簡記爲 b_{ij})(註：在這裡，費用也可以是指距離、時間、成本等)。如果 f 是 D 的一個可行流，則其總費用爲

$$b(f)=\sum_{(v_i,v_j)\in A}b_{ij}f_{ij}$$

要求使 $b(f)$ 爲最小且流量爲某確定值 $v(f)$ 的可行流問題，被稱爲最小費用定值流問題；求使得 $b(f)$ 爲最小且流量 $v(f)$ 爲最大的問題，被稱爲最小費用最大流問題。

如果把最小費用看成約束條件，和最大流問題一樣，最小費用流問題也是一個線性規劃問題。並且求最小費用定值流(可行流)實際上是求該線性規劃問題的可行解；求最小費用最大流問題，實際上是求該線性規劃問題的最優解。自然，可行解經過調整即可得到最優解。當然，用網路圖論方法求解比用一般線性規劃求解要簡單、便捷得多。

6.5.2 最小費用最大流問題的線性規劃解法

【例 6.11】某公司有一個管道網路如圖 6-30 所示，使用這個網路可以將石油從產地 v_1 送到銷地 v_7。圖中給出了每一段管道的容量 c_{ij}。(單位:萬加侖/小時)，此外還給出了每段弧上的單位流量的費用 b_{ij} (單位:百元/萬加侖)，(c_{ij},b_{ij}) 在圖 6-30 的弧上已標出。如果使用這個網路從產地 v_1 向銷地 v_7 運送石油，問怎樣運才能運送最多的石油並使總運費最少？並求出最大流量和最少運費。

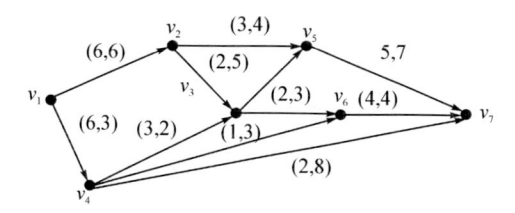

圖 6-30 網路容量及單位流量費用

解：用線性規劃來求解此題。首先用 Ford-fulkerson 標號法求得最大流量爲 10，在此基礎上建立線性規劃模型。

設弧 (v_i,v_j) 上的流量爲 f_{ij}，網路上的最大流量爲 F=10，則有目標函數

$\min z = 6f_{12} + 3f_{14} + 4f_{25} + 5f_{23} + 2f_{43} + 4f_{35} + 7f_{57} + 3f_{36} + 3f_{46} + 8f_{47} + 4f_{67}$

約束條件：$\begin{cases} f_{12} + f_{14} = F = 10 \\ f_{12} = f_{23} + f_{25} \\ f_{14} = f_{43} + f_{46} + f_{47} \\ f_{23} + f_{43} = f_{35} + f_{36} \\ f_{25} + f_{35} = f_{57} \\ f_{36} + f_{46} = f_{67} \\ f_{57} + f_{67} + f_{47} = f_{12} + f_{14} \\ f_{ij} \leq c_{ij} \\ f_{ij} \geq 0, i = 1,2,\cdots,6; j = 2,3,\cdots,7 \end{cases}$

用 QM 軟件包求解得：

$f_{12} = 4, f_{14} = 6, f_{23} = 1, f_{25} = 3, f_{43} = 3, f_{46} = 3, f_{47} = 2, f_{35} = 2, f_{36} = 2, f_{57} = 5, f_{67} = 3$，最小費用爲 145 百元。

6.5.3 最小費用最大流問題的網路圖解法

在網路圖 D 中尋求關於 f 的最小費用增廣鏈，就等價於在賦權有向圖形 W(f) 中尋求從 vs 到 vt 的最短路，因此有如下算法。

開始取 $f^0 = 0$，一般情況下，若得到最小費用流 f^{k-1}，則構造賦權有向圖 W(f^{k-1})，在 W(f^{k-1}) 中，尋求從 vs 到 vt 的最短路。若不存在最短路(即最短路權是 $+\infty$)，則 f^{k-1} 就是最小費用最大流；若存在最短路，則在原網路圖 D 中得到相應的增廣鏈 μ，在增廣鏈 μ 上對 f^{k-1} 進行調整。調整量爲：$\theta = \min[\min_{\mu^+}(cij - f_{ij}^{k-1}), \min_{\mu^-}(f_{ij}^{k-1})]$

令

$$f_{ij}^k = \begin{cases} f_{ij}^{k-1} + \theta & (v_i, v_j) \in \mu^+ \\ f_{ij}^{k-1} - \theta & (v_i, v_j) \in \mu^- \\ f_{ij}^{k-1} & (v_i, v_j) \notin \mu \end{cases}$$

得到新的可行流 f^k，再對 f^k 重複上述步驟。

【例 6.12】以圖 6-31 爲例，求最小費用最大流，弧旁數字爲 (c_{ij}, b_{ij})。

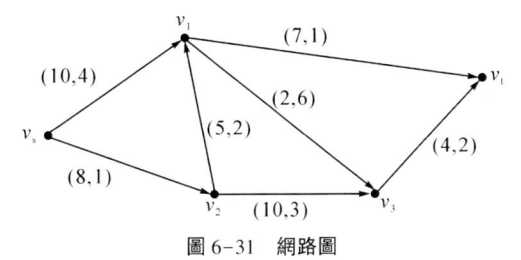

圖 6-31 網路圖

解：(1) 取 $f^0 = 0$ 爲初始可行流。

(2) 構造賦權有向圖 W(f^0)，並求出從 v_s 到 v_t 的最短路 (v_s, v_2, v_1, v_t)，如圖 6-32 (a)所示(虛線即爲最短路)。

(3) 在原網路圖 D 中,與這條最短路相應的增廣鏈為 $\mu = (v_s, v_2, v_1, v_t)$。

(4) 在 μ 上進行調整,$\theta = 5$,得到 f^1,如圖 6-32(b) 所示,按照上述算法依次得 f^1、f^2、f^3、f^4,流量依次為 5、7、10、11;構造相應的賦權有向圖為 $W(f^1)$、$W(f^2)$、$W(f^3)$、$W(f^4)$,如圖 6-32 的 (c)(e)(g)(i) 所示。由於 $W(f^4)$ 中已不存在從 v_s 到 v_t 的最短路,所以 f^4 為最小費用最大流。

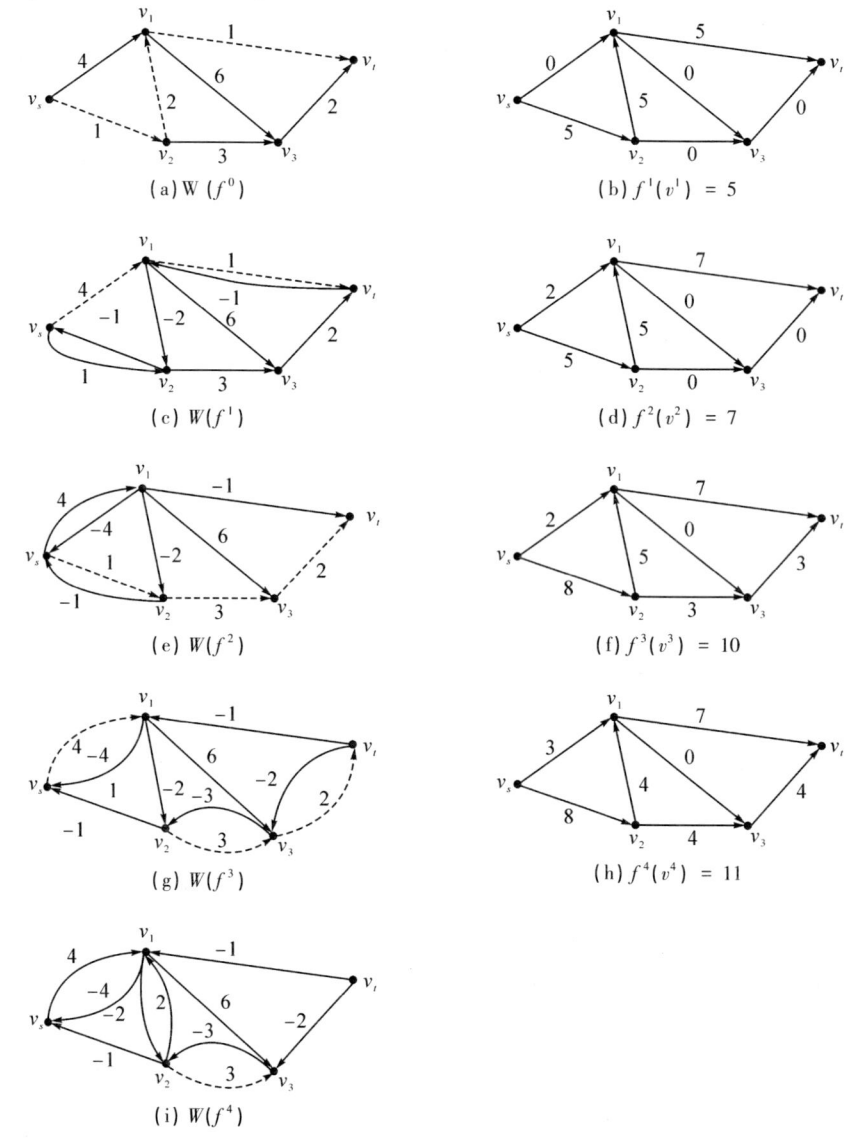

圖 6-32 例 6.12 最小費用最大流求解過程

6.6 中國郵政員問題

一個郵遞員,負責某一地區的信件投遞。他每天要從郵局出發,走遍該地區所有街道再返回郵局,應該如何安排送信的路線可以使所走的總路程最短?這個問題是我國學者管梅谷教授在 1962 年首先提出的,國際上統稱其為中國郵路問題。用圖論的語言描述:給定一個連通圖 G,每邊有非負權 $l(e)$,要求一條回路經過每一邊至少一次,且要滿足總權最小。

由定理知,如果 G 沒有奇點,則是一個歐拉圖,顯然按歐拉回路走就是滿足要求的經過每邊至少一次且總權最小的回路。

如果 G 有奇點,要求連續走過每邊至少一次,必然有些邊不止一次走過,這相當於在圖 G 中對某些邊增加一些重複邊,使所得到的新圖 G^* 沒有奇點且滿足總路程最短。由於總路程的長短完全取決於所增加重複邊的長度,所以中國郵路問題也可以轉化為如下問題:

在連通圖 $G = (V, E)$ 中,求一個邊集 $E1 \in E$,把 G 中屬於 $E1$ 的邊均變為二重邊,得到圖 $G^* = G + E1$,使其滿足 G^* 無奇點,且 $L(E1) = \sum_{e \in E1} l(e)$ 最小。

【例 6.13】求解圖 6-33 所示網路的中國郵路問題。

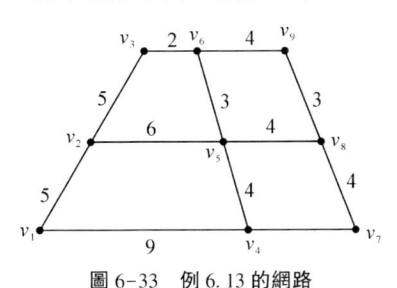

圖 6-33　例 6.13 的網路

解:步驟 1:確定初始可行方案。

先檢查圖中是否有奇點,如無奇點則已是歐拉圖,找出歐拉回路即可。如有奇點,則奇點的個數必為偶數,所以可以將其進行兩兩配對。每對點間選一條路,使這條路上均為二重邊。

圖 6-33 中有 4 個奇點 v_2、v_4、v_6、v_8,將 v_2 與 v_4、v_6 與 v_8 配對,連接 v_2 與 v_4 的路有好幾條,任取一條,如 $\{v_2, v_3, v_6, v_9, v_8, v_7, v_4\}$。類似地,對 v_2 與 v_8 取 $\{v_6, v_3, v_2, v_1, v_4, v_7, v_8\}$,得圖 6-34,已是歐拉圖。對應這個可行方案,重複邊的總長為

$$2l_{23} + 2l_{36} + l_{69} + l_{98} + 2l_{87} + 2l_{74} + l_{41} + l_{12} = 51$$

步驟 2:調整可行方案,使重複邊最多為一次。去掉 (v_2, v_3),(v_3, v_6),(v_4, v_7),(v_7, v_8) 各兩條得到圖 6-35,重複邊總長度下降為

$$l_{12} + l_{14} + l_{69} + l_{98} = 21$$

147

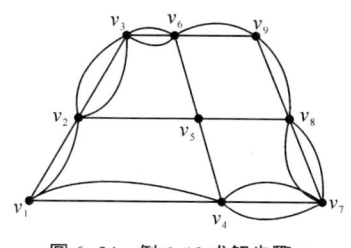

圖 6-34 例 6.13 求解步驟 1

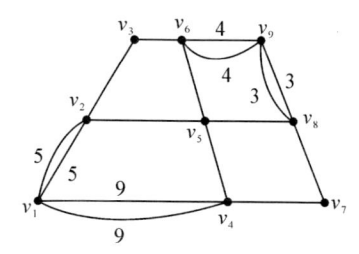

圖 6-35 例 6.13 求解步驟 2

步驟 3：檢查圖中每個初等圈是否滿足定理條件：任何圖中，次爲奇數的頂點必爲偶數個。如不滿足則對其進行調整，直至滿足爲止。

檢查圖 6-35，發現圈 $\{v_1v_2v_5v_4v_1\}$ 總長度爲 24，而重複邊長爲 14，大於該圈總長度的一半，可以做一次調整，以 (v_2, v_5)、(v_5, v_4) 代替 (v_1, v_2)、(v_1, v_4)，得到圖 6-36，重複邊總長度下降爲：$l_{25} + l_{45} + l_{69} + l_{98} = 17$。

再檢查圖 6-36，圈 $\{v_2, v_3, v_6, v_9, v_8, v_5, v_2\}$ 總長度爲 24，而重複邊長爲 13。再次調整得圖 6-37，重複邊總長度爲 15。

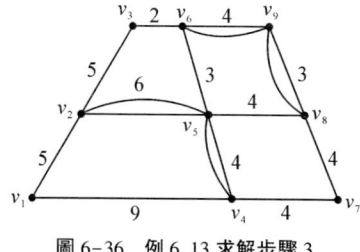

圖 6-36 例 6.13 求解步驟 3

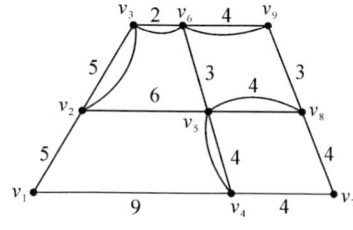

圖 6-37 例 6.13 最優郵路

檢查圖 6-37，滿足定理條件，得到最優方案。圖中任意一條歐拉回路即爲最優郵遞路線。

使用這種方法雖然比較容易，但要檢查每個初等圈，當 G 的點數或者邊數較多時，運算量極大。Edmods 和 Johnson 於 1973 年給出了一種比較有效的算法，即化爲最短路及最優匹配問題求解。

習題

1. 思考題。

(1) 解釋下列名詞，並說明相互之間的區別與聯繫：①頂點、相鄰邊、關聯邊；②環、多重邊、簡單圖；③鏈、初等鏈；④圈、初等圈、簡單圖；⑤回路、初等路；⑥節點的次、懸掛點、孤立點；⑦連通圖、連通分圖、支撐子圖；⑧有向圖、基礎圖、賦權圖；⑨子圖、部分圖、真子圖。

(2) 通常用記號 G=(V,E) 表示一個圖，解釋 V 及 E 的涵義及這個表達式的涵義。

(3) 通常用記號 D=(V, A) 表示一個有向圖,解釋 V 及 A 的涵義及這個表達式的涵義。

(4) 圖論中的圖與一般幾何圖形的主要區別是什麼?

(5) 試述樹與圖的區別與聯繫。

(6) 試述最短路問題的 Dijkstra 算法的基本思想及其計算步驟。

(7) 試述尋求最大流的標號法的步驟與方法。

(8) 簡述最小費用最大流的概念及其求解的基本思想和方法。

(9) 通常用記號 N=(V, A, C) 表示一個網路,試解釋這個表達式的涵義。

(10) 在最大流問題中,為什麼當存在增廣鏈時,可行流不是最大流?

(11) 試敘述最小支撐樹、最大流、最短路等問題能解決哪些實際問題。

2. 判斷下列說法是否正確。

(1) 圖論中的圖是為了研究問題中有哪些對象及對象之間的關係,它與圖的幾何形狀無關。

(2) 一個圖 G 是樹的充分必要條件,是邊數最少的無孤立點的圖。

(3) 如果一個圖 G 從 V_1 到各點的最短路是唯一的,則連接 V_1 到各點的最短路,再去掉重複邊,得到的圖即為最小支撐樹。

(4) 圖 G 的最小支撐樹中,從 V_1 到 V_n 的通路一定是圖 G 中從 V_1 到 V_n 的最短路。

(5) $|f_{ij}=0|$ 總是最大流問題的一個可行流。

(6) 無孤立點的圖一定是連通圖。

(7) 圖中任意兩點之間都有一條簡單鏈,則該圖是一棵樹。

(8) 求網路最大流的問題可以歸結為求解一個線性規劃問題。

(9) 在圖中求一點 V_1 到另一點 V_n 的最短路問題總是可以歸結為一個整數規劃問題。

(10) 圖 G 中的一個點 V_1 總可以看成是 G 的一個子圖。

3. 寫出圖 6-38、圖 6-39 中的頂點數、邊數及頂點的次數,哪些是簡單圖。

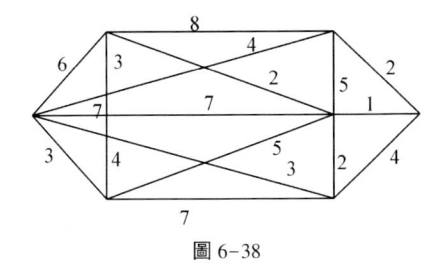

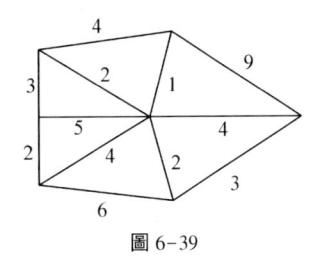

圖 6-38

圖 6-39

4. 在圖 6-40 中，用破圈法求出圖的一個支撐樹。

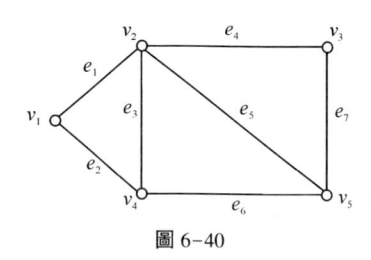

圖 6-40

5. 用破圈法求圖 6-41 所示賦權圖的最小支撐樹。

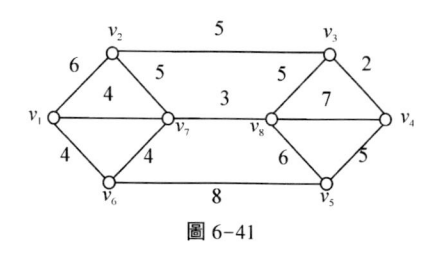

圖 6-41

6. 求圖 6-42 所示無向圖從節點 1 到其他節點的最短路線。

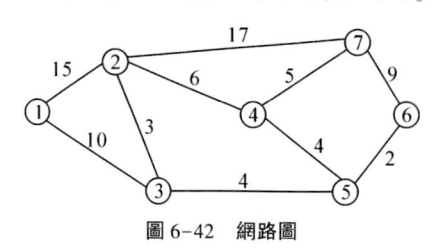

圖 6-42　網路圖

7. 現準備在 $v_1, v_2, \cdots, v_7$ 七個村鎮辦一所小學，各村鎮之間的距離如圖 6.43 所示。這所小學辦在哪個村鎮最為合理？

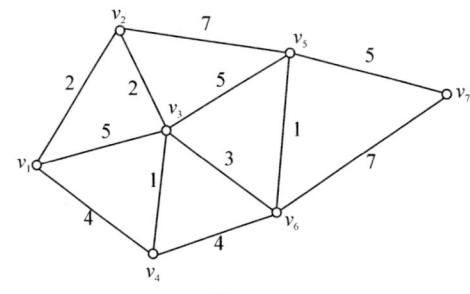

圖 6-43

8. 用標號法求圖6-44所示網路的最大流,弧旁的數為 c_{ij}。

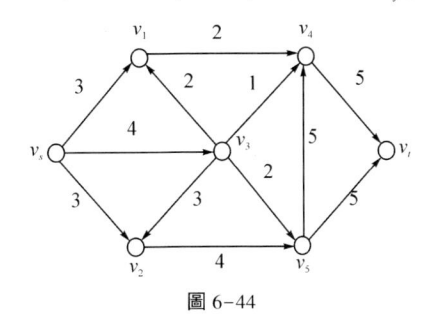

圖6-44

9. 已知8個村鎮,相互間距離如表6-7所示,已知1號村鎮離水源最近,為5千米,水源經1號村鎮鋪設輸水管道將各村鎮連接起來。問應如何鋪設使輸水管道最短(為便於管理和維修,水管要求在各村鎮處分開)。

表6-7　　　　　　　　　　各村鎮間距離　　　　　　　　(單位:千米)

始＼終	2	3	4	5	6	7	8
1	1.5	2.5	1.0	2.0	2.5	3.5	1.5
2		1.0	2.0	1.0	3.0	2.5	1.8
3			2.5	2.0	2.5	2.0	1.0
4				2.5	1.5	1.5	1.0
5					3.0	1.8	1.5
6						0.8	1.0
7							0.5

10. 某地的電力公司有3個發電站,它們負責5個城市的供電任務,其輸電網路如圖6-44所示。由於城市8經濟高速發展,要求供應電力65MW,3個發電站在滿足城市4、5、6、7的用電需要量後,它們還剩餘15MW、10MW和40MW,輸電網路剩餘的輸電能力見圖6-45所示的節點和線路上的數字。問輸電網路的輸電能力是否滿足城市8的需要,若不滿足,需要增建哪些輸電線路?

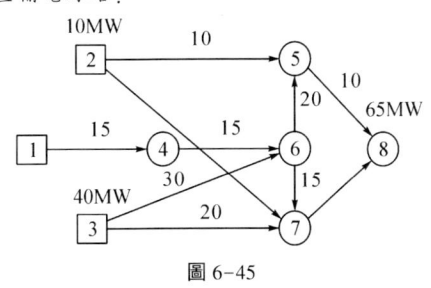

圖6-45

11. 設有 3 個芯片配送中心供應 3 個區域的電子企業，各配送中心的年產量、各區域的年需要量及各配送中心到各區域運送的單位運價如表 6-8 所示，試建立網路模型，使運費最低。

表 6-8

單位運價 ωt(萬元) \ 需求點 y_j 配送中 x_i	y_1	y_2	y_3	產量 at
x_1	16	13	22	50
x_2	14		19	60
x_3		20	23	40
最高需求量 $b_1 t$	70	0	30	
最低需求量 $b_2 t$	70	30	不限	

12. 設有 3 輛貨車，需指派到 3 個不同的目的地，各種指派的運送成本如表 6-9 所示，求能使總成本最低的最優指派。

表 6-9

成本 \ 目的 車輛	y_1	y_2	y_3
x_1	40	—	37
x_2	24	31	39
x_3	29	37	—

7 網路計劃技術

網路計劃技術是一種科學的計劃管理方法,是隨著現代科學技術和工業生產的發展而產生的。網路計劃技術產生以後,由於其應用效果極爲顯著,故而引起了世界性的轟動,被許多國家爭相使用,並制定了推行網路計劃技術的政策法規。目前,網路計劃技術廣泛應用於世界各國的工業、國防、建築、運輸和科研等領域,已成爲各國盛行的一種現代化管理的科學方法。

7.1 網路圖的繪制

網路計劃技術是採用網路圖的形式編制進度計劃,並在計劃實施過程中加以控制,以保證實現預定目標的科學的計劃管理技術。

網路圖是由箭線和節點組成的有向、有序的網狀圖形,根據圖中箭線和節點所代表的含義不同,可將其分爲雙代號網路圖和單代號網路圖。

7.1.1 雙代號網路圖的繪制

1. 基本符號

(1)箭線(工作)。

①在雙代號網路圖中,每一條箭線表示一項工作。箭線的箭尾節點表示該工作的開始,箭頭節點表示該工作的結束。工作的名稱標註在箭線的上方,完成該項工作所需要的持續時間標註在箭線的下方。如圖 7-1(a)所示。

②在雙代號網路圖中,任意一條實箭線都要占用時間、消耗資源(有時,只占時間而不消耗資源)。

③虛箭線的作用。在雙代號網路圖中,爲了正確地表達工作之間的邏輯關係,往往需要應用虛箭線,其表示方法如圖 7-1(b)所示。虛箭線是實際工作中並不存在的一項虛擬工作,故它們既不占用時間,也不消耗資源,一般在工作之間起着聯繫、區分和短路作用。

圖 7-1 雙代號網路圖工作的表示法

聯繫作用是指運用虛箭線正確表達工作之間相互依存的關係。如 A、B、C、D 四項工作的相互關係是:A 完成之後進行 B,A、C 均完成後進行 D,則圖形如圖 7-2 所示,圖中必須用虛箭線把 A 和 D 的前後關係連接起來。

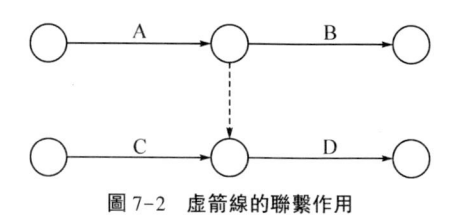

圖 7-2　虛箭線的聯繫作用

區分作用是指雙代號網路圖中每一項工作都必須用一條箭線和兩個代號表示,若有兩項工作同時開始,又同時完成,繪圖時應使用虛箭線才能區分兩項工作的代號,如圖 7-3 所示。

(a)錯誤畫法　　　　　　　　　(b)正確畫法

圖 7-3　虛箭線的區分作用

斷路作用是用虛箭線把沒有關係的工作隔開,如圖 7-4 中,三層牆面抹灰與一層立門窗口這兩項工作本來不應有關係,但在這裡卻拉上了關係,故而產生了錯誤。如圖 7-5 中,在二層的立門窗口與牆面抹灰這兩項工作之間加上一條虛線,則上述的錯誤聯繫就斷開了。

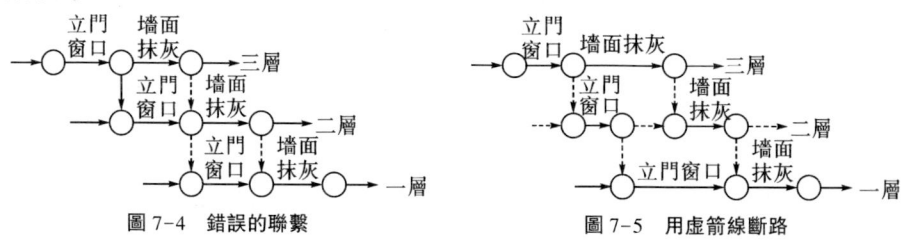

圖 7-4　錯誤的聯繫　　　　　　圖 7-5　用虛箭線斷路

④在無時間坐標限制的網路圖中,原則上箭線的長度可以任意畫,其占用的時間以下方標註的時間參數為準。箭線可以為直線、折線或斜線,但其行進方向均應從左向右,如圖 7-6 所示。在有時間坐標限制的網路圖中,箭線的長度必須根據完成該工作所需持續時間的大小按比例繪製。

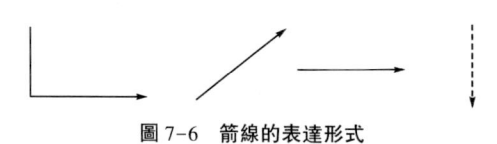

圖 7-6　箭線的表達形式

⑤在雙代號網路圖中,各項工作之間的關係如圖 7-7 所示。通常將被研究的對象稱為本工作,用 $i-j$ 表示;將緊排在本工作之前的工作稱為緊前工作,用 $h-i$ 表示;將緊跟在本工作之後的工作稱為緊後工作,用 $j-k$ 表示;將與之平行進行的工作稱為平行工作。

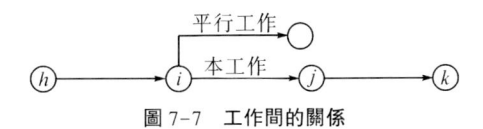

圖 7-7　工作間的關係

(2)節點。節點是網路圖中箭線之間的連接點。在雙代號網路圖中,節點既不占用時間,也不消耗資源,是個瞬時值。即節點只表示工作的開始或結束的瞬間,起着承上啓下的銜接作用。網路圖中有三種類型的節點:

①起點節點,網路圖中的第一個節點叫"起點節點",它只有外向箭線,一般表示一項任務或一個項目的開始,如圖 7-8(a)所示。

②終點節點,網路圖中的最後一個節點叫"終點節點",它只有內向箭線,一般表示一項任務或一個項目的完成,如圖 7-8(b)所示。

③中間節點,網路圖中既有內向箭線,又有外向箭線的節點被稱為中間節點,如圖 7-8(c)所示。

④在雙代號網路圖中,節點應用圓圈表示,並在圓圈內編號。一項工作應當只有唯一的一條箭線和相應的一對節點,且要求箭尾節點的編號小於其箭頭節點的編號。例如在圖 7-9 中,應有: $i < j < k$。網路圖節點的編號順序應從小到大,可不連續,但嚴禁重複。

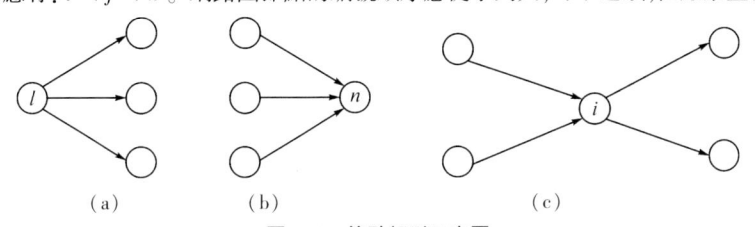

圖 7-8　節點類型示意圖

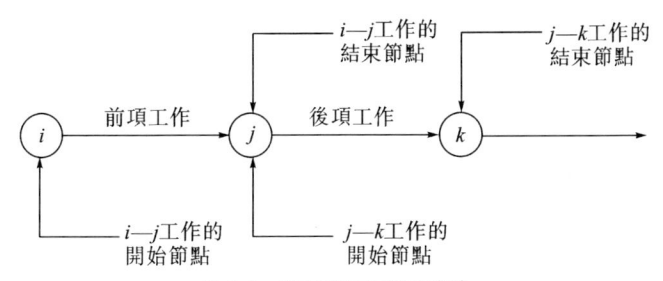

圖 7-9　箭尾節點和箭頭節點

(3)線路。網路圖中從起點節點開始,沿箭頭方向按順序通過一系列箭線與節點,最後達到終點節點的通路被稱為線路。線路上各項工作持續時間的總和被稱為該線路的計算工期。一般網路圖有多條線路,可依次用該線路上的節點代號來記述,其中最長的一條線路被稱爲關鍵線路,位於關鍵線路上的工作被稱爲關鍵工作。

2. 雙代號網路圖的繪制

(1) 雙代號網路圖的繪制規則如下:

第一,正確表達各項工作之間的邏輯關係。在繪制網路圖時,首先要清楚各項工作之間的邏輯關係。用網路形式正確表達出某一項工作必須在哪些工作完成後才能進行,這項工作完成後可以進行哪些工作,哪些工作應與該工作平行進行。繪出的圖形必須保證任何一項工作的緊前工作、緊後工作不多、不少。表 7-1 爲網路圖中常見的邏輯關係表達方法,其中,第 3 列爲雙代號網路表達方法,第 4 列爲單代號網路表達方法。

表 7-1　　　　　　　　　網路圖中常見的邏輯關係表達方法

序號	邏輯關係	雙代號表達方法	單代號表達方法
1	A 完成後進行 B; B 完成後進行 C	A→B→C	A→B→C
2	A 完成後同時進行 B 和 C	A→B, C	A→B, C
3	A 和 B 都完成後進行 C	A,B→C	A,B→C
4	A 和 B 都完成後同時進行 C 和 D	A,B→C,D	A,B→C,D
5	A 完成後進行 C; A 和 B 都完成後進行 D	A→C; A,B→D	A→C; A,B→D

第二,雙代號網路圖中不允許出現循環回路。如圖 7-10 所示的網路圖中,從節點 2 出發經過節點 3 和節點 5 又回到節點 2,形成了循環回路,這在雙代號網路圖中是不被允許的。

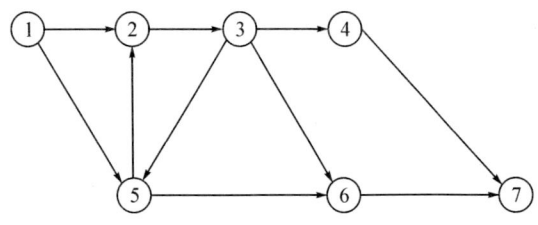

圖 7-10　有循環回路的網路圖

第三,在雙代號網路圖中不允許出現帶有雙向箭頭或無箭頭的連線。如圖 7-11 所示,(a) 爲帶有雙向箭頭的連線,(b) 爲無箭頭的連線。這在雙代號網路圖中也是不被允許的。一根箭線必須且只能帶有唯一的一個箭頭。

(a)雙向箭頭的連線   (b)無箭頭的連線

圖 7-11　箭線的錯誤畫法

第四,在雙代號網路圖中不允許出現沒有箭尾節點和沒有箭頭節點的箭線。如圖 7-12 所示,(a)為沒有箭尾節點的箭線,(b)為沒有箭頭節點的箭線。這樣的箭線是沒有意義的。

(a)無箭尾節點的箭線   (b)無箭頭節點的箭線

圖 7-12　沒有箭尾節點和沒有箭頭節點的箭線

第五,在一幅雙代號網路圖中,一般只允許出現一個起點節點和一個終點節點(特殊計劃任務中有部分工作要分期進行的網路計劃除外)。如圖 7-13 所示,存在多個起點節點和多個終點節點,這是不被允許的。

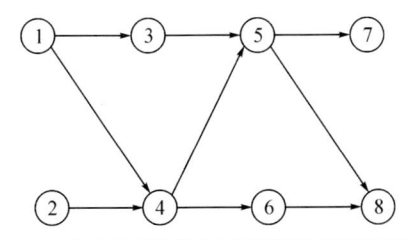

圖 7-13　有多個起點節點和多個終點節點的網路圖

第六,當雙代號網路圖的起點節點有多條外向箭線或終點節點有多條內向箭線時,為使圖形簡潔,可用母線法繪製。如圖 7-14 所示,豎向的母線段宜繪製得粗些。這種方法僅限於無緊前工作的工作和無緊後工作的工作,其他工作是不被允許這樣繪製的。

(a)   (b)

圖 7-14　母線畫法

第七,在雙代號網路圖中,不允許出現同樣代號的多項工作。如圖 7-15 所示,A 和 B

運籌學

兩項工作有同樣的代號,這是不被允許的。如果它們的所有的緊前工作和所有的緊後工作都一樣,可採用增加一項虛擬工作的方法來處理,如圖7-15(b)所示。這也是虛擬工作的又一個作用。

(a)

(b)

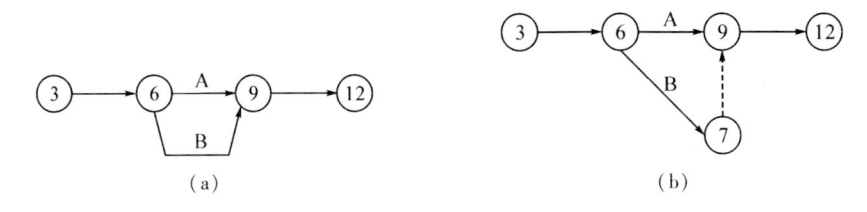

圖7-15　同樣代號工作的處理方法

第八,在雙代號網路圖中,應盡量避免箭線交叉。當交叉不可避免時,可採用暗橋法、斷線法等方法表示,如圖7-16所示。

(a)暗橋法　　　　　　　　　(b)斷線法

圖7-16　交叉箭線的處理方法

(2)網路圖節點編號規則。繪制出完整的網路圖之後,要對所有節點進行編號。節點編號原則上來說,只要不重複、不漏編,每根箭線的箭頭節點編號大於箭尾節點的編號即可。但一般的編號方法是,網路圖的第一個節點編號為1,其他節點編號按自然數從小到大依次連續編排,最後一個節點的編號就是網路圖節點的個數。有時也採取不連續編號的方法以留出備用節點號。

3. 雙代號網路圖繪制示例

繪制雙代號網路圖的一般過程是,首先根據繪制規則繪出草圖,再進行調整,最後繪制成型,並進行節點編號。繪制草圖時,主要註意各項工作之間的邏輯關係的正確表達,要正確應用虛箭頭,使應該連接的工作一定要連接,不應該連接的工作一定要斷開。初步繪出的網路圖往往比較凌亂,節點、箭線的位置和形式較難合理,這就需要進行整理,使節點、箭線的位置和形式合理化,保證網路圖條理清晰、美觀。

【例7.1】已知各項工作之間的邏輯關係(見表7-2),試繪制雙代號網路圖。

表7-2　　　　　　　　　　工作邏輯關係

工作	A	B	C	D	E	F	G	I
緊前工作			A,B	C	C	E	E	D,G

158

解：(1)根據雙代號網路圖繪制規則繪制草圖，如圖 7-17 所示。

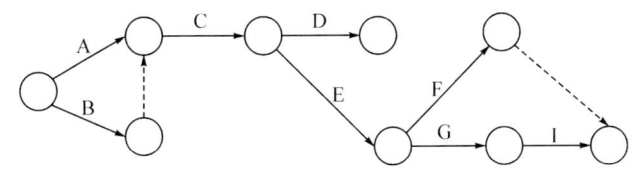

圖 7-17　雙代號網路圖(草圖)

(2)整理成條理清晰、布局合理、無箭線交叉、無多餘虛線和多餘節點的網路圖，如圖 7-18 所示。

(3)節點編號，如圖 7-18 所示。

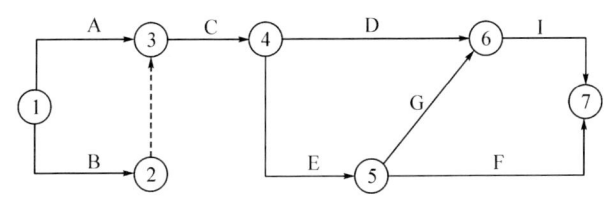

圖 7-18　雙代號網路圖

7.1.2　單代號網路圖的繪制

1. 單代號網路圖的繪制規則

單代號網路圖的繪制規則與雙代號網路圖基本相同。單代號網路圖中工作之間的邏輯關係表達方法如表 7-1 所示。當網路圖中出現多項没有緊前工作的工作節點和多項没有緊後工作的工作節點時，應在網路圖的兩端分別設置虛擬的起點節點(ST)和虛擬的終點節點(FIN)，如圖 7-19 所示。虛擬的起點節點和虛擬的終點節點所需時間爲零。當只有一項没有緊前工作的工作節點和只有一項没有緊後工作的工作節點時，就不必再設置虛擬的起點節點和虛擬的終點節點。

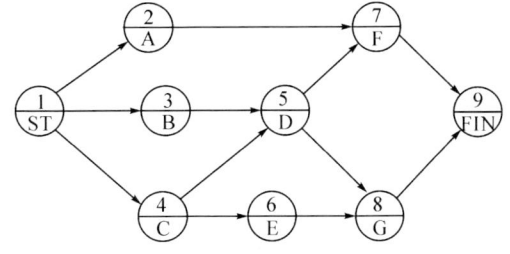

圖 7-19　單代號網路圖

單代號網路圖的節點編號規則與雙代號網路圖完全相同，不再贅述。

2. 單代號網路圖繪制示例

單代號網路圖繪制的一般過程是：首先按照工作展開的先後順序繪出表示工作的節

點,然後根據邏輯關係,將有緊前、緊後關係的工作節點用箭線連接起來。在單代號網路圖中無須引入虛箭線。若繪出的網路圖出現多項沒有緊前工作的工作節點時,要設置一項虛擬的起點節點(ST);若出現多項沒有緊後工作的工作節點時,要設置一項虛擬的終點節點(FIN)。

【例 7.2】已知各項工作的邏輯關係(見表 7-2),試繪製單代號網路圖。

解:根據表 7-2 所示的各項工作的邏輯關係繪製單代號網路圖,結果如圖 7-20 所示。

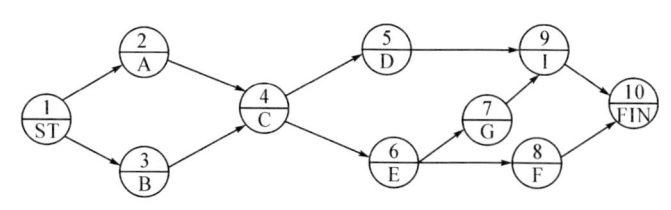

圖 7-20 單代號網路圖

7.2 網路圖時間參數的計算

7.2.1 雙代號網路計劃時間參數計算

1. 雙代號網路計劃時間參數及其含義

雙代號網路計劃的時間參數分爲如下 3 類:

(1)工作的時間參數。①工作的持續時間(D_{i-j}),指完成該工作所需的工作時間。②工作的最早開始時間(ES_{i-j}),指該工作最早可能開始的時間。③工作的最早完成時間(EF_{i-j}),指該工作最早可能完成的時間。④工作的最遲開始時間(LS_{i-j}),指在不影響工期的前提下,該工作最遲必須開始的時間。⑤工作的最遲完成的時間(LF_{i-j}),指在不影響工期的前提下,該工作最遲必須完成的時間。⑥工作的總時差(TF_{i-j}),指在不影響工期的前提下,該工作所具有的最大機動時間。⑦工作的自由時差(FF_{i-j}),指在不影響緊後工作最早開始時間的前提下,該工作所具有的機動時間。

(2)節點的時間參數。①節點的最早時間(ET_i),指節點(也稱爲事件)的最早可能發生時間。②節點的最遲時間(LT_i),指在不影響工期的前提下,節點的最遲發生時間。

(3)網路計劃的工期。①計算工期(T_c),指通過計算求得的網路計劃的工期。②計劃工期(T_p),指完成網路計劃的計劃(打算)工期。③要求工期(T_r),指合同規定或業主要求、企業上級要求的工期。

2. 按工作計算法計算時間參數

網路計劃工作時間參數的計算,是指對每項工作的最早開始時間、最早完成時間、最遲開始時間、最遲完成時間、總時差、自由時差等時間參數的計算。對網路計劃工期的計算(確定)是指對計算工期、計劃工期的計算(確定)。

(1)工作的最早開始時間為 ES_{i-j}。對於無緊前工作的工作,通常令其最早開始時間等於零;對有緊前工作的工作,令其最早開始時間等於所有緊前工作的最早完成時間的最大值,即

$$當 i = 1 時, ES_{i-j} = 0$$
$$當 i \neq 1 時, ES_{i-j} = \max\{EF_{h-i}\}$$

式中,表示該工作的開始節點為網路計劃的起點節點;工作 h—i 代表本工作 i—j 所有的緊前工作(下同)。

(2)工作的最早完成時間為 EF_{i-j}。工作的最早完成時間等於本工作的最早開始時間與持續時間之和,即

$$EF_{i-j} = ES_{i-j} + D_{i-j}$$

(3)網路計劃的工期。

①計算工期 T_c。網路計劃的計算工期等於所有無緊後工作的工作的最早完成時間的最大值,即

$$T_c = \max\{EF_{i-n}\}$$

式中, n 表示網路計劃的終點節點(下同)。

②計劃工期 T_p。網路計劃的計劃工期要分兩種情況確定,即

$$當工期無要求時,可令 T_p = T_c$$
$$當工期有要求時,令 T_p \leq T_c$$

(4)工作的最遲開始時間為 LS_{i-j}。工作的最遲開始時間等於本工作的最遲完成時間減去本工作的持續時間,即

$$LS_{i-j} = LF_{i-j} - D_{i-j}$$

(5)工作的最遲完成時間為 LS_{i-j}。工作的最遲完成時間也需要分兩種情況計算。對於無緊後工作的工作,其最遲完成時間等於計劃工期;而對於有緊後工作的工作,令其最遲完成時間等於所有緊後工作最遲開始時間的最小值,即

$$當 j = n 時, LF_{i-j} = T_p$$
$$當 j \neq n 時, LF_{i-j} = \min\{LS_{j-k}\}$$

公式中下角標 j - k 是表示本工作 i - j 的所有緊後工作(下同)。

(6)工作的總時差 TF_{i-j}。工作的總時差等於本工作的最遲開始時間與最早開始時間之差,或本工作的最遲完成時間與最早完成時間之差,即

$$TF_{i-j} = LS_{i-j} - ES_{i-j} 或 TF_{i-j} = LF_{i-j} - EF_{i-j}$$

(7)工作的自由時差為 FF_{i-j}。工作的自由時差也要分兩種情況計算。對於無緊後工作的工作,其自由時差等於計劃工期減去本工作的最早完成時間;而對於有緊後工作的工作,其自由時差等於所有緊後工作的最早開始時間的最小值減去本工作的最早完成時間,即

$$當 j = n 時, FF_{i-j} = T_p - EF_{i-j}$$
$$當 j \neq n 時, FF_{i-j} = \min\{ES_{j-k}\} EF_{i-j}$$

3. 用六時標註法計算時間參數

網路計劃時間參數計算的方法有分析計算法、圖上計算法、表上計算法、電算法等。本書僅介紹圖上計算法。

【例 7.3】下面結合圖 7-21 所示的網路計劃,用圖上計算的六時標註法計算雙代號網路計劃的時間參數。此法是利用前面介紹的時間參數計算公式,計算每項工作的最早開始時間、最早完成時間、最遲開始時間、最遲完成時間、總時差、自由時差 6 個時間參數和網路計劃的計算工期、計劃工期。並且每計算出一個時間參數,就隨即將其標註在圖上。六時標註法的圖上標註方法如圖 7-22 所示。

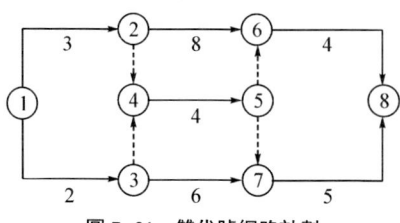

圖 7-21 雙代號網路計劃

圖 7-22 六時標註法的圖上標註方法

（1）工作的最早開始時間和最早完成時間的計算。這兩個時間參數的計算是從網路計劃的起點節點開始,自左向右順箭頭方向依次計算,計算過程如下：

$ES_{1-2} = 0$

$EF_{1-2} = ES_{1-2} + D_{1-2} = 0 + 3 = 3$

$ES_{1-3} = 0$

$EF_{1-3} = ES_{1-3} + D_{1-3} = 0 + 2 = 2$

$ES_{2-6} = \max\{EF_{1-2}\} = \max\{3\} = 3$

$EF_{2-6} = ES_{2-6} + D_{2-6} = 3 + 8 = 11$

$ES_{4-5} = \max\{EF_{1-2}, EF_{1-3}\} = \max\{3, 2\} = 3$

$EF_{4-5} = ES_{4-5} + D_{4-5} = 3 + 4 = 7$

$ES_{3-7} = \max\{EF_{1-3}\} = \max\{2\} = 2$

$EF_{3-7} = ES_{3-7} + D_{3-7} = 2 + 6 = 8$

$ES_{6-8} = \max\{EF_{2-6}, EF_{4-5}\} = \max\{11, 7\} = 11$

$EF_{6-8} = ES_{6-8} + D_{6-8} = 11 + 4 = 15$

$ES_{7-8} = \max\{EF_{4-5}, EF_{3-7}\} = \max\{7, 8\} = 8$

$EF_{7-8} = ES_{7-8} + D_{7-8} = 8 + 5 = 13$

將上述計算結果標註在每項工作上邊的 ES_{i-j}、EF_{i-j} 的位置上。

(2) 網路計劃工期的計算:

$T_c = \max\{EF_{6-8}, EF_{7-8}\} = \max\{15, 13\} = 15$

本題無工期要求,令 $T_p = T_c = 15$,將計算和確定的工期標註在網路計劃結束節點右側的方框內。

(3) 工作的最遲開始時間和最遲完成時間的計算。這兩個時間參數的計算是從網路計劃的終點節點開始,自右向左逆箭頭方向依次計算,計算過程如下:

$LF_{7-8} = T_p$

$LS_{7-8} = LF_{7-8} - D_{7-8} = 15 - 5 = 10$

$LF_{6-8} = T_p = 15$

$LS_{6-8} = LF_{6-8} - D_{6-8} = 15 - 4 = 11$

$LF_{3-7} = \min\{LS_{7-8}\} = \min\{10\} = 10$

$LS_{3-7} = LF_{3-7} - D_{3-7} = 10 - 6 = 4$

$LF_{2-6} = \min\{LS_{6-8}\} = \min\{11\} = 11$

$LS_{2-6} = LF_{2-6} - D_{2-6} = 11 - 8 = 3$

$LF_{4-5} = \min\{LS_{6-8}, LS_{7-8}\} = \min\{11, 10\} = 10$

$LS_{4-5} = LF_{4-5} - D_{4-5} = 10 - 4 = 6$

$LF_{1-3} = \min\{LS_{3-7}, LS_{4-5}\} = \min\{4, 6\} = 4$

$LS_{1-3} = LF_{1-3} - D_{1-3} = 4 - 2 = 2$

$LF_{1-2} = \min\{LS_{2-6}, LS_{4-5}\} = \min\{3, 6\} = 3$

$LS_{1-2} = LF_{1-2} - D_{1-2} = 3 - 3 = 0$

將上述計算結果標註在每項工作上邊的 LS_{i-j}、LF_{i-j} 的位置上。

(4) 工作的總時差的計算。工作的總時差可以從網路計劃的任一部位開始,但為了有規律,一般採用從網路計劃的起點節點開始自左向右依次計算:

$TF_{1-2} = LS_{1-2} - ES_{1-2} = 0 - 0 = 0$

$TF_{1-3} = LS_{1-3} - ES_{1-3} = 2 - 0 = 0$

$TF_{2-6} = LS_{2-6} - ES_{2-6} = 3 - 3 = 0$

$TF_{4-5} = LS_{4-5} - ES_{4-5} = 6 - 3 = 3$

$TF_{3-7} = LS_{3-7} - ES_{3-7} = 4 - 2 = 2$

$TF_{6-8} = LS_{6-8} - ES_{6-8} = 11 - 11 = 0$

$TF_{7-8} = LS_{7-8} - ES_{7-8} = 10 - 8 = 2$

將工作的總時差的計算結果標註在每項工作上邊的 TF_{i-j} 的位置上。

(5) 工作的自由時差的計算。工作的自由時差應從網路計劃的終點節點開始自右向左依次計算:

$FF_{7-8} = T_p - EF_{7-8} = 15 - 13 = 2$

$FF_{6-8} = T_p - EF_{6-8} = 15 - 15 = 0$

$FF_{3-7} = \min\{ES_{7-8}\} - EF_{3-7} = \min\{8\} - 8 = 0$

$FF_{4-5} = \min\{ES_{7-8}, ES_{6-8}\} - EF_{4-5} = \min\{8, 11\} - 7 = 8 - 7 = 1$

163

$FF_{2-6} = \min\{ES_{6-8}\} - EF_{2-6} = \min\{11\} - 11 = 0$

$FF_{1-3} = \min\{ES_{3-7}, ES_{4-5}\} - EF_{1-3} = \min\{2,3\} - 2 = 2 - 2 = 0$

$FF_{1-2} = \min\{ES_{2-6}, ES_{4-5}\} - EF_{1-2} = \min\{3,3\} - 3 = 3 - 3 = 0$

將工作的自由時差的計算結果標註在每項工作上邊的 FF_{i-j} 的位置上。至此,時間參數計算工作結束,結果如圖7-23所示。

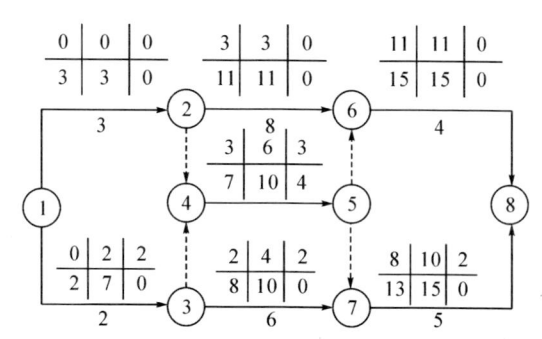

圖7-23 雙代號網路計劃時間參數計算的六時標註法

4. 按節點計算法計算時間參數

(1)時間參數計算公式如下:

①節點最早時間爲 ET_i。通常令無緊前節點的節點最早時間等於零,而令有緊前節點的節點最早時間等於所有緊前節點最早時間與由緊前節點到達本節點之間工作的持續時間之和的最大值,即

當 $i = 1$ 時,$ET_i = 0$

當 $i \neq 1$ 時,$ET_i = \max\{ET_h + D_{h-i}\}$

式中,$i = 1$ 表示該節點爲網路計劃的起點節點,節點 h 爲節點 i 的緊前節點,D_{h-i} 爲緊前節點與本節點之間工作的持續時間。

②網路計劃的工期。網路計劃的計算工期等於網路計劃終點節點的最早時間。當工期無要求時,可令計劃工期等於計算工期;當工期有要求時,應令計劃工期不超過要求工期,即

$$T_c = ET_n$$

式中,n 表示網路計劃的終點節點(下同)。

當工期無要求時,$T_p = T_c$

當工期有要求時,$T_p \leq T_r$

③節點的最遲時間爲 LT_i。網路計劃終點節點的最遲時間等於計劃工期;其他節點的最遲時間等於所有緊後節點的最遲時間減去由本節點與緊後節點之間工作的持續時間之差的最小值,即

當 $i = n$ 時,$LT_i = T_p$

當 $i \neq n$ 時,$LT_i = \min\{LT_j - D_{i-j}\}$

式中 LT_j 爲本節點 i 的緊後節點的最遲時間。

④工作最早開始時間、最早完成時間、最遲完成時間、最遲開始時間,這4個工作的時間參數可以通過對節點時間參數分析得出:

工作的最早開始時間等於本工作的開始節點的最早時間,即
$$ES_{i-j} = ET_i$$
工作的最早完成時間等於本工作的開始節點最早時間加上本工作的持續時間,即
$$EF_{i-j} = ET_i + D_{i-j}$$
工作的最遲完成時間等於本工作的結束節點的最遲時間,即
$$LF_{i-j} = LT_j$$
工作的最遲開始時間等於本工作的結束節點的最遲時間減去本工作的持續時間,即
$$LS_{i-j} = LT_j D_{i-j}$$

⑤工作的總時差為 TF_{i-j}。工作的總時差等於本工作結束節點的最遲時間減去本工作開始節點的最早時間與本工作的持續時間之和的差,即
$$TF_{i-j} = LT_j (ET_i + D_{i-j})$$

⑥工作的自由時差為 FF_{i-j}。工作的自由時差等於緊後工作開始節點的最早時間的最小值減去本工作開始節點的最早時間與本工作的持續時間之和的差,即
$$FF_{i-j} = \min\{ET_j\} - (ET_i + D_{i-j})$$

式中,ET_j 為本工作 $I - J$ 的緊後工作開始節點的最早時間。

(2)時間參數計算示例如下:

【例7.4】仍結合圖7-21所示的網路計劃,按節點計算法計算時間參數。在計算過程中,每計算出一個時間參數,隨即將其按圖7-24所示的標註方法標在圖上。因為工作的最早開始時間、最早完成時間、最遲開始時間、最遲完成時間很容易通過對節點時間參數的分析得出,故這四個時間參數不再標註在圖上。

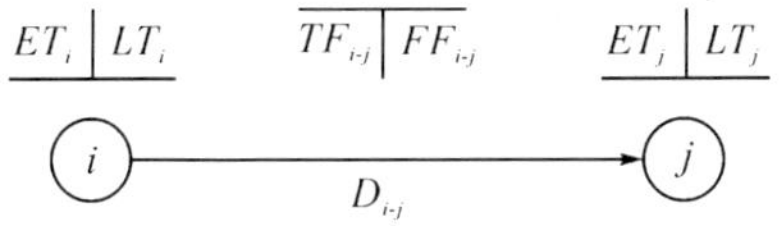

圖7-24 節點計算法的圖上表示方法

①節點的最早時間的計算。節點的最早時間從網路計劃的起點節點開始,自左向右依次計算如下:

$ET_T = 0$

$ET_2 = \max\{ET_1 + D_{1-2}\} = \max\{0 + 3\} = 3$

$ET_3 = \max\{ET_1 + D_{1-3}\} = \max\{0 + 2\} = 2$

$ET_4 = \max\{ET_2 + D_{2-4}, ET_3 + D_{3-4}\} = \max\{3 + 0, 2 + 0\} = 3$

$ET_5 = \max\{ET_4 + D_{4-5}\} = \max\{3 + 4\} = 7$

$ET_6 = \max\{ET_2 + D_{2-6}, ET_5 + D_{5-6}\} = \max\{3 + 8, 7 + 0\} = 11$

$ET_7 = \max\{ET_3 + D_{3-7}, ET_5 + D_{5-7}\} = \max\{2 + 6, 7 + 0\} = 8$

$ET_8 = \max\{ET_6 + D_{6-8}, ET_7 + D_{7-8}\} = \max\{11 + 4, 8 + 5\} = 15$

$T_c = ET_8 = 15$

$T_p = T_c = 15$

②網路計劃的工期計算如下：

$T_c = ET_8 = 15$

$T_p = T_c = 15$

③節點的最遲時間的計算。節點的最遲時間從網路計劃的終點節點開始，自右向左依次計算如下：

$LT_8 = T_p = 15$

$LT_7 = \min\{LT_8 - D_{7-8}\} = \min\{15 - 5\} = 10$

$LT_6 = \min\{LT_8 - D_{6-8}\} = \min\{15 - 4\} = 11$

$LT_5 = \min\{LT_7 - D_{5-7}, LT_8 - D_{5-8}\} = \min\{10 - 0, 11 - 0\} = 10$

$LT_4 = \min\{LT_5 - D_{4-5}\} = \min\{10 - 4\} = 6$

$LT_3 = \min\{LT_4 - D_{3-4}, LT_7 - D_{3-7}\} = \min\{6 - 0, 10 - 6\} = 4$

$LT_2 = \min\{LT_4 - D_{2-4}, LT_6 - D_{2-6}\} = \min\{6 - 0, 11 - 8\} = 3$

$LT_1 = \min\{LT_2 - D_{1-2}, LT_3 - D_{1-3}\} = \min\{3 - 3, 4 - 2\} = 0$

④工作的最早開始時間、最早完成時間、最遲開始時間、最遲完成時間的計算如下：

$ES_{1-2} = ET_1 = 0 \quad EF_{1-2} = ET_1 + D_{1-2} = 0 + 3 = 3$

$LF_{1-2} = LT_2 = 3 \quad LS_{1-2} = LT_2 + D_{1-2} = 3 - 3 = 0$

$ES_{1-3} = ET_1 = 0 \quad EF_{1-3} = ET_1 + D_{1-3} = 0 + 2 = 2$

$LF_{1-3} = LT_3 = 4 \quad LS_{1-3} = LT_3 - D_{1-3} = 4 - 2 = 2$

$ES_{2-6} = ET_2 = 3 \quad EF_{2-6} = ET_2 - D_{2-6} = 3 + 8 = 11$

$LF_{2-6} = LT_6 = 11 \quad LS_{2-6} = LT_6 - D_{2-6} = 11 - 8 = 3$

$ES_{4-5} = ET_4 = 3 \quad EF_{4-5} = ET_4 - D_{4-5} = 3 + 4 = 7$

$LF_{4-5} = LT_5 = 10 \quad LS_{4-5} = LT_5 - D_{4-5} = 10 - 4 = 6$

$ES_{3-7} = ET_3 = 2 \quad EF_{3-7} = ET_3 - D_{3-7} = 2 + 6 = 8$

$LF_{3-7} = LT_7 = 10 \quad LS_{3-7} = LT_7 - D_{3-7} = 10 - 6 = 4$

$ES_{6-8} = ET_6 = 11 \quad EF_{6-8} = ET_8 - D_{6-8} = 11 + 4 = 15$

$LF_{6-8} = LT_8 = 15 \quad LS_{6-8} = LT_8 - D_{6-8} = 15 - 4 = 11$

$ES_{7-8} = ET_7 = 8 \quad EF_{7-8} = ET_7 + D_{7-8} = 8 + 5 = 13$

$LF_{7-8} = LT_8 = 15 \quad LS_{7-8} = LT_8 - D_{7-8} = 15 - 5 = 10$

⑤工作的總時差的計算。工作的總時差一般從網路計劃的起點節點開始，自左向右依次計算如下：

$TF_{1-2} = LT_2 - (ET_1 + D_{1-2}) = 3 - (0 + 3) = 0$

$TF_{1-3} = LT_3 - (ET_1 + D_{1-3}) = 4 - (0 + 2) = 2$

$TF_{2-6} = LT_6 - (ET_2 + D_{2-6}) = 11 - (3 + 8) = 0$

$TF_{4-5} = LT_5 - (ET_4 + D_{4-5}) = 10 - (3 + 4) = 3$

$TF_{3-7} = LT_7 - (ET_3 + D_{3-7}) = 10 - (2 + 6) = 2$

$TF_{6-8} = LT_8 - (ET_6 + D_{6-8}) = 15 - (11 + 4) = 0$

$$TF_{7-8} = LT_8 - (ET_7 + D_{7-8}) = 15 - (8 + 5) = 2$$

⑥工作的自由時差的計算。工作的自由時差應從網路計劃的終點節點開始，自右向左依次計算如下：

$$FF_{7-8} = ET_8 - (ET_7 + D_{7-8}) = 15 - (8 + 5) = 2$$
$$FF_{6-8} = ET_8 - (ET_6 + D_{6-8}) = 15 - (11 + 4) = 0$$
$$FF_{4-5} = \min\{ET_6, ET_7\} - (ET_4 + D_{4-5}) = \min\{11, 8\} - (3 + 4) = 1$$
$$FF_{3-7} = ET_7 - (ET_3 + D_{3-7}) = 8 - (2 + 6) = 0$$
$$FF_{2-6} = ET_6 - (ET_2 + D_{2-6}) = 11 - (3 + 8) = 0$$
$$FF_{1-3} = ET_3 - (ET_1 + D_{1-3}) = 2 - (0 + 2) = 0$$
$$FF_{1-2} = ET_2 - (ET_1 + D_{1-2}) = 3 - (0 + 3) = 0$$

上述計算結果如圖 7-25 所示。

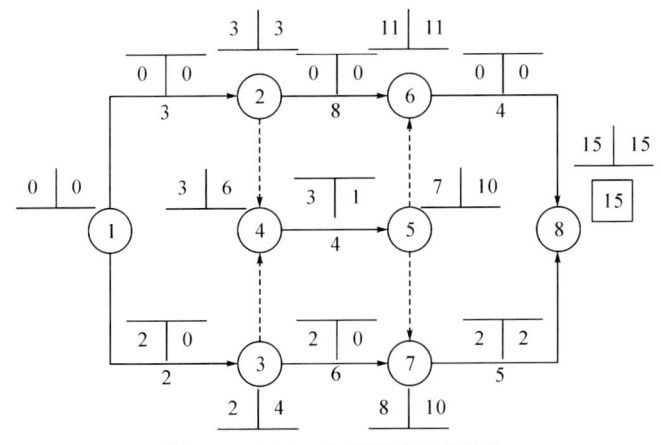

圖 7-25 【例 7.4】時間參數計算結果

7.2.2 單代號網路計劃時間參數計算

1. 單代號網路計劃時間參數計算公式

單代號網路計劃時間參數計算公式與雙代號網路計劃時間參數計算公式基本相同，只是工作的時間參數的下角標由雙角標變爲單角標。

(1) 工作的最早開始時間爲 ES_i。

當 $i = 1$ 時，通常令 $ES_i = 0$，當 $i \neq 1$ 時，$ES_i = \max\{EF_h\}$。

式中，下角標 h 表示本工作的所有緊前工作。工作的最早完成時間爲 EF_i：

$$EF_i = ES_I + D_i$$

網路計劃的工期：

$$T_c = EF_n$$

式中，n 表示網路計劃的終點節點。當工期無要求時，$T_p = T_c$，當工期有要求時，$T_p \leq T_r$。

運籌學

(2) 工作的最遲開始時間為 LS_i，$LS_i = LF_i - D_i$。工作的最遲完成時間為 LF_i，當 $I = n$ 時，$LF_i = T_p$；當 $I \neq n$ 時，$LF_i = \min\{LS_j\}$。式中，下角標 j 表示工作的所有緊後工作。工作的總時差為 TF_i，$TF_i = LS_i - ES_i$ 或 $TF_i = LF_i - EF_i$。

(3) 工作的自由時差為 FF_i，工作的自由時差的計算方法是，首先計算相鄰兩項工作之間的時間間隔（LAG_{ij}），然後取本工作與其所有緊後工作的時間間隔的最小值作為本工作的自由時差。相鄰兩項工作之間的時間間隔等於緊後工作的最早開始時間與本工作的最早完成時間之差，即

$$LAG_{ij} = ES_j - EF_i$$
$$EF_i = \min\{LAG_{i,j}\}$$

2. 時間參數計算示例

【例 7.5】下面結合圖 7-26 所示的單代號網路計劃，介紹其時間參數的計算過程和方法。

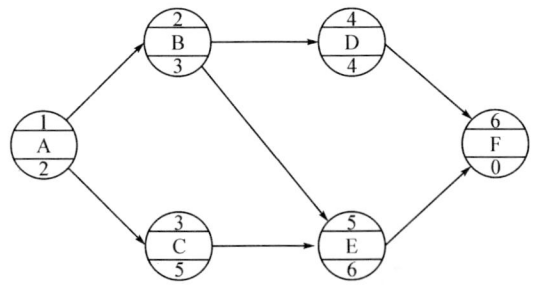

圖 7-26 某單代號網路計劃

單代號網路計劃時間參數和圖上標註方法如圖 7-27 所示。

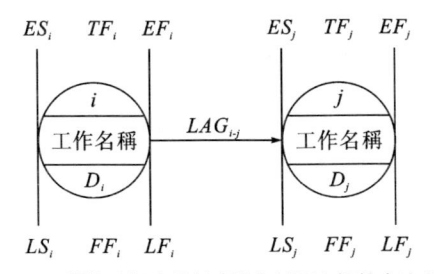

圖 7-27 單代號網路計劃時間參數圖上標註方法之一

(1) 工作的最早開始時間和最早完成時間的計算從網路計劃的起點節點開始，自左向右依次計算如下：

$ES_1 = 0$

$EF_1 = ES_1 + D_1 = 0 + 2 = 2$

$ES_2 = \max\{EF_1\} = \max\{2\} = 2$

$EF_2 = ES_2 + D_2 = 2 + 3 = 5$

168

$ES_3 = \max\{EF_1\} = \max\{2\} = 2 \quad EF_3 = ES_3 + D_3 = 2 + 5 = 7$

$ES_4 = \max\{EF_2\} = \max\{5\} = 2 \quad EF_4 = ES_4 + D_4 = 5 + 4 = 9$

$ES_5 = \max\{EF_2, EF_3\} = \max\{5, 7\} = 7$

$EF_5 = ES_5 + D_5 = 7 + 6 = 13$

$ES_6 = \max\{EF_2, EF_5\} = \max\{9, 13\} = 13$

$EF_6 = ES_6 + D_6 = 13 + 0 = 13$

(2)網路計劃工期的計算爲：

$T_c = ET_6 = 13 \quad T_p = T_c = 13$

(3)工作的最遲開始時間與最遲完成時間的計算從網路計劃的終點節點開始，自右向左依次計算如下：

$LF_6 = T_p = 13 \quad LS_6 = LF_6 - D_6 = 13 - 0 = 13$

$LF_5 = \min\{LS_6\} = \min\{13\} = 13$

$LS_5 = LF_5 - D_5 = 13 - 6 = 7$

$LF_4 = \min\{LS_6\} = \min\{13\} = 13$

$LS_4 = LF_4 - D_4 = 13 - 4 = 9$

$LF_3 = \min\{LS_5\} = \min\{7\} = 7$

$LS_3 = LF_3 - D_3 = 7 - 5 = 2$

$LF_2 = \min\{LS_4, LS_5\} = \min\{9, 7\} = 7$

$LS_2 = LF_2 - D_2 = 7 - 3 = 4$

$LF_1 = \min\{LS_2, LS_3\} = \min\{4, 2\} = 2$

$LS_1 = LF_1 - D_1 = 2 - 2 = 0$

(4)工作的總時差的計算一般從網路計劃的起點節點開始，自左向右依次計算如下：

$TF_1 = LS_1 - ES_1 = 0 - 0 = 0 \quad TF_2 = LS_2 - ES_2 = 4 - 2 = 2$

$TF_3 = LS_3 - ES_3 = 2 - 2 = 0 \quad TF_4 = LS_4 - ES_4 = 9 - 4 = 5$

$TF_5 = LS_5 - ES_5 = 7 - 7 = 0 \quad TF_6 = LS_6 - ES_6 = 13 - 13 = 0$

(5)工作的自由時差的計算從網路計劃的終點節點開始，自右向左計算相鄰兩項工作的時間間隔，當每一項工作與其所有緊後工作的時間間隔計算完畢後，取其最小值爲本工作的自由時差。計算過程和方法如下：

$EF_6 = 0$

$LAG_{5,6} = ES_6 - EF_5 = 13 - 13 = 0$

$FF_5 = \min\{LAG_{5,6}\} = \min\{0\} = 0$

$LAG_{4,6} = ES_6 - EF_4 = 13 - 9 = 4$

$FF_4 = \min\{LAG_{4,6}\} = \min\{4\} = 4$

$LAG_{3,5} = ES_5 - EF_3 = 7 - 7 = 0$

$FF_3 = \min\{LAG_{3,5}\} = \min\{0\} = 0$

$LAG_{2,4} = ES_4 - EF_2 = 5 - 5 = 0$

$LAG_{2,5} = ES_5 - EF_2 = 7 - 5 = 2$

$FF_2 = \min\{LAG_{2,4}, LAG_{2,5}\} = \min\{0, 2\} = 0$

$LAG_{1,2} = ES_2 - EF_1 = 2 - 2 = 0$

$LAG_{1,3} = ES_3 - EF_1 = 2 - 2 = 0$

$FF_1 = \min\{LAG_{1,2}, LAG_{1,3}\} = \min\{0, 0\} = 0$

上述計算結果如圖 7-28 所示。

單代號網路計劃時間參數的圖上標註方法也可採用圖 7-29 所示的方法。

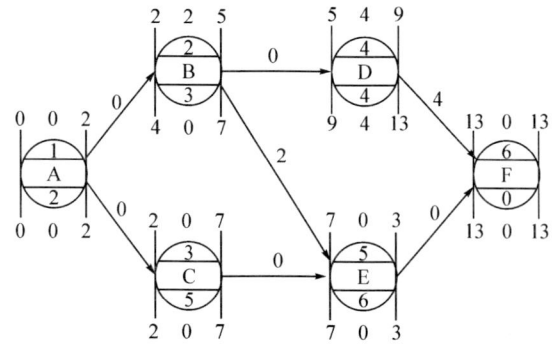

圖 7-28 【例 7.5】時間參數計算結果

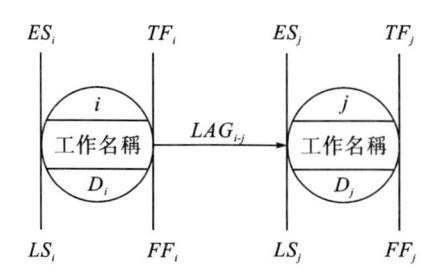

圖 7-29 單代號網路計劃時間參數圖上標註方法之二

7.2.3 關鍵線路的確定

1. 關鍵工作與關鍵線路的概念

在網路計劃中總時差最小的工作被稱爲關鍵工作。當網路計劃的計劃工期等於計算工期時，總時差等於零的工作（即沒有機動時間的工作）就是關鍵工作。

從網路計劃的起點節點開始，經過一系列箭線、節點到達終點的通路被稱爲線路。將每條線路所包括的各項工作的持續時間相加，即得每條線路的總持續時間，其中總持續時間最長的線路被稱爲關鍵線路。位於關鍵線路上的工作均爲關鍵工作，或者說，關鍵線路是由關鍵工作組成的。在每一個網路計劃中，至少存在一條關鍵線路，也可能存在多條關鍵線路。關鍵線路通常應用雙箭線、粗線或彩色線標出。

2. 確定關鍵線路的方法

確定關鍵線路的方法有多種，本書介紹如下 3 種：

（1）比較線路長度法。這是根據關鍵線路的概念尋找關鍵線路的方法。具體做法是，找出網路計劃中的所有線路，並比較各條線路的總持續時間長短，其中總持續時間最長的線路即爲關鍵線路。例如,在圖 7-30 中,共有 6 條線路,其中總持續時間最長的線路爲①—②—⑥—⑧,總持續時間最長,該條線路即爲關鍵線路。

（2）計算總時差法。這是通過對網路計劃時間參數的計算,找出總時差最小的工作,這些工作爲關鍵工作。由關鍵工作組成的線路即爲關鍵線路。例如,在圖 7-30 中的①—②、②—⑥、⑥—⑧這 3 項工作的總時差最小(均爲零),將這 3 項工作作爲關鍵工作,由它們組成的線路即爲關鍵線路。

（3）標號法。這是直接在網路計劃圖上尋找關鍵線路的一種方法。具體做法是,從網路計劃的起點節點開始,對每個節點用源節點和標號值進行標號。標號完畢後,從網路計劃的終點節點開始,自右向左按源節點尋找出關鍵線路。網路計劃的終點節點的標號值即爲計算工期。節點標號值的確定方法如下:

第一,設網路計劃的起點節點的標號值爲零,即:

$$b_1 = 0$$

第二,其他節點的標號值等於該節點的內向工作的開始節點標號值加上內向工作的持續時間之後的最大值,即:

$$b_i = \max\{b_h + D_{h-i}\}$$

式中,h 爲節點 i 的所有緊前節點。

【例 7.6】下面仍以圖 7-21 爲例,介紹採用標號法尋找關鍵線路的方法。

$b_1 = 0$

$b_2 = \max\{b_1 + D_{1-2}\} = \max\{0 + 3\} = 3$

$b_3 = \max\{b_1 + D_{1-3}\} = \max\{0 + 2\} = 2$

$b_4 = \max\{b_2 + D_{2-4}, b_3 + D_{3-4}\} = \max\{3 + 0, 2 + 0\} = 3$

$b_5 = \max\{b_4 + D_{4-5}\} = \max\{3 + 4\} = 7$

$b_6 = \max\{b_2 + D_{2-6}, b_5 + D_{5-6}\} = \max\{3 + 8, 7 + 0\} = 11$

$b_7 = \max\{b_3 + D_{3-7}, b_5 + D_{5-7}\} = \max\{2 + 6, 7 + 0\} = 8$

$b_8 = \max\{b_6 + D_{6-8}, b_7 + D_{7-8}\} = \max\{11 + 4, 8 + 5\} = 15$

上述計算結果如圖 7-30 所示。圖中每個節點附近的括號內有兩個數值,第一個數值爲源節點,第二個數值爲標號值。網路計劃的終點節點的標號值即爲計算工期。從網路計劃的終點節點開始,按源節點尋找出關鍵路線,如圖 7-30 中雙箭線所示。

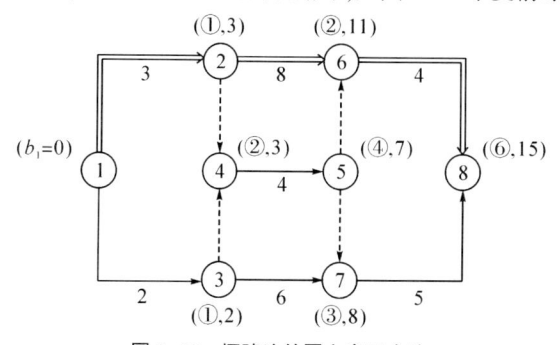

圖 7-30 標號法的圖上表示方法

7.3 網路計劃的優化

網路計劃的優化是指在一定約束條件下,按既定目標對網路計劃進行調整,直到尋找出滿意結果爲止的過程。

網路計劃優化的目標一般包括工期目標、費用目標和資源目標。根據既定目標,網路計劃優化的內容分爲工期優化、費用優化和資源優化3個方面。

7.3.1 工期優化

1. 工期優化的概念

根據工程施工方案,按照計劃中各項工作的邏輯關係編制的網路計劃,其計算工期與既定的工期目標相比,如果計算工期長於工期目標(要求工期),就要對計算工期進行調整。工期優化就是通過壓縮計算工期以達到既定工期目標,或在一定約束條件下使工期最短的過程。

工期優化一般是通過壓縮關鍵線路的持續時間來滿足工期要求的。在優化過程中要注意不能將關鍵線路壓縮成非關鍵線路,當出現多條關鍵線路時,必須將各條關鍵線路的持續時間壓縮爲同一數值,否則不能有效地將工期縮短。

2. 工期優化的步驟與方法

工期優化的步驟與方法如下:

(1) 找出網路計劃中的關鍵線路,並求出計算工期。

(2) 按要求工期計算出應縮短的時間。

(3) 根據這些因素選擇能優先縮短持續時間的關鍵工作:①縮短持續時間對質量和安全影響不大的工作;②有充足儲備資源的工作;③縮短持續時間所需增加的費用最少的工作。

(4) 將應優先縮短的工作縮短至最短持續時間,並找出關鍵線路。若被壓縮的工作變成了非關鍵工作,則應將其持續時間適當延長至剛好恢復爲關鍵工作爲止。

(5) 重複上述過程直至滿足工期要求或工期無法再縮短爲止。當採用上述步驟和方法後,工期仍不能縮短至要求工期,則應採用提高施工技術、完善組織的措施來調整原方案,重新編制進度計劃。如果工期要求不合理,應重新確定要求的工期目標。

7.3.2 費用優化

1. 費用優化的概念

一項工程的總費用包括直接費用和間接費用兩部分。在一定範圍內,直接費用隨工期的延長而減少,而間接費用則隨工期的延長而增加,如圖 7-31 中的直接費用和間接費用曲線所示。將該兩條曲線叠加,就形成了總費用曲線。總費用曲線上的最低點所對應的工期($X/Y/Z$)就是費用優化所要追求的最優工期。因此,費用優化也可被稱爲工期-費用優化(或工期-成本優化)。

由圖 7-31 不難看出,要想求得總費用最低的工期方案,必須首先研究直接費用、間接費用與工期的關係,求出這兩條曲線。

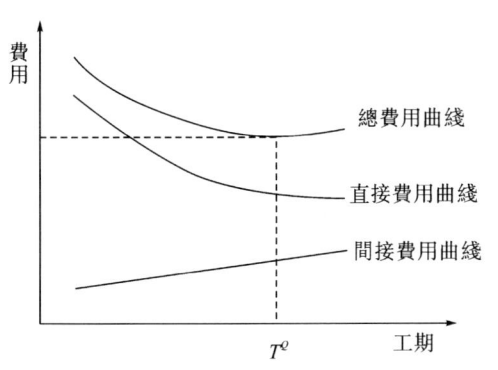

圖 7-31 工程費用與工期關係示意圖

間接費用是指計劃執行過程中用於工程經營管理方面的費用。間接費用的多少與施工單位的施工條件、施工組織管理水平有關。在優化過程中,通常因該曲線的曲率不大,為簡化計算而將其視為一條直線。該直線的斜率表示在單位時間內(每一天、每一周、每一月等)間接費用支出的數值(即間接費率)。

直接費用是指計劃執行過程中用於支付每項工作的人工費、材料費、機械臺班使用費等費用。每一項工程計劃都是由許多項工作組成的,這些工作都有着各自的施工方法、施工機械、材料及持續時間等,而且這些因素是可以變化的。一般情況下,通常考慮採用使每項工作的直接費用支出最少的施工方法,工作的持續時間可能要長些。在考慮加快施工時,對某些工作就要考慮採用較短(甚至是最短)的持續時間的施工方法,其直接費用支出就要增加。每項工作在縮短單位時間後所需增加的費用,被稱為該工作的直接費率。一般情況下,工作的直接費率可用下面公式計算:

$$e_{i-j} = \frac{C_{i-j}^C - C_{i-j}^N}{D_{i-j}^N - D_{i-j}^C}$$

式中 e_{i-j} 為工作 $i-j$ 的直接費率; D_{i-j}^C、C_{i-j}^C 分別為工作 $i-j$ 的最短持續時間及其相應的直接費用; D_{i-j}^N、C_{i-j}^N 分別為工作 $i-j$ 的正常持續時間及其相應的直接費用。

在實際工程中,有的工作在不同的持續時間範圍內,具有不同的費率;有的工作可能只有唯一的一種施工方法,並且其持續時間和費用均不發生變化。這些情況均要根據具體工作而定。

2. 費用優化的步驟和方法

(1)計算正常作業條件下工程網路計劃的工期、關鍵線路和總直接費、總間接費及總費用。將所有工作在正常持續時間條件下的直接費用相加即得總直接費;用工程的間接費率乘以工期即得總間接費;將總直接費與總間接費相加即得總費用。

(2)計算各項工作的直接費率,按上式計算。對於僅有一種施工方法,其持續時間和費用不變的工作可設其直接費率為無窮大。

(3)在關鍵線路上,選擇直接費率最小並且不超過工程間接費率的工作作爲被壓縮的對象。當網路計劃存在多條關鍵線路時,選擇組合直接費率最少並且不超過工程間接費率的若干項工作(工作數目根據關鍵線路數目而定)作爲被壓縮對象。

(4)將被壓縮對象壓縮至最短,當被壓縮對象爲一組工作時,將該組工作壓縮爲同一數值(該值爲該組工作可壓縮的最大幅度),並找出關鍵線路;如果被壓縮對象變成了非關鍵工作,則需適當延長其持續時間,使其剛好恢復爲關鍵工作。

(5)重新計算和確定網路計劃的工期、關鍵線路和總直接費、總間接費、總費用。

(6)重複上述第(3)至第(5)步驟,直至找不到直接費率或組合直接費率不超過工程間接費率的壓縮對象爲止。此時的工期即爲總費用最低的最優工期。

(7)繪製出優化後的網路計劃。在每項工作上註明優化的持續時間和相應的直接費用。

3. 優化示例

【例7.7】已知某工程網路計劃如圖7-32所示。圖中箭線下方括號外數值爲正常持續時間,括號內數值爲最短持續時間;箭線上方括號外數值爲正常持續時間的直接費用,括號內數值爲最短持續時間的直接費用。工程間接費率爲0.8千元/天,試對其進行費用優化。

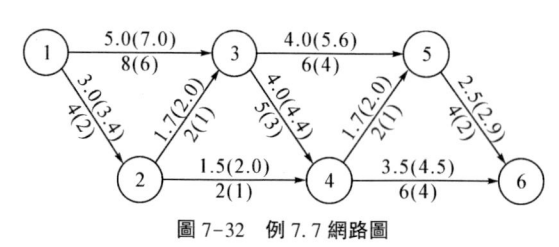

圖7-32 例7.7網路圖

解:(1)計算和確定正常作業條件下的網路計劃工期、關鍵線路和總直接費、總間接費、總費用,如下:

①工期爲19天,關鍵線路如圖7-33中雙箭線所示。

②總直接費爲每項工作箭線上方括號外的數值相加,爲26.2(千元)。

總間接費:$0.8 \times 19 = 15.2$(千元)

總費用:$26.2 + 15.2 = 41.4$(千元)

(2)計算各項工作的直接費率,如下:

$$e_{1-2} = \frac{C_{1-2}^C - C_{1-2}^N}{D_{1-2}^N - D_{1-2}^C} = \frac{3.4 - 3.0}{4 - 2} = 0.2 \text{(千元/天)}$$

$$e_{1-3} = \frac{C_{1-3}^C - C_{1-3}^N}{D_{1-3}^N - D_{1-3}^C} = \frac{7.0 - 5.0}{8 - 6} = 1.0 \text{(千元/天)}$$

$$e_{2-3} = \frac{C_{2-3}^C - C_{2-3}^N}{D_{2-3}^N - D_{2-3}^C} = \frac{2.0 - 1.7}{2 - 1} = 0.3 \text{(千元/天)}$$

同理可得 $e_{2-4} = 0.5$(千元/天);$e_{3-4} = 0.2$(千元/天);$e_{3-5} = 0.8$(千元/天);$e_{4-5} =$

0.7(千元/天); e_{4-6} = 0.5(千元/天); e_{5-6} = 0.2(千元/天)。將計算結果標於每項工作箭線的上方,如圖 7-33 所示。

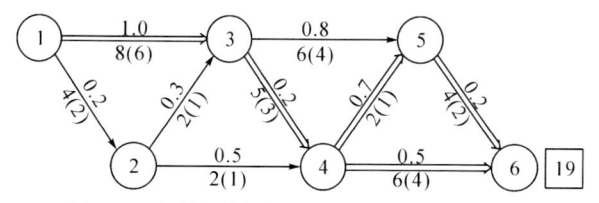

圖 7-33 初始網路計劃的工期、關鍵線路、直接費率

(3)第一次壓縮。在關鍵線路上選擇直接費率最低的工作 3-4(e_{3-4} = 0.2 千元/天 < 0.8 千元/天)作為被壓縮對象。先將工作 3-4 壓縮至最短持續時間,找出關鍵線路,則此時關鍵線路發生了變化,如圖 7-34 中雙箭線所示,工期為 18 天。

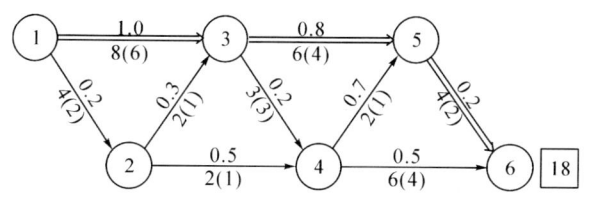

圖 7-34 將工作 3-4 壓縮至最短的網路計劃

將工作 3-4 的持續時間由最短的 3 天延長至 4 天,使其恢復為關鍵工作,如圖 7-35 所示。至此,第一次壓縮結束。

重新計算網路計劃的總直接費、總間接費、總費用,可得

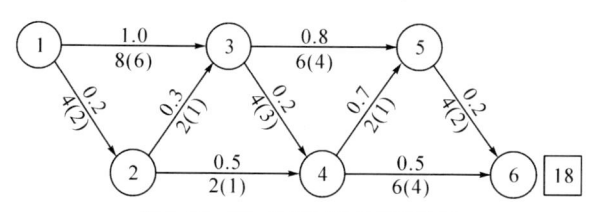

圖 7-35 第一次壓縮後的網路計劃

總直接費:26.2 + 1 × 0.2 = 26.4(千元)
總間接費:0.8 × 18 = 14.4(千元)
總費用:26.4 + 14.4 = 40.8(千元)

(4)第二次壓縮。有 5 個可壓縮方案,其中同時壓縮工作 3-4 和工作 5-6 的組合直接費率最小(e_{3-4} + e_{5-6} = 0.2 + 0.2 = 0.4 千元/天 < 0.8 千元/天),將其作為被壓縮對象。將這兩項工作壓縮為相同的天數(1 天)。第二次被壓縮後的網路計劃如圖 7-36 所示。

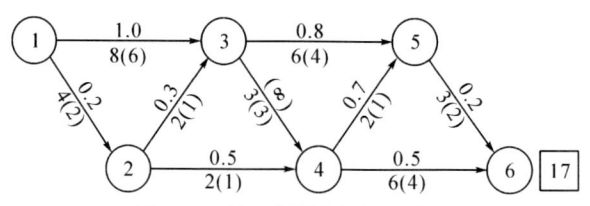

圖 7-36　第二次被壓縮後網路計劃

第二次壓縮後,網路計劃的工期為 17 天;工作 3-4 已被壓縮至最短持續時間,將其直接費率改寫為無窮大;工作 4-5 未經壓縮卻因其他工作的壓縮使其變成了非關鍵工作,這種情況是被允許的。重新計算網路計劃的總直接費、總間接費、總費用,可得:

總直接費: $26.4 + (0.2 + 0.2) \times 1 = 26.8$(千元)

總間接費: $0.8 \times 17 = 13.6$(千元)

總費用: $27.5 + 12.8 = 40.4$(千元)

(5) 第三次壓縮。有 3 個可壓縮方案,但只有同時壓縮工作 4-6 和工作 5-6 的組合直接費率($e_{4-6} + e_{5-6} = 0.5 + 0.2 = 0.7$ 千元/天 < 0.8 千元/天),故選擇工作 4-6 和工作 5-6 作為被壓縮對象,這兩項工作可同時壓縮 1 天。該次壓縮後的總直接費、總間接費、總費用如下:

總直接費: $26.8 + 0.7 \times 1 = 27.5$(千元)

總間接費: $0.8 \times 16 = 12.8$(千元)

總費用: $27.5 + 12.8 = 40.3$(千元)

第三次壓縮的網路計劃如圖 7-37 所示。

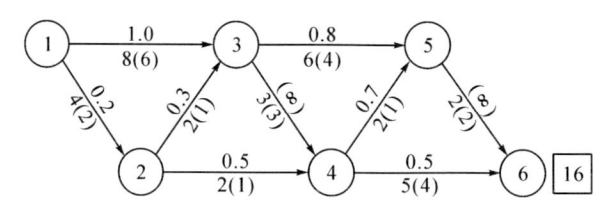

圖 7-37　優化後的網路計劃

至此,優化結束,優化過程見表 7-3。

表 7-3　【例 7.7】優化過程表

壓縮次數 (次)	壓縮對象	直接費率或 組合直接費率	費率差 (千元/天)	縮短時間 (天)	工期 (天)	總費用 (千元)
0	-	-	-	-	19	41.4
1	3-4	0.2	-0.6	1	18	40.8
2	3-4 5-6	0.4	-0.4	1	17	40.4

表7-3(續)

壓縮次數 (次)	壓縮對象	直接費率或 組合直接費率	費率差 (千元/天)	縮短時間 (天)	工期 (天)	總費用 (千元)
3	4-6 5-6	0.7	-0.1	1	16	40.3
4	1-3	1.0	+0.2	—	—	—

假設該工程的優化目標是以盡可能低的費用實現最短工期,該優化過程應繼續進行。

7.3.3 資源優化

在計劃執行過程中,將所需的人力、材料、機械設備和資金等統稱爲資源。完成一項工程計劃所需的資源總量是不變的。資源優化的目標不是減少資源總量,而是通過調整計劃中某些工作投入作業的開始時間,使資源分布滿足某種要求。

在資源優化中,通常將某項工作在單位時間內所需的某種資源數量稱爲資源強度;將整個計劃在某單位時間內所需的某種資源數量稱爲資源需用量;將在單位時間內可供使用的某種資源的最大數量稱爲資源限量。

資源優化的內容有"資源有限-工期最短優化"和"工期固定-資源均衡優化"兩個方面。

1. 資源有限-工期最短優化

在實施計劃過程中,可供使用的某種資源的數量總是有限的。資源有限-工期最短優化的目標就是在滿足有限資源的條件下,通過調整某些工作的投入作業的開始時間,使工期不延誤或盡可能少延誤。資源有限-工期最短優化的步驟與方法爲:

(1)繪制時標網路計劃,逐時段計算資源需用量 Q_t。

(2)逐時段檢查資源需用量是否超過資源限量,若有超過者進入第 3 步,則檢查下一時段。

(3)對於超過的時段,按總時差從小到大累計該時段中的各項工作的資源強度,累計到不超過資源限量的最大值,將其餘的工作推移到下一時段(在不允許各項工作間斷作業的假定條件下,在前一時段已經開始的工作應優先累計)。

(4)重複上述步驟,直至所有時段的資源需用量均不超過資源限量爲止。

【例 7.8】 已知網路計劃如圖 7-38 所示。圖中箭線上方數據爲資源強度,下方數據爲持續時間。若資源限量爲 12,試對其進行資源有限-工期最短優化。

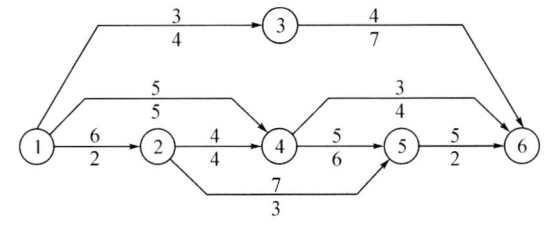

圖 7-38　某工程網路計劃

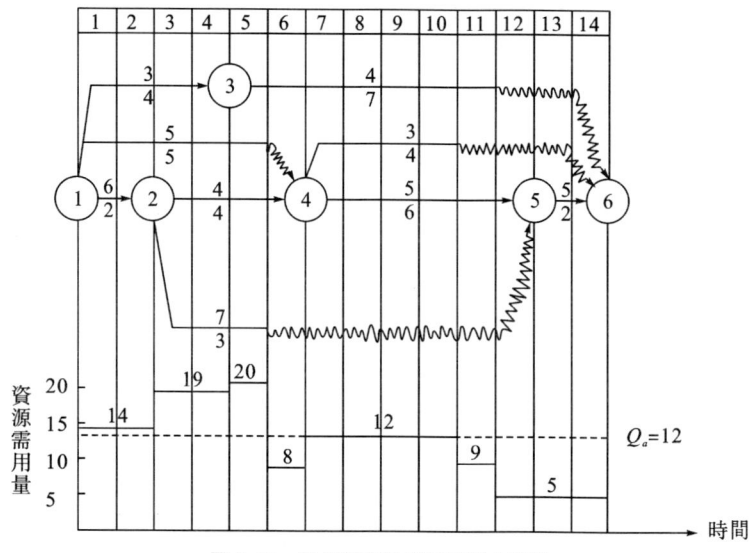

解：第一步：繪製時標網路計劃，計算每天資源需用量，如圖 7-39 所示。

圖 7-39 時標網路計劃與資源曲線圖

第二步：逐時段將資源需用量與資源限量對比，發現 0—2、2—4、4—5 三個時段的資源需用量均超過資源限量，需要調整。

第三步：首先調整 0—2 時段，將該時段同時進行的工作按總時差從小到大對資源強度進行累計，累計到不超過資源限量（$Q_a = 12$）的最大值，即 $r_{1-2} + r_{1-4} = 6 + 5 = 11 < 12$，將工作 1—3 推移至下一時段，調整結果如圖 7-40 所示。

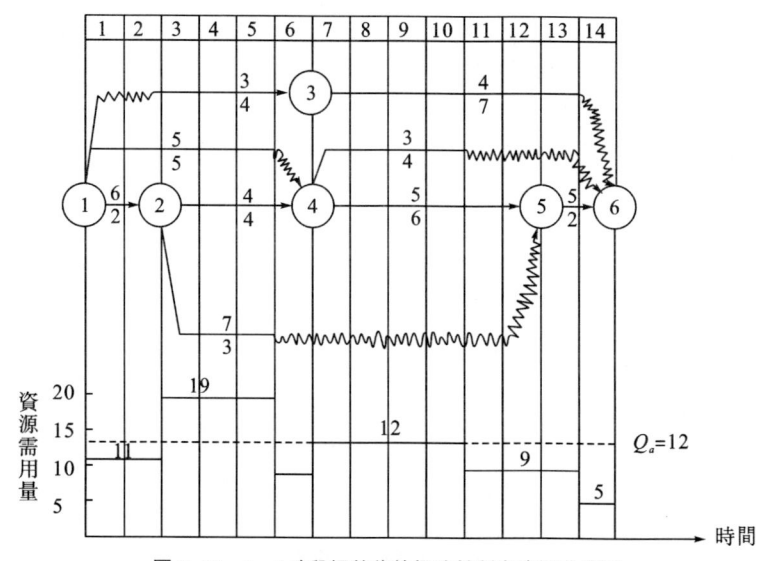

圖 7-40 0—2 時段調整後的網路計劃與資源曲線圖

第四步：從圖7-40中看出，0—2時段的資源需用量已不超過資源限量，2—5時段仍超出資源限量，需要對其做調整。資源強度累計：$r_{1-4} + r_{2-4} + r_{1-3} = 5 + 4 + 3 = 12$，將工作2—5 推移至下一時段，調整結果如圖7-41 所示。

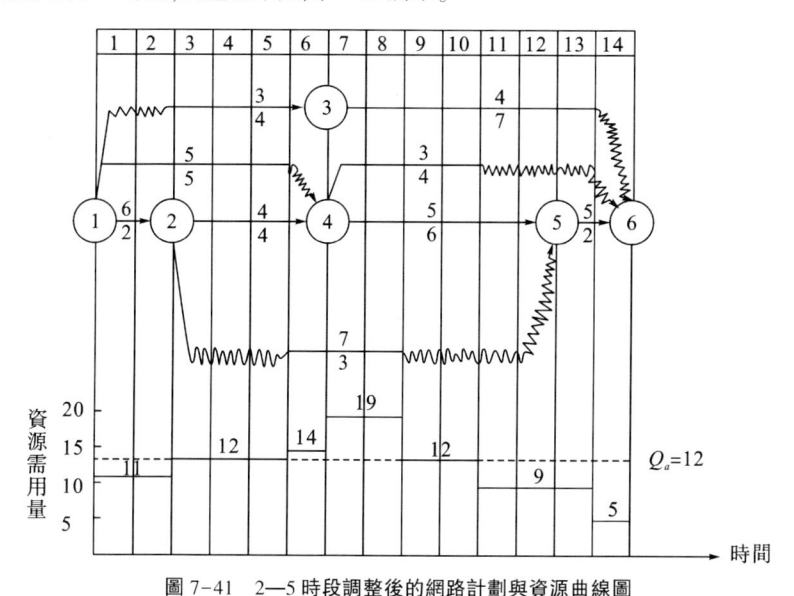

圖 7-41　2—5 時段調整後的網路計劃與資源曲線圖

第五步：從圖7-41 中看出，0—2、2—5 時段已滿足資源限量要求，5—6、6—8 時段仍超出資源限量，需要對其做調整。

該網路計劃的資源有限-工期最短優化的最後結果如圖7-42 所示。

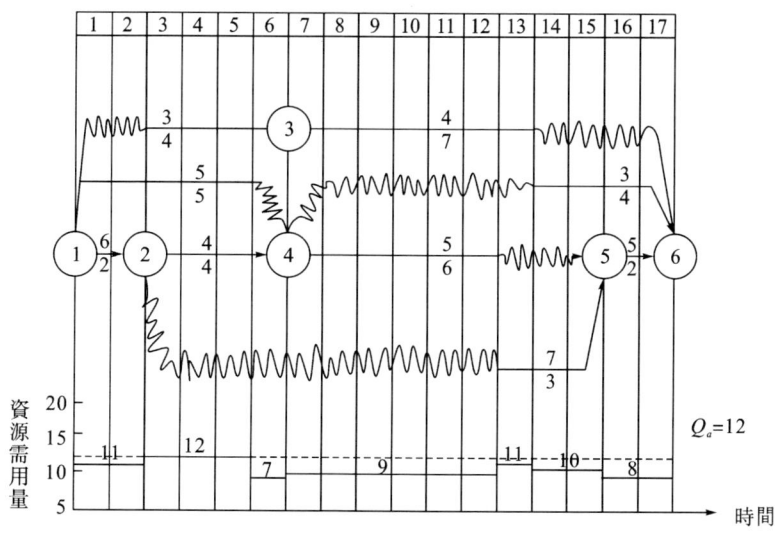

圖 7-42　優化後的網路計劃與資源曲線圖

2. 工期固定-資源均衡優化

在工期不變的條件下,盡量使資源需用量均衡,既有利於工程施工的組織與管理,又有利於降低工程施工費用。

(1)衡量資源均衡程度的指標。衡量資源需用量均衡程度的指標有三個,分別為不均衡系數、極差值、均方差值。這些指標值愈小,説明資源均衡程度愈好。

第一,不均衡系數 K:

$$K = \frac{Q_{max}}{Q_m}$$

式中 Q_{max} 為資源需用量最大值;Q_m 為資源需用量平均值。

$$Q_m = \frac{1}{T}(Q_1 + Q_2 + \cdots + Q_T)$$

式中 T 為網路計劃工期(天);Q_T 為第 t 天資源需用量。

第二,極差值 ΔQ:

$$\Delta Q = \max\{Q_t - Q_m\}$$

第三,均方差值 σ^2:

$$\sigma^2 = \frac{1}{T}\sum_{t=1}^{T}(Q_t - Q_m)^2$$

為簡化計算,式子可變換為:

$$\sigma^2 = \frac{1}{T}\sum_{t=1}^{T}Q_t^2 - Q_m^2$$

若 σ^2 最小,需使 $\sum_{t=1}^{T}Q_t^2 = Q_1^2 + Q_2^2 + \cdots + Q_T^2$ 最小。

(2)優化步驟與方法。工期固定-資源均衡優化步驟與方法為:

第一,繪製時標網路計劃,計算資源需用量。

第二,計算資源均衡性指標,本書主要使用均方差值來衡量資源均衡程度。

第三,從網路計劃的終點節點開始,按非關鍵工作最早開始時間的先後順序進行調整(不得調整關鍵工作)。

對於任一項工作 $k-l$,設其在第 i 天開始,第 J 天結束,資源強度為 r_{k-l}。若工作 $k-l$ 向右移一天,那麼第 i 天資源需用量減少 r_{k-l},第 $j+1$ 天資源需用量增加 r_{k-l},$\sum_{t=1}^{T}Q_t^2 = Q_1^2 + Q_2^2 + \cdots + Q_T^2$ 的變化值 Δ 為:

$$\Delta = [(Q_{j+1} + r_{k-l})^2 - Q_{j+1}^2] - [Q_j^2 - (Q_i - r_{k-l})^2]$$

整理得:

$$\Delta = 2r_{k-l}[Q_{j+1} - (Q_i - r_{k-l})]$$

若將工作 $k-l$ 向右移動 1 天,使 $\Delta < 0$,説明移動後的資源均衡性好於移動前,就應將其向右移動 1 天。在此基礎上再考慮工作 $k-l$ 能否再向後移動,直至不能移動為止。

若將工作 $k-l$ 向右移動 1 天,使 $\Delta > 0$,説明移動後的資源均衡性差於移動前,不應移動。但如果工作 $k-l$ 還有自由時差,則應繼續考慮能否將其向右移 2 天、3 天……直至不能移動爲止。

在具體計算過程中,通常僅利用式中右端方括號中的表達式,即調整判別式爲:
$$\Delta = Q_{j+1} - (Q_i - r_{k-1})$$
如果將工作 $k-1$ 向右移動使 $\Delta' < 0$,就應移動。

再從網路計劃的終點節點開始,自右向左調整一次後,還要調整第二次、第三次……直至所有的工作均不能移動爲止。

第四,繪製調整後的網路計劃。

(3) 優化示例如下:

【例 7.9】仍以圖 7-38 所示的網路計劃爲例,說明工期固定-資源均衡優化的步驟和方法。

解:第一,繪製時標網路計劃,計算資源需用量,如圖 7-39 所示。

第二,計算資源均衡性指標,本例僅計算均方差值。
$$\sigma_0^2 = \frac{1}{T}\sum_{t=1}^{T} Q_t^2 - Q_m^2$$

式中

$$Q_m = \frac{1}{T}\sum_{t=1}^{T} Q_t = \frac{1}{14}(14 \times 2 + 19 \times 2 + 20 \times 1 + 8 \times 1 + 12 \times 4 + 9 \times 1 + 5 \times 3) = 11.8$$

$$\frac{1}{T}\sum_{t=1}^{T} Q_t^2 = \frac{1}{14}(14^2 \times 2 + 19^2 \times 2 + 20^2 \times 1 + 8^2 \times 1 + 12^2 \times 4 + 9^2 \times 1 + 5^2 \times 3) = 165.0$$

所以,$\sigma_0^2 = 165.00 - 11.86^2 = 24.3$

第三,優化調整。

第一次調整:

① 調整以終點節點 6 爲結束節點的工作。首先調整工作 4-6,利用判別式判別其能否向右移動。

$Q_{11} - (Q_7 - r_{4-6}) = 9 - (12 - 3) = 0$,可右移 1 天,$ES_{4-6} = 7$;

$Q_{12} - (Q_8 - r_{4-6}) = 5 - (12 - 3) = -4 < 0$,可右移 2 天,$ES_{4-6} = 8$;

$Q_{13} - (Q_9 - r_{4-6}) = 5 - (12 - 3) = -4 < 0$,可右移 3 天,$ES_{4-6} = 9$;

$Q_{14} - (Q_{10} - r_{4-6}) = 5 - (12 - 3) = -4 < 0$,可右移 4 天,$ES_{4-6} = 10$;

至此,工作 4-6 調整完畢,在此基礎上考慮調整工作 3-6。

$Q_{12} - (Q_5 - r_{3-6}) = 8 - (20 - 4) = -8 < 0$,可右移 1 天,$ES_{3-6} = 5$;

$Q_{13} - (Q_6 - r_{3-6}) = 8 - (8 - 4) = 4 > 0$,不能右移 2 天;

$Q_{14} - (Q_7 - r_{3-6}) = 8 - (9 - 4) = 3 > 0$,不能右移 3 天。

因此工作 3-6 只能向右移動 1 天。工作 4-6 和工作 3-6 調整完畢後的網路計劃如圖 7-43 所示。

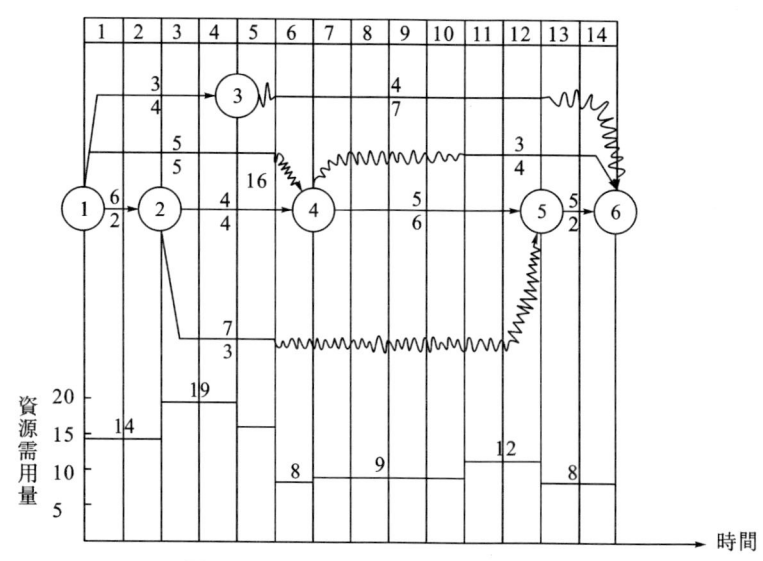

圖 7-43　工作 4-6 和 3-6 調整後的網路計劃

②調整以節點 5 為結束節點的工作。根據圖 7-40,只可考慮調整工作 2-5。

$Q_6 - (Q_3 - r_{2-5}) = 8 - (19 - 7) = -4 < 0$,可右移 1 天,$ES_{2-5} = 3$;
$Q_7 - (Q_4 - r_{2-5}) = 9 - (19 - 7) = -3 < 0$,可右移 2 天,$ES_{2-5} = 4$;
$Q_8 - (Q_5 - r_{2-5}) = 9 - (17 - 7) = -1 < 0$,可右移 3 天,$ES_{2-5} = 5$;
$Q_9 - (Q_6 - r_{2-5}) = 9 - (15 - 7) = 1 > 0$,不能右移 4 天;
$Q_{10} - (Q_7 - r_{2-5}) = 9 - (16 - 7) = 0$,不能右移 5 天;
$Q_{11} - (Q_8 - r_{2-5}) = 12 - (15 - 7) = 4 > 0$,不能右移 6 天;
$Q_{12} - (Q_9 - r_{2-5}) = 12 - (16 - 7) = 3 > 0$,不能右移 7 天。

因此工作 2-5 只能向右移動 3 天。

③調整以節點 4 為結束節點的工作。只能考慮調整工作 1-4,但通過計算不能調整。

④調整以節點 3 為結束節點的工作。只可考慮調整工作 1-3。

$Q_5 - (Q_1 - r_{1-3}) = 9 - (14 - 3) = -2 < 0$,可右移 1 天,$ES_{1-3} = 1$。

至此,第一次調整完畢。調整後的網路計劃如圖 7-44 所示。

第二次調整:在圖 7-41 的基礎上,再次自右向左調整。

①調整以終點節點 6 為結束節點的工作。只可考慮調整工作 3-6。

$Q_{13} - (Q_6 - r_{3-6}) = 8 - (15 - 4) = -3 < 0$,可右移 1 天,$ES_{3-6} = 6$;
$Q_{14} - (Q_7 - r_{3-6}) = 8 - (16 - 4) = -4 < 0$,可右移 2 天,$ES_{3-6} = 7$。

工作 3-6 再次右移後的網路計劃如圖 7-45 所示。

②分別調整以節點 5、4、3、2 為結束節點的非關鍵工作,不能將其再右移。至此優化結束。圖 7-45 即為工期固定-資源均衡優化的最終結果。

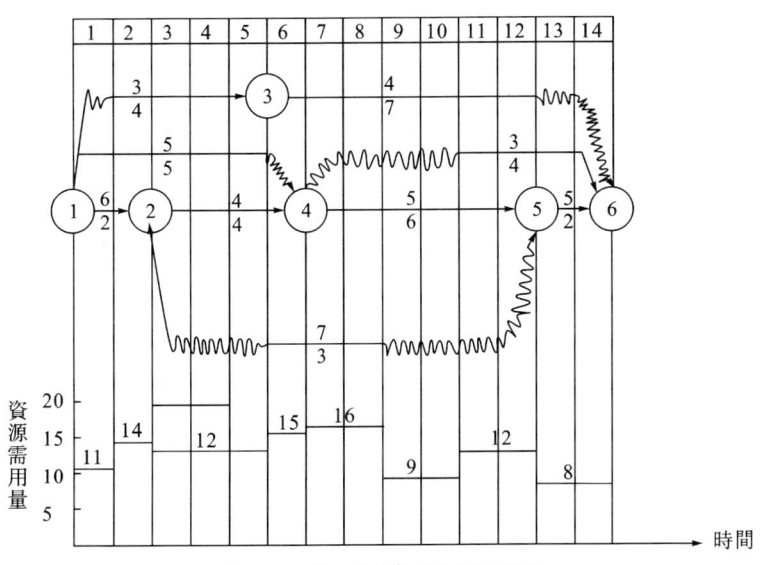

圖 7-44 第一次調整後的網路計劃

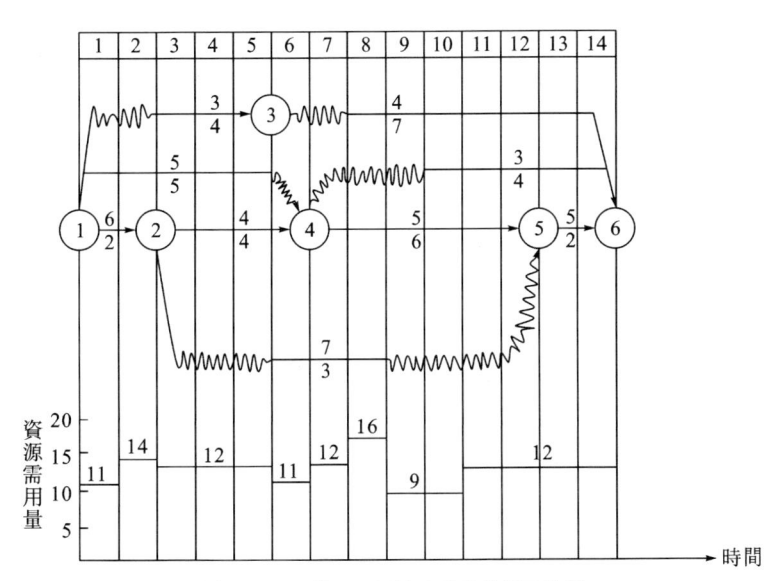

圖 7-45 工作 3-6 再次右移後的網路計劃

(4) 計算優化後的資源均衡性指標：

$$\sigma^2 = \frac{1}{14}(11^2 \times 1 + 14^2 \times 1 + 12^2 \times 3 + 11^2 \times 1 + 12^2 \times 1 + 16^2 \times 1 + 9^2 \times 2 + 12^2 \times 4) - 11.82^2 = 2.77 < \sigma_0^2 = 24.3$$

σ^2 降低百分率：

$$\frac{24.34 - 2.77}{24.34} \times 100\% = 88.629$$

習題

1. 用雙代號網路圖的形式表達下列工作之間的邏輯關係：
(1) A、B 的緊前工作為 C；B 的緊前工作為 D。
(2) H 的緊後工作為 A、B；F 的緊後工作為 B、C。
(3) A、B、C 完成後進行 D；B、C 完成後進行 E。
(4) A、B 完成後進行 H；B、C 完成後進行 F；C、D 完成後進行 G。
(5) A 的緊後工作為 B、C、D；B、C、D 的緊後工作為 E；C、D 的緊後工作為 F。
(6) A 的緊後工作為 M、N；B 的緊後工作為 N、P；C 的緊後工作為 N、P。
(7) H 的緊前工作為 A、B、C；F 的緊前工作為 B、C、D；G 的緊前工作為 C、D、E。

2. 根據表 7-4 至表 7-6 中的工作之間的邏輯關係，繪製雙代號、單代號網路圖。

表 7-4　　　　　　　　　　邏輯關係（1）

工作	A	B	C	D	E	G	H	I	J	K
緊前工作	-	A	A	A	B	C、D	D	B	E、HG	G

表 7-5　　　　　　　　　　邏輯關係（2）

工作	A	B	C	D	E	G	H	I	J	K
緊前工作	-	A	A	B	B	D	G	E、G	C、E、G	H、I

表 7-6　　　　　　　　　　邏輯關係（3）

緊前工作	工作	持續時間	緊後工作
-	A	3	Y、B、U
A	B	7	C
B、V	C	5	D、X
A	U	2	V
U	V	8	E、C
V	E	6	X
C、Y	D	4	-
A	Y	1	Z、D
E、C	X	10	-
Y	Z	5	-

3. 按工作計算法計算圖 7-46 所示某工程網路計劃的時間參數，並指出關鍵線路。

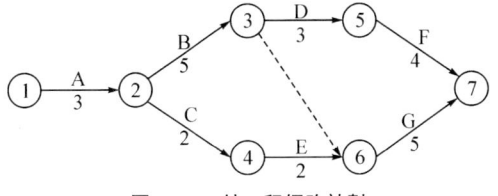

圖 7-46　某工程網路計劃

4. 試在圖 7-47 單代號搭接網路圖上計算各項工作的時間參數，並確定關鍵線路和工期。

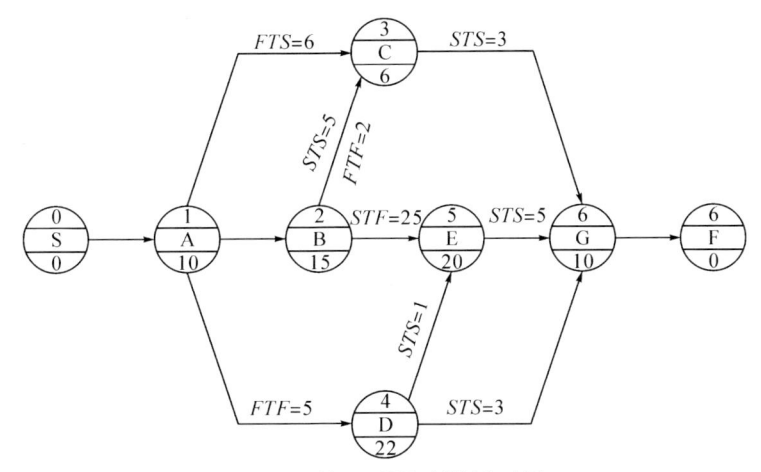

圖 7-47　某工程單代號搭接網路圖

5. 已知網路計劃如圖 7-48 所示。圖中箭線下方括號外數據為正常持續時間，括號內數據為最短持續時間，箭線上方括號內數據為優先壓縮係數。要求目標工期為 12 天，試對其進行工期優化。

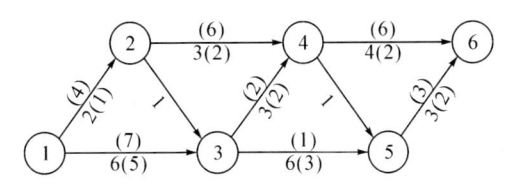

圖 7-48　某工程網路計劃圖

6. 已知網路計劃如圖 7-49 所示。圖中箭線下方括號外數據為正常持續時間，括號內數據為最短持續時間；箭線上方括號外數據為正常持續時間下的直接費用，括號內數據為最短持續時間下的直接費用。費用單位為千元，時間單位為天，若間接費率為 0.8 千元/天，試對其進行費用優化。

運籌學

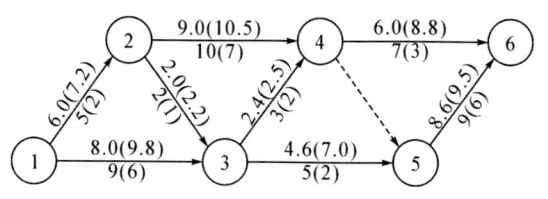

圖 7-49　某工程網路計劃圖

8 動態規劃

8.1 動態規劃的基本概念

動態規劃把多階段決策問題作爲研究對象。所謂多階段決策問題,是指這樣一類活動過程:根據問題本身的特點,可以將其求解的全過程劃分爲若干個相互聯繫的階段(即將問題劃分爲多個相互聯繫的子問題),在它的每一階段都需要做出決策,並且在一個階段的決策確定以後再轉移到下一個階段。往往前一個階段的決策要影響後一個階段的決策,從而影響整個過程。人們把這樣的決策問題稱爲多階段決策過程。各個階段所確定的決策就構成了一個決策序列,成爲一個策略。

多階段決策過程最優化的目標是要達到整個活動過程的總體效果最優。如圖 8-1 所示的運輸網路,點間連線上的數字表示兩地間的距離(運費、行程、時間等),要求從 A 到 E 的最短路線。這就是個多階段的決策過程。

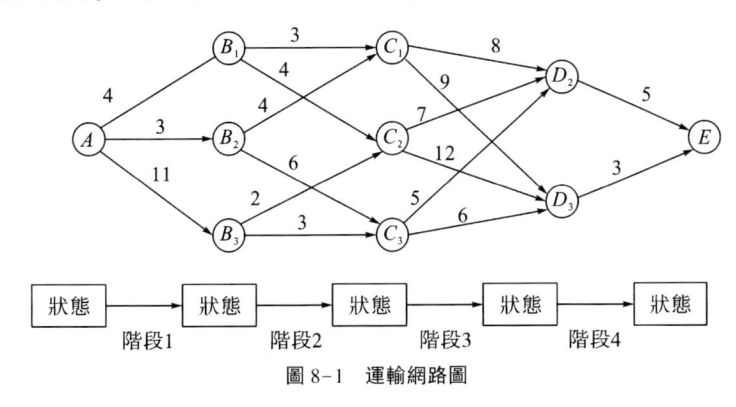

圖 8-1 運輸網路圖

使用動態規劃方法解決多階段決策問題,首先要將實際問題轉換爲動態規劃模型,這同時也是爲了今後敘述和討論的方便。這裡需要對動態規劃的一些基本術語進一步加以說明和定義。

1. 階段

爲了便於求解和表示決策及過程的發展順序,可以把所給問題恰當地劃分爲若干個相互聯繫又有區別的子問題,並稱之爲多階段決策問題的階段。一個階段就是需要做出一個決策的子問題。通常,階段是按決策進行的時間或空間上的先後順序劃分的。用以描述階段的變量叫做階段變量,一般以 k 表示階段變量。階段數等於多段決策過程從開始到結束所需做出決策的數目。

2. 狀態

用以描述事物(或系統)在某一特定的時間與空間區域中所處位置及運動特徵的量，被稱爲狀態。

按照過程進行的先後，每個階段的狀態可分爲初始狀態和終止狀態，或被稱爲輸入狀態和輸出狀態。通常一個階段有若干個狀態，如圖 8-1 所示，第一階段有一個狀態就是點 A，第二階段有三個狀態，即點的集合 $\{B_1, B_2, B_3\}$，一般第 k 階段的狀態就是第 k 階段的所有始點的集合。

反應狀態變化的量叫做狀態變量。狀態變量必須包含在給定的階段上以確定全部允許決策所需要的信息。狀態變量可以用一個數、一組數或一個向量(多維情形)來描述。按照過程進行的先後，每個階段的狀態可分爲初始狀態和終止狀態，或稱之爲輸入狀態和輸出狀態，將階段 k 的初始狀態記作 s_k，終止狀態記爲 s_{k+1}。但爲了清楚起見，階段的狀態通常即指其初始狀態。

一般狀態變量的取值有一定的範圍或允許集合，稱之爲可達狀態集(可能狀態集)。可達狀態集實際上是關於狀態的約束條件。通常，可能狀態集用相應階段狀態 s_k 的大寫字母 S_k 表示，$s_k \in S_k$，可達狀態集可以是一離散取值的集合，也可以爲一連續的取值區間，視具體問題而定。在圖 8-1 所示的最短路問題中，第三階段有三個狀態，則狀態變量 S_3 可取三個值，即 $\{C_1, C_2, C_3\}$。點集合 $\{C_1, C_2, C_3\}$ 就被稱爲第三階段的可達狀態集合，記爲 $S_3 = \{C_1, C_2, C_3\}$。有時爲了方便起見，將該階段的狀態編上號碼 $1, 2 \cdots \cdots$ 這時也可記 $S_3 = \{1, 2, 3, 4\}$。第 k 階段的可達狀態集合就記爲 S_k。

這裡所說的狀態應具有下面的性質：如果給定某階段狀態後，則在這階段以後過程的發展不受這階段以前各段狀態的影響。換句話說，過程的過去歷史只能通過當前的狀態去影響它未來的發展，當前的狀態是以往歷史的一個總結。這個性質被稱爲無後效性(即馬爾科夫性)。

如果狀態僅僅描述過程的具體特徵，則並不是任何實際過程都能滿足無後效性的要求。所以，在構造決策過程的動態規劃模型時，不能僅從描述過程的具體特徵這一點着眼去規定狀態變量，而要充分註意其是否滿足無後效性的要求。如果狀態的某種規定方式可能導致其不滿足無後效性，應適當地改變狀態的規定方法，達到能使其滿足無後效性的要求。例如，研究物體(把它看作一個質點)受外力作用後其空間運動的軌跡問題。從描述軌跡這一點着眼，可以只選坐標位置 (x_k, y_k, z_k) 作爲過程的狀態，但這樣不能滿足無後效性，因爲即使知道了外力的大小和方向，仍無法確定物體受力後的運動方向和軌跡。只有把位置 (x_k, y_k, z_k) 和速度 $(\dot{x}_k, \dot{y}_k, \dot{z}_k)$ 都作爲過程的狀態變量，才能確定物體下一步運動的方向和軌跡，實現無後效性的要求。

3. 決策

所謂決策，就是確定系統過程發展的方案，決策的實質是關於狀態的選擇，是決策者從給定階段狀態出發，對下一階段狀態做出的選擇。

用以描述決策變化的量被稱爲決策變量。和狀態變量一樣，決策變量可以用一個數、一組數或一個向量來描述；它也可以是狀態變量的函數，記爲 $u_k = u_k(s_k)$，表示在 k 階

段狀態 s_k 時的決策變量。

決策變量的取值往往也有一定的允許範圍,被稱爲允許決策集合。決策變量 $u_k = u_k(s_k)$ 的允許決策集合用 $D_k(s_k)$ 表示,$u_k(s_k) \in D_k(s_k)$,允許決策集合實際是決策的約束條件。

4. 策略

策略是一個按順序排列的決策組成的集合。由過程的第 k 階段開始到終止狀態位置的過程,被稱爲問題的後部子過程(或被稱爲 k 子過程)。由每段的決策按順序排列組成的決策函數序列 $\{u_k(s_k), \cdots, u_n(s_n)\}$ 被稱爲 k 子過程策略,簡稱子策略,記爲 $p_{k,n}(s_k)$。即

$$p_{k,n}(s_k) = \{u_k(s_k), u_{k+1}(s_{k+1}), \cdots, u_n(s_n)\}$$

當 $k = 1$ 時,此決策函數序列被稱爲全過程的一個策略,簡稱策略,記爲 $p_{1,n}(s_1)$,即

$$p_{1,n}(s_1) = \{u_1(s_1), u_2(s_2), \cdots, u_n(s_n)\}$$

在實際問題中,可供選擇的策略有一定的範圍,此範圍被稱爲允許策略集合,用 $X/Y/Z$ 表示。從允許策略中找出的達到最優效果的策略被稱爲最優策略。

5. 狀態轉移方程

系統在階段 k 處於狀態 s_k,執行決策 $u_k(s_k)$ 的結果是系統狀態的轉移,即系統由階段 k 的初始狀態 s_k 轉移到終止狀態 s_{k+1};或者說,系統由階段 k 的狀態 s_k 轉移到了階段 $k+1$ 的狀態 s_{k+1},多階段決策過程的發展就是用階段狀態的相繼演變來描述的。

對於具有無後效性的多階段決策過程,系統由階段 k 到階段 $k+1$ 的狀態轉移完全由階段狀態 k 的狀態 s_k 和決策 $u_k(s_k)$ 所確定,與系統過去的狀態 $s_1, s_2, \cdots, s_{k-1}$ 及其決策 $u_1(s_1), u_2(s_2) \cdots, u_{k-1}(s_{k-1})$ 無關。系統狀態的這種轉移,用數學公式描述即有

$$s_{k+1} = T_k[s_k, u_k(s_k)]$$

通常稱上式爲多階段決策過程的狀態轉移方程。有些問題的狀態轉移方程不一定存在數學表達式,但它們的狀態轉移還是有一定的規律可循。

6. 指標函數

用來衡量所選定策略優劣的數量指標被稱爲指標函數。它是定義在全過程或各子過程或各階段上的確定數量函數。對不同的問題,指標函數可以是費用、成本、產值、利潤、產量、耗量、距離、時間、效用等。常用 $V_{k,n}$ 表示。即

$$V_{k,n} = V_{k,n}(s_k, u_k, s_{k+1}, \cdots, s_{n+1}), k = 1, 2, \cdots, n$$

對於要構成動態規劃模型的指標函數,應該具有可分離性,並且滿足遞推關係。即 $V_{k,n}$ 可以表示爲 $s_k, u_k, V_{k+1,n}$ 的函數。記爲

$$V_{k,n}(s_k, u_k, s_{k+1}, \cdots, s_{n+1}) = \psi_k[s_k, u_k, V_{k+1,n}(s_{k+1}, \cdots, s_{n+1})]$$

在實際問題中很多指標函數都滿足這個性質。

常見的指標函數的形式如下:

(1)過程和它的任一子過程的指標是它所包含的各階段的指標的和。即

$$V_{k,n}(s_k, u_k, \cdots, s_{n+1}) = \sum_{j=k}^{n} v_j(s_j, u_j)$$

其中 $v_j(s_j, u_j)$ 表示第 j 階段的階段指標。這時上式可寫成

$$V_{k,n}(s_k, u_k, \cdots, s_{n+1}) = v_k(s_k, u_k) + V_{k+1,n}(s_{k+1}, u_{k+1}, \cdots, s_{n+1})$$

（2）過程和它的任意子過程的指標是它所包含的各階段的指標的乘積。即

$$V_{k,n}(s_k, u_k, \cdots, s_{n+1}) = \prod_{j=k}^{n} v_j(s_j, u_j)$$

這時就可以寫成

$$V_{k,n}(s_k, u_k, \cdots, s_{n+1}) = v_k(s_k, u_k) V_{k+1,n}(s_{k+1}, u_{k+1}, \cdots, s_{n+1})$$

將指標函數的最優值稱為最優值函數，記為 $f_k(s_k)$。它表示從第 k 階段的狀態 s_k 開始到第 n 階段的終止狀態的過程，採取最優策略所得到的指標函數值。即

$$f_k(s_k) = \underset{\{u_k, \cdots, u_n\}}{opt} V_{k,n}(s_k, u_k, \cdots, s_{n+1})$$

其中"opt"是最優化（Optimization）的縮寫，根據具體問題要求取 max 或 min。

在不同的問題中，指標函數的含義是不同的，它可能是距離、利潤、成本、產品的產量或資源消耗等。所謂求解多階段決策問題就是要求出：

最優策略或最優決策序列

$$\{u_1^*, u_2^*, \cdots, u_n^*\}$$

最優路線，即執行最優決策時的狀態序列

$$\{x_1^*, x_2^*, \cdots, x_n^*\}$$

其中

$$x_{k+1}^* = g_k(x_k^*, u_k^*) \quad (k = 1, 2, \cdots, n)$$

最優目標函數值

$$R^* = \sum_{k=1}^{n} d_k(s_k, u_k)$$

式中 $d_k(s_k, u_k)$ 表示在階段 k 的狀態 s_k 執行決策 u_k 時所帶來的目標函數值的增量，也稱之為階段效應（階段收益）。

8.2　動態規劃的最優性原理

"作為整個過程的最優策略具有這樣的性質，即無論過去的狀態和決策如何，對前面的決策所形成的狀態而言，餘下的諸決策必須構成最優策略。"這就是動態規劃的最優化原理，它是由美國的貝爾曼首先提出來的。這個原理不難理解，例如，在日常生活中，人們都有這樣的經驗，從生活區出發經過菜市場和飲食攤點到教學大樓的這條路，如果距離最短的話，則由菜市場和飲食攤點到教學大樓的這條路的距離也一定是最短的。這一普通的事例深刻揭示了最短路線的本質特性，即如果最短路線在第 k 站通過 P_k，則由點 P_k 出發到達終點的這條路線對於從點 P_k 出發到達終點的所有可能選擇的不同路線來說，必定也是最短路線。此特性用反證法易證：設此結論錯誤，則從點 P_k 到終點有另一條距離更短的路線存在，把它和原來最短路線由起點到達 P_k 點的那部分連接起來，必然形成一條由起點到終點的路線，這條路線比原來那條路線的距離更短，而原來的那條路線又是最短路線，這與條件相矛盾。這就充分說明動態規劃的最優化原理既有一定的理論

依據,同時又被實踐所證實。

有了最優化原理,利用這一原理就可以進行求解,把多階段決策問題的求解過程表示成一個連續的遞推過程,由後向前逐步計算。在求解時,前面的各個狀態與決策,對後面的子過程來說只相當於初始條件,並不影響後面子過程的最優決策。但是,隨著人們對動態規劃的深入研究,大家逐漸意識到對於不同類型的問題所建立的嚴格定義的動態規劃模型,必須對相應的最優化原理給予必要的驗證。也就是說,最優化原理不是對任何決策過程都普遍成立的,並且最優化原理與動態規劃的基本方程並不是無條件等價的,兩者之間也不存在確定的蘊含關係。可見,動態規劃的基本方程在動態規劃的理論和方法中起著非常重要的作用;而反應動態規劃基本方程的是最優化定理,它是策略最優性的充分必要條件。然而,最優化原理僅僅是策略最優性的必要條件,它是最優化定理的推論。在求解最優策略時,更需要的是其充分條件。所以,動態規劃的基本方程或者說最優化定理才是動態規劃的理論基礎。

動態規劃的最優化定理:設階段數為 n 的多階段決策過程,其階段編號為
$$k = 0, 1, \cdots, n-1$$
允許策略 $p_{0,n-1}^* = (u_0^*, u_1^*, \cdots, u_{n-1}^*)$ 為最優策略的充要條件是對任意一個 k,$0 < k < n-1$ 和 $s_0 \in S_0$ 有

$$V_{0,n-1}(s_0, p_{0,n-1}^*) = \underset{p_{0,k-1} \in P_{0,k-1}(s_0)}{opt} \{V_{0,k-1}(s_0, p_{n,k-1}) + \underset{p_{k,n-1} \in p_{k,n-1}(\tilde{s}_k)}{opt} V_{k,n-1}(\tilde{s}_k, p_{k,n-1})\} \tag{8-1}$$

式中 $p_{0,n-1} = (p_{0,k-1}, p_{k,n-1})$,$\tilde{s}_k = T_{k-1}(s_{k-1}, u_{k-1})$,它是由給定的初始狀態 s_0 和子策略 $p_{0,k-1}$ 所給定的 k 狀態決定的。當 V 是效益函數時,opt 取 max,當 V 是損失函數時,opt 取 min。

證明:必要性:設 $p_{0,n-1}^*$ 是最優策略,則

$$V_{0,n-1}(s_0, p_{0,n-1}^*) = \underset{p_{0,n-1} \in P_{0,n-1}}{opt} V_{0,n-1}(s_0, p_{0,n-1})$$
$$= \underset{p_{0,n-1} \in P_{0,n-1}}{opt} [V_{0,k-1}(s_0, p_{0,k-1}) + V_{k,n-1}(\tilde{s}_k, p_{k,n-1})]$$

但對於從 k 到 $n-1$ 階段的子過程而言,它的總指標取決於過程的起始點 $\tilde{s}_k = T_{k-1}(s_{k-1}, u_{k-1})$ 和子策略 $p_{k,n-1}$,而這個起始點 $\tilde{s}_k$ 是由前一段子過程在子策略 $p_{0,k-1}$ 下確定的。

因此,在策略集合 $P_{0,n-1}$ 上求解最優解,就等價於現在在子策略集合 $p_{k,n-1}(\tilde{s}_k)$ 上求最優解。故上式可寫為

$$V_{0,n-1}(s_0, p_{0,n-1}^*) = \underset{p_{0,k-1} \in p_{0,k-1}(s_0)}{opt} \{\underset{p_{k,n-1} \in p_{k,n-1}(\tilde{s}_k)}{opt} [V_{0,k-1}(s_0, p_{0,k-1}) + V_{k,n-1}(\tilde{s}_k, p_{k,n-1})]\}$$

但括號內第一項與子策略 $p_{k,n-1}$ 無關,故得

$$V_{0,n-1}(s_0, p_{0,n-1}^*) = \underset{p_{0,k-1} \in p_{0,k-1}}{opt} \{V_{0,k-1}(s_0, p_{0,k-1}) + \underset{p_{k,n-1} \in p_{k,n-1}(\tilde{s}_k)}{opt} V_{k,n-1}(\tilde{s}_k, p_{k,n-1})\}$$

充分性:設 $p_{0,n-1} = (p_{0,k-1}, p_{k,n-1})$ 為任一策略,$\tilde{s}_k$ 為由 $(s_0, p_{0,k-1})$ 所確定的 k 階段的起始狀態。則有

$$V_{k,n-1}(\tilde{s}_k, p_{k,n-1}) \leq \underset{p_{k,n-1} \in p_{k,n-1}(\tilde{s}_k)}{opt} V_{k,n-1}(\tilde{s}_k, p_{k,n-1})$$

在這裡記號"≤"的含義是:當 opt 表示 max 時就表示"≤",當 opt 表示 min 時就表示"≥"。因此,式(8-1)可變爲

$$V_{0,n-1}(s_0,p_{0,n-1}) = V_{0,k-1}(s_0,p_{0,k-1}) + V_{k,n-1}(\tilde{s_k},p_{k,n-1})$$
$$\leq V_{0,k-1}(s_0,p_{0,k-1}) + \mathop{opt}_{p_{k,n-1}\in p_{k,n-1}} V_{k,n-1}(\tilde{s_k}) V_{k,n-1}(\tilde{s_k},p_{k,n-1})$$
$$\mathop{opt}_{p_{0,k-1}\in p_{0,k-1}(s_0)} \{V_{0,k-1}(s_0,p_{0,k-1}) + \mathop{opt}_{p_{k,n-1}\in p_{k,n-1}(s_k)} V_{k,n-1}(\tilde{s_k},p_{k,n-1})\}$$
$$\leq V_{0,n-1}(s_0,p_{0,n-1}^*)$$

故只要 $p_{0,n-1}^*$ 使式(8-1)成立,則對任一策略 $p_{0,n-1}$,都有

$$V_{0,n-1}(s_0,p_{0,n-1}) \leq V_{0,n-1}(s_0,p_{0,n-1}^*)$$

因爲 $p_{0,n-1}^*$ 是最優策略。證畢。

推論:若允許策略 $p_{0,n-1}^*$ 是最優策略,則對任意的 k,$0 < k < n-1$,它的子策略 $p_{k,n-1}^*$ 對於以 $s_k^* = T_{k-1}^*(s_{k-1},u_{k-1})$ 爲起點的 k 到 $n-1$ 子過程來說,必是最優策略(註意:k 階段狀態 s_k^* 是由 s_0 和 $p_{0,k-1}^*$ 所確定的)。

證明:用反證法。

若 $p_{k,n-1}^*$ 不是最優策略,則有

$$V_{k,n-1}(s_k^*,p_{k,n-1}^*) < \mathop{opt}_{p_{k,n-1}\in p_{k,n-1}(s_k^*)} V_{k,n-1}(\tilde{s_k^*},p_{k,n-1})\}$$

在這裡記號"<"的含義是:當 opt 表示 max 時就表示"<",當 opt 表示 min 時就表示">",

因而

$$V_{0,n-1}(s_0,p_{0,n-1}^*) = V_{0,k-1}(s_0,p_{0,k-1}^*) + V_{k,n-1}(s_k^*,p_{k,n-1}^*)$$
$$< V_{0,k-1}(s_1,p_{0,k-1}^*) + \mathop{opt}_{p_{k,n-1}\in p_{k,n-1}(s_k^*)} V_{k,n-1}(\tilde{s_k^*},p_{k,n-1})\}$$
$$< \mathop{opt}_{p_{0,k-1}\in p_{0,k-1}(s_0)} \{V_{0,k-1}(s_0,p_{0,k-1}) + \mathop{opt}_{p_{k,n-1}\in p_{k,n-1}(\tilde{s_k})} V_{k,n-1}(\tilde{s_k},p_{k,n-1})\}$$

故與以上定理的必要性矛盾。證畢。

此推論就是前面提到的動態規劃的"最優化原理",它僅僅是最優策略的必要性。從最優性定理可以看出:如果一個決策問題有最優策略,則該問題的最優值函數一定可用動態規劃的基本方程來表示,反之亦然。這是該定理給人們提供的用動態規劃方法處理決策問題理論的依據,並指明了方法就是要充分分析決策問題的結構,使它滿足動態規劃的條件,正確地寫出動態規劃的基本方程。

8.3 建立動態規劃數學模型的步驟

8.3.1 構造動態規劃數學模型的條件

利用動態規劃模型解決實際問題時,首先應分析該問題能不能用動態規劃方法來解決,若能解決,才可以進一步建立動態規劃模型、建立狀態轉移方程、進行迭代運算等。否則,應另尋其他方法。弄清動態規劃模型的構成條件是應用動態規劃模型解決實際問

題的第一步。動態規劃模型應具備以下條件：

1. 階段劃分

對一個實際問題，通過一定的方法，可以將其劃分爲若干個階段（劃分的標準可以不同，如有的實際問題可依時間將其劃分，有的實際問題則依空間將其劃分，等等）。若有的實際問題很難劃分或根本不能劃分，要用動態規劃模型來求解也就比較困難了。

2. 能夠選擇正確的狀態變量

選擇的要求是該狀態變量既能描述過程的狀態，又必須滿足無後效性。動態規劃的狀態必須具有 3 個特性：

（1）規律性：它要能夠用來描述受控過程的演變特徵。

（2）無後效性：所謂無後效性是指如果給定某段狀態，則在這段過程以後的發展不受以前各階段的影響，即過程的過去歷史只能通過當前的狀態影響它的未來發展，當前狀態就是未來過程的初始狀態。因此，如果所選的變量不具備無後效性，就不能用來作爲狀態變量構造動態規劃模型。

例如"貨郎擔"問題：設有 n 個城鎮，要求一個售貨員從某城鎮出發，到各城鎮去售貨，但每個城鎮只允許去一次，不許重複，最後回到原來的出發城鎮。問應該走什麼路線，才能使總路程最短。對這一問題，如果只以各城鎮的位置作爲狀態變量是不夠的，因爲那樣不能保證無後效性。即在某狀態 s_k，過去已經走過哪些城鎮，經過多少路程，通過 s_k 是反應不出來的，即過程的過去歷史不能夠僅通過 s_k 來反應。若把某城鎮以前走過的全部路徑作爲狀態，是可以實現無後效性的，但這樣會使數學模型變得十分繁雜，甚至很難使用。

（3）可知性：它是指規定的各段狀態變量的值，都是可以被直接或間接知道的。

3. 決策變量 u_k 容易確定

決策變量 u_k 容易確定且每段的允許決策集合 $u_k(s_k) = \{u_k\}$ 容易確定，狀態的轉移隨決策變量值的確定而進行。

4. 狀態轉移方程容易表示出來

通過正確的階段劃分，選擇恰當的狀態變量和決策變量。如果第 k 階段狀態變量 s_k 的值被給定，則該段的決策變量 u_k 一經確定，第 $k+1$ 階段狀態變量 s_{k+1} 的值也就完全被確定了，這種關係式表示爲

$$s_{k+1} = T_k[s_k, u_k(s_k)]$$

上式表示過程由 k 段到 $k+1$ 段的狀態轉移規律，被稱爲狀態轉移方程。要構造一個動態規劃模型，狀態轉移方程通過一定方法較容易表示出來。

5. 目標函數容易確定

目標函數是動態規劃全過程或後部子過程策略優劣的一種度量，它必須具有 3 個性質：

（1）全過程性。它是定義在全過程和所有後部子過程上的，爲了實現動態規劃整個過程的優化，必須通過各後部子過程的逐階段優化而最終達到全過程的優化。

（2）數量性。進行動態規劃全過程的優化，僅靠定性分析是不夠的，必須通過定量指標準確地描述動態過程的狀態轉移，準確地刻劃各階段最優決策 u_i^* 對目標函數的貢獻。

(3)遞推性。動態過程的優化是逐段進行的,下一段過程的優化必須以上一段過程的優化結果為條件,從尾到頭,逆序進行。度量各段過程和其後部子過程優劣的目標函數必須與動態規劃的求解過程相一致,並逐段遞推進行,用數量關係式描述如下:

$$V_{k,n}(s_k, u_k, s_{k+1}, \cdots, s_{n+1}) = \psi[s_k, u_k, V_{k+1,n}(s_{k+1}, \cdots, s_{n+1})]$$

且這一遞推關係式為有限次迭代。

目標函數 $\psi\{s_k, u_k, V_{k+1,n}\}$ 對其變元 $V_{k+1,n}$ 要嚴格單調。

對目標函數 $\psi\{s_k, u_k, V_{k+1,n}\}$ 來說,其變元 $V_{k+1,n}$ 是指階段 $k+1$ 時,決策 $u_k^*(s_{k+1})$ 對目標函數的貢獻。這一貢獻必然是大於零或小於零的,否則這一階段對整個動態規劃的全過程來說是虛設的或是可以被合併入其他階段的。

8.3.2 動態規劃數學模型的構建步驟

根據動態規劃模型的特性及其構成條件,動態規劃模型的建模步驟如下:

(1)恰當地劃分階段 n;
(2)準確地選擇狀態變量 s_k 及狀態集合 S_k;
(3)準確地選擇決策變量 u_k 及允許決策集合 U_k;
(4)確定狀態轉移方程:

$$s_{k+1} = T_k[s_k, u_k(s_k)]$$

(5)確定目標函數:

$$V_{k,n}(s_k, u_k, s_{k+1}, \cdots, s_{n+1}) = \psi_k[s_k, u_k, V_{k+1,n}(s_{k+1}, \cdots, s_{n+1})]$$

通過以上步驟就可對某一實際問題建立起動態規劃模型。這裡需要強調一點,動態規劃模型的建立不是一帆風順的,往往要經過多次反復。有時可能因階段劃分不恰當,而使模型建立起來後不易求解;有時則因狀態變量選擇不當,而使模型求解非常困難;等等。總之要建立一個正確的動態規劃模型是很不容易的,特別是動態規劃模型沒有一個統一的格式,只能因問題的性質而異,動態規劃模型的建立要花費較多的時間和精力。

8.3.3 動態規劃的求解

動態規劃模型建立後,對動態規劃進行求解,主要有兩種基本方法,即逆序解法和順序解法。若尋優的方向與多階段決策過程的實際行進方向相反,從最後一段開始計算,逐段向前推,進而求得全過程的最優策略,稱之為逆序解法。與之相反,順序解法的尋優方向與過程的行進方向相同,計算時,從第二階段開始逐段向後遞推,計算後一段要用到前一段的求優結果,最後段的計算結果就是全過程的最優結果。本質上,這兩種解法並無區別。一般來說,當給定初始狀態時,用逆序解法比較方便,而當給定終止條件時,用順序解法比較方便。

1. 逆序解法

設已知初始狀態為 s_k,並假設最優指標函數 $f_k(s_k)$ 表示第 k 階段的初始狀態為 s_k,計算從第 k 階段到第 n 階段所得到的最大收益。

從第 n 階段開始,有:

$$f_n(s_n) = \max_{u_n \in D_n(s_n)} v_n(s_n, u_n)$$

其中 $D_n(s_n)$ 是由狀態 s_n 所確定的第 n 階段的允許決策集合。求解此一維極值問題, 就可得到最優解 $u_n = u_n(s_n)$ 和最優值 $f_n(s_n)$。要注意的是, 若 $D_n(s_n)$ 只有一個決策, 則 $u_n \in D_n(s_n)$ 就應該寫為 $u_n = u_n(s_n)$。

在第 $n-1$ 階段, 有:
$$f_{n-1}(s_{n-1}) = \max u_{n-1} \in D_{n-1}(s_{n-1})[v_{n-1}(s_{n-1}, u_{n-1}) \cdot f_n(s_n)]$$

其中 $s_n = T_{n-1}(s_{n-1}, u_{n-1})$; 解此一維極值問題, 得到最優解 $u_{n-1} = u_{n-1}(s_{n-1})$ 和最優值 $f_{n-1}(s_{n-1})$。

在第 k 階段, 有:
$$f_k(s_k) = \max u_k \in D_k(s_k)[v_k(s_k, u_k) \cdot f_{k+1}(s_{k+1})]$$

其中 $s_{k+1} = T_k(s_k, u_k)$; 解得最優解 $u_k = u_k(s_k)$ 和最優值 $f_k(s_k)$。

以此類推, 知道第一階段, 有:
$$f_1(s_1) = \max u_1 \in D_1(s_1)[v_1(s_1, u_1) \cdot f_2(s_2)]$$

其中 $s_2 = T_1(s_1, u_1)$; 解得最優解 $u_1 = u_1(s_1)$ 和最優值 $f_1(s_1)$。

由於初始狀態 s_1 已知, 故 $u_1 = u_1(s_1)$ 和 $f_1(s_1)$ 是確定的, 從而 $s_2 = T_1(s_1, u_1)$, $u_2 = u_2(s_2)$ 和 $f_2(s_2)$ 也就可以確定。這樣, 按照上述遞推過程相反的順序推算下去, 就可以逐步確定出每個階段的決策和收益。

【例 8.1】用逆序解法求解下面問題:
$$\max z = x_1 \cdot x_2^2 \cdot x_3$$
$$\begin{cases} x_1 + x_2 + x_3 = c(c>0) \\ x_i \geq 0, i = 1, 2, 3 \end{cases}$$

解: 按照問題的變量個數劃分階段, 將此題看做一個三階段的決策問題。設狀態變量為 s_1, s_2, s_3, s_4, 並記 $s_1 = c$; 取問題中的 x_1, x_2, x_3 作為決策變量; 各階段的指標函數按乘積方式結合。令最優指標函數 $f_k(s_k)$ 表示第 k 階段的初始狀態為 s_k, 求從第 k 階段到第 3 階段所得的最大值。

設: $s_3 = x_3, s_3 + x_2 = s_2, s_2 + x_1 = s_1 = c$

則有: $x_3 = s_3, 0 \leq x_2 \leq s_2, 0 \leq x_1 \leq s_1 = c$。

於是用逆序解法, 從後向前依次有:
$$f_3(s_3) = \max_{x_3 = s_3}(x_3) = s_3, 最優解為 x_3^* = s_3。$$
$$f_2(s_2) = \max_{0 \leq x_2 \leq s_2}[x_2^2 \cdot f_3(s_3)] = \max_{0 \leq x_2 \leq s_2}[x_2^2(s_2 - x_2)] = \max_{0 \leq x_2 \leq s_2} h_2(s_2, x_2)$$

由 $\dfrac{dh_2}{dx_2} = 2x_2 s_2 - 3x_2^2 = 0$, 得 $x_2 = \dfrac{2}{3}s_2$ 和 $x_2 = 0$(捨去)。

又 $\dfrac{d^2 h_2}{dx_2^2} = 2s_2 - 6x_2$, 而 $\left.\dfrac{d^2 h_2}{dx_2^2}\right|_{x_2 = \frac{2}{3}s_2} = -2s_2 < 0$, 故 $x_2 = \dfrac{2}{3}s_2$ 為極大值點。所以 $f_2(s_2) = \dfrac{4}{27}s_2^3$, 最優解 $x_2^* = \dfrac{2}{3}s_2$。

$$f_1(s_1) = \max_{0 \le x_1 \le s_1} [x_1 \cdot f_2(s_2)] = \max_{0 \le x_1 \le s_1} [x_1 \frac{4}{27}(s_1 - x_1)^3] = \max_{0 \le x_1 \le s_1} h_1(s_1, x_1)$$

和前面一樣利用微分法求解得：$x_1^* = \frac{1}{4}s_1$，故 $f_1(s_1) = \frac{1}{64}s_1^4$。

由於已知 $s_1 = c$，因而按計算的順序反推算，可得到各階段的最優決策和最優值，即：

$x_1^* = \frac{1}{4}c, f_1(c) = \frac{1}{64}c^4$。

由 $s_2 = s_1 - x_1^* = c - \frac{1}{4}c = \frac{3}{4}c$，所以 $x_2^* = \frac{2}{3}s_2 = \frac{1}{2}c, f_2(s_2) = \frac{1}{16}c^3$。

由 $s_3 = s_s - x_2^* = \frac{3}{4}c - \frac{1}{2}c = \frac{1}{4}c$，所以 $x_3^* == \frac{1}{4}c, f_2 3(s_3) = \frac{1}{4}c$。

因此得到最優解爲：$x_1^* = \frac{1}{4}c, x_2^* = \frac{1}{2}c, x_3^* = \frac{1}{4}c$，最大值爲 $\max z = f_1(c) = \frac{1}{64}c^4$。

2. 順序解法

設已知終止狀態 s_{k+1}，並假定最優指標函數 $f_k(s)$ 表示第 k 階段末的結束狀態爲 s，計算從第 1 階段到第 k 階段所得到的最大收益。

已知終止狀態 s_{k+1} 用順序解法與已知初始狀態用逆序解法在本質上並沒有區別，它相當於把實際的起點視爲終點，把實際的終點視爲起點，而按逆序解法進行的。但應註意，這裏是在上述狀態變量和決策變量的記法不變的情況下考慮的。因此這時的狀態變換是上面狀態變換的逆變換，記爲 $s_k = T_k^*(s_{k+1}, u_k)$；從運算而言，即是由 s_{k+1} 和 u_k 去確定 s_k 的。

從第一階段開始，有：$f_1(s_1) = \max_{u_1 \in D_1(s_1)} v_1(s_1, u_1)$，其中 $s_1 = T_1^*(s_1, u_1)$。解得最優解 $u_1 = u_1(s_2)$ 和最優指標值 $f_1(s_2)$。若 $D_1(s_1)$ 只有一個決策，則 $u_1 \in D_1(s_1)$ 就寫成 $u_1 = D_1(s_1)$。

在第二階段，有：$f_2(s_3) = \max_{u_1 \in D_2(s_2)} [v_2(s_1, u_1) \cdot f_1(s_2)]$，其中 $s_2 = T_2^*(s_3, u_2)$，解得最優解 $u_2 = u_2(s_3)$ 和最優指標值 $f_2(s_3)$。

以此類推，直到第 n 階段，有：$f_n(s_{n+1}) = \max_{u_n \le D_n \le s_n} [v_n(s_n, u_n) \cdot f_{n-1}(s_n)]$，其中 $s_n = T_n^*(s_{n+1}, u_n)$，解得最優解 $u_n = u_n(s_{n+1})$ 和最優指標值 $f_n(s_{n+1})$。

由於終止狀態 s_{n+1} 是已知的，故 $u_n = u_n(s_{n+1})$ 和 $f_n(s_{n+1})$ 是確定的，再按計算過程的相反順序推算上去，就可逐步確定出每個階段的決策及收益。

【例 8.2】將例 8.1 用順序法求解。

解：設 $s_2 = x_1, s_2 + x_2 = s_3, s_3 + x_3 = s_4 = c$。

則有 $x_1 = s_2, 0 \le x_2 \le s_3, 0 \le x_3 \le s_4$。

於是用順序解法從前向後依次有：

$f_1(s_2) = \max_{x_1 = s_2}(x_1) = s_2$，及最優解 $x_1^* = s_2$；

$f_2(s_3) = \max_{0 \le x_2 \le s_3} [x_2^2 \cdot f_1(s_2)] = \max_{0 \le x_2 \le s_3} [x_2^2 \cdot (s_3 - x_2)] = \frac{4}{27}s_3^3$，及最優解 $x_2^* = \frac{2}{3}s_3$；

$$f_3(s_4) = \max_{0 \leq x_3 \leq s_4}[x_3 \cdot f_2(s_3)] = \max_{0 \leq x_3 \leq s_4}[x_3 \cdot \frac{4}{27}(s_4-x_3)^3] = \frac{1}{64}s_4^4, 及最優解 x_3^* = \frac{1}{4}s_4;$$

由於已知 $s_4 = c$，故易得到最優解爲 $x_1^* = \frac{1}{4}c, x_2^* = \frac{1}{2}c, x_3^* = \frac{1}{4}c$，相應的最大值爲 $\max z = \frac{1}{64}c^4$。

9 動態規劃應用舉例

9.1 資源分配問題

所謂分配問題，就是將數量一定的一種或若干種資源(例如原料、資金、機器設備、勞力、食品等)，恰當地分配給若干個使用者，而使目標函數爲最優。

1. 資源的平行分配

設有某種資源，其總量爲 M，可以投入 n 種生產活動。若分配數量 u_2 用於生產第 k 種產品，其收益爲 $g_k(u_k)$。問應該如何分配，才能使生產 n 種產品的總收益最大？此類問題就是資源的多元分配問題。

此類問題用數學模型可以表示爲：

$$\max = g_1(u_1) + g_2(u_2) + \cdots + g_n(u_n)$$
$$s.t. \begin{cases} u_1 + u_2 + \cdots + u_n \leq M \\ u_1, u_2, \cdots, u_n \geq 0 \end{cases}$$

上式中，當 u_k 連續變化，$g_k(u_k)$ 是線性函數時，該問題是線性規劃問題；若 $g_k(u_k)$ 是非線性函數時，則是非線性規劃問題。但當 n 比較大時，具體求解是比較麻煩的。然而，由於這類問題的特殊結構，可以將它看成一個多階段決策問題，並利用動態規劃的遞推關係來求解。

如果將 n 種生產活動作爲一個互相銜接的整體，將對一種活動的資源分配作爲一個階段，每個階段需要對該活動投放資源，則該問題就變成了一個多階段決策問題，可用動態規劃的方法來求解。

狀態變量 s_k 的選取原則是，要能根據它確定決策變量 u_k，以及滿足狀態轉移方程所要求的無後效性。在資源分配問題中，一般將決策變量設爲對活動 k 的資源投放量，因此可以選擇階段 k 初期所擁有的資源量爲狀態變量，即將要在第 k 種到第 n 種活動間分配的資源量。

關於狀態變量 s_k 的約束條件爲：$0 \leq s_k \leq M$；關於決策變量 u_k 的約束條件爲 $0 \leq u_k \leq s_k$，即階段 k 的資源分配量 u_k 不能超過階段初期擁有的資源量。

在選取了狀態變量和決策變量後，狀態轉移方程應爲：$s_{k+1} = s_k - u_k$，即階段 $k+1$ 的資源擁有量等於階段 k 的擁有量與階段 k 的資源投放量之差。顯然它是滿足無後效性要求的。

階段效應應爲對活動 k 投放資源 u_k 時的收益，即 $r_k(s_k, u_k) = g_k(u_k)$。目標函數爲 n

種活動投放資源後的總收益,它是各階段效應之和,即 $R = \sum_{k=1}^{n} g_k(u_k)$。

以 $f_k(s_k)$ 表示階段 k 擁有資源 x_k 時按最優分配方案獲得的總收益,則動態規劃的基本方程為:

$$\begin{cases} f_k(s_k) = \max_{0 \le u_k \le s_k} \{g_k(u_k) + f_{k+1}(s_{k+1})\} \\ f_n(s_n) = \max_{u_n = s_n} g_n(x_n) \end{cases}$$

利用這個遞推關係式進行逐段計算,最後求得 $f_1(a)$,即所求問題的最大收益。

【例9.1】某公司擬將某種高效率的五臺設備分配給所屬的甲、乙、丙三個下屬工廠,各工廠在獲得這種設備後可為公司提供的盈利如表 9-1 所示,問應該如何分配這五臺設備才能使收益最高。

表 9-1

設備數(臺) \ 工廠 盈利(萬元)	甲	乙	丙
0	0	0	0
1	3	5	4
2	7	10	6
3	9	11	11
4	12	11	12
5	13	11	12

解:本題屬於離散確定型動態規劃問題,已知初始狀態,用逆序法求解。

第一步,建立動態規劃模型如下:

(1)階段變量:將問題按工廠分為三個階段,甲、乙、丙三個工廠的編號分別為1、2、3;
(2)狀態變量:設 s_k 表示分配給第 k 個工廠至第 n 個工廠的設備臺數;
(3)決策變量:x_k 表示分配給第 k 個工廠的設備臺數;
(4)狀態轉移方程:$x_{k+1} = s_k - x_k$ 為分配給第 $k+1$ 個工廠至第 n 個工廠的設備臺數;
(5)階段函數:$P_k(s_k)$ 表示將 x_k 臺設備分配給第 k 個工廠所得到的盈利值;
(6)最優函數:$f_k(s_k)$ 表示將 s_k 臺設備分配給第 k 個工廠至第 n 個工廠時所得到的最大盈利值。
(7)動態規劃基本方程:

$$\begin{cases} f_k(s_k) = \max_{0 \le x_k \le s_k} [P_k(x_k) + f_{k+1}(s_k - x_k)], k = 3, 2, 1 \\ f_4(s_4) = 0 \end{cases}$$

第二步,求解,從最後一個階段開始向前逆推計算如下:

第三階段:設將 s_3 臺設備($s_3 = 0,1,2,3,4,5$)全部分配給工廠丙時,最大盈利值為 $f_3(s_3) = \max_{x_3} [P_3(x_3)]$,其中 $x_3 = s_3 = 0,1,2,3,4,5$。因為此時只有一個工廠,有多少臺設

備就全部分配給工廠丙,故它的盈利值就是該階段的最大盈利值。其數值計算如表 9-2 所示。

表 9-2

s_3 \ x_3	$P_3(x_3)$ 0	1	2	3	4	5	$f_3(s_3)$	x_3^*
0	0						0	0
1		4					4	1
2			6				6	2
3				11			11	3
4					12		12	4
5						12	12	5

表 9-2 中,x_3^* 表示使 $f_3(s_3)$ 爲最大值時的最優決策。

第二階段:設把 s_2 臺設備($s_2 = 0,1,2,3,4,5$)分配給工廠乙和工廠丙時,則對每個 s_2 值,有一種最優分配方案,使最大盈利值爲 $f_2(s_2) = \max\limits_{x_2}[P_2(x_2) + f_3(s_2 - x_2)]$,其中 $x_2 = 0,1,2,3,4,5$。因爲給工廠 x_2 臺設備,其盈利爲 $P_2(x_2)$,餘下的 $s_2 - x_2$ 臺就給丙工廠,則它的盈利最大值爲 $f_3(s_2 - x_2)$。則要選擇 x_2 的值,使 $P_2(x_2) + f_3(s_2 - x_2)$ 取最大值。其數值計算如表 9-3 所示。

表 9-3

s_2 \ x_2	$P_2(x_2)+f_3(s_2-x_2)$ 0	1	2	3	4	5	$f_2(s_2)$	x_2^*
0	0						0	0
1	0+4	5+0					5	1
2	0+6	5+4	10+0				10	2
3	0+11	5+6	10+4	11+0			14	2
4	0+12	5+11	10+6	11+4	11+0		16	1,2
5	0+12	5+12	10+11	11+6	11+4	11+0	21	2

第一階段:設把 s_1 臺設備(這裡只有 $s_1 = 5$ 的情況)分配給工廠甲、乙、丙時,公司最大盈利值爲 $f_1(5) = \max\limits_{x_1}[P_1(x_1) + f_2(5 - x_1)]$,其中 $x_1 = 0,1,2,3,4,5$。因爲給甲工廠 x_1 臺,其盈利爲 $P_1(x_1)$,剩下的 $5 - x_1$ 臺就被分給乙和丙兩個工廠,則它的盈利最大值爲 $f_2(5 - x_1)$。現在選擇 x_1 值,使 $P_1(x_1) + f_2(5 - x_1)$ 取最大值,它就是所求的總盈利最大值,其數值計算如表 9-4 所示。

表 9-4

s_1 \ x_1	\multicolumn{6}{c}{$P_1(x_1)+f_2(5-x_1)$}	$f_1(5)$	x_1^*
	0	1	2	3	4	5		
5	0+21	3+16	7+14	9+10	12+5	13+0	21	0,2

然後按計算表格的順序反推算,可知最優分配方案爲:甲 0 臺、乙 2 臺、丙 3 臺,或者甲 2 臺、乙 2 臺、丙 1 臺,最大盈利值爲 21 萬元。

2. 資源的連續分配

將一種消耗性資源分階段地在多個不同的生產活動中投入的問題稱爲資源的連續分配問題。在這類問題中,需要考慮資源回收利用的問題,決策變量爲連續值。

設有某種資源,初始的總量是 M ,計劃在 A、B 兩個生產部門連續使用 n 個階段。已知在部門 A 投入資源 u_A 時的階段效益爲 $g(u_A)$,在部門 B 投入資源 u_B 時的階段效益是 $h(u_B)$ 。並且資源在生產過程中有損耗,已知每生產一個階段後,兩個部門的資源完好率分別爲 a 和 b ,$0 < (a,b) < 1$ 。求 n 階段間總收益最大的資源分配計劃。即在每個階段都要決定資源在 A、B 兩個部門中的投放量。

設 s_k 爲狀態變量,它表示在第 k 階段可投入 A、B 兩部門生產的資源量,顯然有 $0 \leq s_k \leq M$,$s_1 = M$。u_k 爲決策變量,它表示在第 k 階段投入 A 部門的資源量,即 $u_A = u_k$,並且有 $u_B = s_k - u_k$,決策變量的約束條件爲 $0 \leq u_k \leq s_k$,即最多將所擁有的資源都投入部門 A ,此時 $u_B = 0$。

狀態轉移方程爲 $s_{k+1} = au_k + b(s_k - u_k)$,它滿足無後效性要求。

階段效應即階段收益,滿足:$r_k(s_k, u_k) = g(u_k) + h(s_k - u_k)$ 。目標函數是 n 個階段的總收益,即 $R = \sum_{k=1}^{n} [g(u_k) + h(s_k - u_k)]$,它是階段效應求和。

最優值函數 $f_k(s_k)$ 表示資源量 s_k 從第 k 階段至第 n 階段採取最優分配方案進行生產後所得到的最大總收益,動態規劃的基本方程爲:

$$\begin{cases} f_n(s_n) = \max_{0 \leq u_n \leq s_n} \{g(u_n) + h(s_n - u_n)\} \\ f_k(s_k) = \max_{0 \leq u_n \leq s_n} \{g(u_k) + h(s_k - u_k) + f_{k+1}[au_k + b(s_k - u_k)]\} \\ k = n-1, \cdots, 2, 1 \end{cases}$$

【例 9.2】某工廠有 1 000 臺設備,要投放到 A、B 兩個生產部門,計劃連續使用設備 3 年。已知對 A 部門投入 u_A 臺設備的年收益爲 $g(u_A) = 4u_A^2$ (元),設備的完好率 $a = 0.5$;B 部門的年收益爲 $h(u_B) = 2u_B^2$ (元),完好率 $b = 0.9$。試求使用設備的 3 年間總收益最大的年度設備分配方案。

解:該問題是一個三階段的資源分配問題,每個年度是一個階段。從已知條件可知,年收益是年投入量的連續函數,並且設備數量很大,難以用離散化的方法求解,故設狀態變量和決策變量都是連續取值的。由於已知初始狀態,可用逆序解法求解。

動態規劃模型,如下:

(1)階段變量:根據時間劃分爲三個階段,$k = 1, 2, 3$。

(2) 狀態變量：x_k 表示該年年初完好的設備數量。

(3) 決策變量：u_k 表示該年度投入 A 部門的設備數量，$x_k - u_k$ 表示該年度投入 B 部門的設備數量，且有 $0 \leq x_k \leq 1\,000, 0 \leq u_k \leq x_k$。

(4) 狀態轉移方程爲：$x_{k+1} = 0.5u_k + 0.9(x_k - u_k)$

(5) 階段函數：$r_k(x_k, u_k) = 4u_k^2 + 2(x_k - u_k)^2$

(6) 動態規劃基本方程：$f_k(x_k) = \max\limits_{0 \leq u_n \leq x_n} \{4u_k^2 + 2(x_k - u_k)^2 + f_{k+1}(x_{k+1})\}$

當 $k = 3$ 時，最優函數爲

$$f_3(x_3) = \max_{0 \leq u_3 \leq x_3} \{4u_3^2 + 2(x_3 - u_3)^2 + f_4(x_4)\}$$

$$= \max_{0 \leq u_3 \leq x_3} \{4u_3^2 + 2(x_3 - u_3)^2\}$$

由於階段效應 $r_3(x_3, u_3) = 4u_3^2 + 2(x_3 - u_3)^2$ 是以 x_3 爲參量的 u_3 的函數，是向下凸的拋物線，如圖 9-1 所示，其最大值發生在 $[0, x_3]$ 的端點。

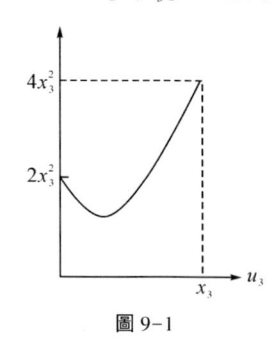

圖 9-1

根據 $u_3 = 0$ 時，

$$f_3(x_3) = \max_{0 \leq u_3 \leq x_3} \{4u_3^2 + 2(x_3 - u_3)^2 + f_4(x_4)\}$$

$$= \max_{0 \leq u_3 \leq x_3} \{4u_3^2 + 2(x_3 - u_3)^2\}$$

$$4u_3^2 + 2(x_3 - u_3)^2 = 2x_3^2 ;$$

$u_3 = x_3$ 時，

$$4u_3^2 + 2(x_3 - u_3)^2 = 4x_3^2$$

可知 $f_3(x_3) = 4x_3^2, u_3(x_3) = x_3$。

當 $k = 2$ 時，最優函數爲

$$f_2(x_2) = \max_{0 \leq u_2 \leq x_2} \{4u_2^2 + 2(x_2 - u_2)^2 + f_3[0.5u_2 + 0.9(x_2 - u_2)]\}$$

$$= \max_{0 \leq u_2 \leq x_2} \{4u_2^2 + 2(x_2 - u_2)^2 + 4[0.5u_2 + 0.9(x_2 - u_2)]^2\}$$

上式右邊"｛｝"內作爲 u_2 的函數仍是向下凸的拋物線，因此最大值不出現在區間 $[0, x_2]$ 的端點。比較 $u_2 = 0$ 和 $u_2 = x_2$ 時對應的 $f_2(x_2)$ 值，可知：

$$f_2(x_2) = 5.24x_2^2, u_2(x_2) = 0$$

當 $k = 1$ 時，最優函數爲

$$f_1(x_1) = \max_{0 \leq u_1 \leq x_1} \{4u_1^2 + 2(x_1 - u_1)^2 + f_2[0.5u_1 + 0.9(x_1 - u_1)]\}$$

$$= \max_{0 \le u_1 \le x_1} \{4u_1^2 + 2(x_1 - u_1)^2 + 5.24[0.5u_1 + 0.9(x_1 - u_1)]^2\}$$

同理可知最大值出現在 $[0, x_1]$ 的端點。比較 $u_1 = 0$ 和 $u_1 = x_1$ 時對應的 $f_1(x_1)$ 值，可知：

$$f_1(x_1) = 6.2444x_1^2, u_1x_1 = 0$$

由於已知 $x_1 = 1\,000$，因此條件最優目標函數值 $f_1(x_1)$ 就是整個計劃期內的最大收益 R^*，其值爲：$R^* = f_1(x_1) = 6.2444 \times 1\,000^2 = 6\,244\,400(元)$

因此：

$$u_1^* = u_1(1\,000) = 0$$
$$x_2^* = 0.5u_1^* + 0.9(x_1^* - u_1^*) = 900$$
$$u_2^* = u_2(900) = 0$$
$$x_3^* = 0.5u_2^* + 0.9(x_2^* - u_2^*) = 810$$
$$u_3^* = u_3(810) = 0$$
$$x_4^* = 0.5u_3^* + 0.9(x_3^* - u_3^*) = 405$$

綜上，最優分配方案爲：

第一年將 1 000 臺完好的設備全部投放到 B 部門，年末完好的設備有 900 臺；

第二年將 900 臺完好的設備全部投放到 B 部門，年末完好的設備有 810 臺；

第三年將 810 臺完好的設備全部投放到 A 部門，年末完好的設備有 405 臺。

三年的總收入爲 624.44 萬元。

9.2 生產與存貯問題

在生產與經營管理中，經常會遇到安排生產量的問題，既不能生產太少而無法滿足消費者的需求，也不能生產太多而增加商品的庫存成本。因此，正確制定生產計劃，確定不同時期的生產量和庫存量，以使總的生產成本和庫存費用之和最小，就是生產與存貯管理中所要考慮的問題。

設某公司對某種產品要制訂一項 n 個階段的生產(或購買)計劃。已知它的初始庫存量爲零，每階段生產(或購買)該產品的數量有上限的限制；每階段社會對該產品的需求量是已知的，公司保證其供應；在 n 階段末的終結庫存量爲零。該公司如何制訂每個階段的生產(或採購)計劃，從而使總成本最小？設 d_k 爲第 k 階段對產品的需求量，x_k 爲第 k 階段該產品的生產量(或採購量)，v_k 爲第 k 階段結束時的產品庫存量。則有 $v_k = v_{k-1} + x_k - d_k$。$c_k(x_k)$ 表示第 k 階段生產產品 x_k 時的成本費用，它包括生產準備成本 K 和產品成本 ax_k(其中 a 是單位產品成本)兩項費用。即

$$c_k(x_k) = \begin{cases} 0 & \text{當 } x_k = 0 \\ K + ax_k & \text{當 } x_k = 1, 2, \cdots, m \\ \infty & \text{當 } x_k > m \end{cases}$$

$h_k(v_k)$ 表示在第 k 階段結束時有庫存量 v_k 所需的存儲費用。故第 k 階段的成本費用為 $c_k(x_k) + h_k(v_k)$。m 表示每階段最多能生產該產品的上限數。

因而,上述問題的數學模型為

$$\min g = \sum_{k=1}^{n} [c_k(x_k) + h_k(v_k)]$$

$$\begin{cases} v_0 = 0, v_n = 0 \\ v_k = \sum_{j=1}^{k} (x_j - d_j) \geq 0 & k = 2, \cdots, n-1 \\ 0 \leq x_k \leq m & k = 1, 2, \cdots, n \\ x_k \text{ 為整數} & k = 1, 2, \cdots, n \end{cases}$$

用動態規劃方法來求解,把它看作一個 n 階段決策問題。令 v_{k-1} 為狀態變量,它表示第 k 階段開始時的庫存量。x_k 為決策變量,它表示第 k 階段的生產量。

狀態轉移方程為:

$$v_k = v_{k-1} + x_k - d_k$$

最優值函數 $f_k(v_k)$ 表示從第 1 階段初始庫存量為 0 到第 k 階段末庫存量為 v_k 時的最小總費用。因此可寫出順序遞推關係式為:

$$f_k(v_k) = \min_{0 \leq x_k \leq \sigma_k} [c_k(x_k) + h_k(v_k) + f_{k-1}(v_{k-1})] \quad k = 1, \cdots, n$$

其中 $\sigma_k = \min(v_k + d_k, m)$。這是因為一方面,每階段生產的上限為 m;另一方面,為了保證供應,第 $k-1$ 階段末的庫存量 v_{k-1} 必須非負,即 $v_k + d_k - x_k \geq 0$,所以 $x_k \leq v_k + d_k$。

邊界條件為 $f_0(v_0) = 0$(或 $f_1(v_1) = \min_{x_1 \leq \sigma_1} [c_1(x_1) + h_1(v_1)]$),從邊界條件出發,利用上面的遞推關係式,對每個 k 計算出 $f_k(v_k)$ 中的 v_k 在 0 至 $\min[\sum_{j=k+1}^{n} d_j, m - d_k]$ 之間的值,最後求得的 $f_n(0)$ 即為所求的最小總費用。

註:若每階段生產產品的數量無上限的限制,則只要改變 $c_k(x_k)$ 和 σ_k 就行。即

$$c_k(x_k) = \begin{cases} 0 & x_k = 0 \\ K + ax_k & \text{當 } x_k = 1, 2 \cdots \cdots \end{cases}$$

$$\sigma_k = v_k + d_k$$

對每個 k,需計算 $f_k(v_k)$ 中的 v_k 在 0 至 $\sum_{j=k+1}^{n} d_j$ 之間的值。

【例 9.3】某工廠要對一種產品制訂今後四個時期的生產計劃,據估計,在今後四個時期內,市場對於該產品的需求量如表 9-5 所示。

表 9-5

時期(k)	1	2	3	4
需求量(d_k)	2	3	2	4

假定該廠生產每批產品的固定成本為 3 千元,若不生產就為 0 元;每單位產品成本

爲 1 千元；每個時期的生產能力所允許的最大生產批量爲不超過 6 個單位；每個時期期末未售出的產品，每單位需付存儲費 0.5 千元。還假定在第一個時期的初始庫存量爲 0，第四個時期期末的庫存量也爲 0。試問該廠應如何安排各個時期的生產與庫存，才能在滿足市場需要的條件下使總成本最小。

解：用動態規劃方法來求解，其符號含義與上面相同。按四個時期將問題分爲四個階段。由題意可知，在第 k 時期內的生產成本爲

$$c_k(x_k) = \begin{cases} 0 & \text{當 } x_k = 0 \\ 3 + 1 \cdot x_k & \text{當 } x_k = 1, 2, \cdots, 6 \\ \infty & x_k > 6 \end{cases}$$

第 k 時期期末庫存量爲 v_k 時的存儲費用爲

$$h_k(v_k) = 0.5 v_k$$

故第 k 時期內的總成本爲 $c_k(x_k) + h_k(v_k)$。

而動態規劃的順序遞推關係式爲

$$f_k(v_k) = \min_{0 \leq x_k \leq \sigma_k} [c_k(x_k) + h_k(v_k) + f_{k-1}(v_k + d_k - x_k)], k = 2, 3, 4$$

其中，$\sigma_k = \min(v_k + d_k, 6)$ 邊界條件 $f_1(v_1) = \min\limits_{x_1 = \min(v_1 + d_1, 5)} [c_1(x_1) + h_1(v_1)]$。

當 $k = 1$ 時，$f_1(v_1) = \min\limits_{x_1 = \min(v_1 + 2, 5)} [c_1(x_1) + h_1(v_1)]$。

對 v_1 在 0 至 $\min[\sum\limits_{j=2}^{4} d_j, m - d_1] = \min[9, 6 - 2] = 4$ 之間的值分別進行計算。

$v_1 = 0$ 時，$f_1(0) = \min\limits_{x_1 = 2} [3 + x_1 + 0.5 \times 0] = 5$，所以 $x_1 = 2$。

$v_1 = 1$ 時，$f_1(1) = \min\limits_{x_1 = 3} [3 + x_1 + 0.5 \times 1] = 6.5$，所以 $x_1 = 3$。

$v_1 = 2$ 時，$f_1(2) = \min\limits_{x_1 = 4} [3 + x_1 + 0.5 \times 2] = 8$，所以 $x_1 = 4$。

同理得：

$$f_1(3) = 9.5，\text{所以 } x_1 = 5。$$
$$f_1(4) = 11，\text{所以 } x_1 = 6。$$

當 $k = 2$ 時，$f_2(v_2) = \min\limits_{0 \leq x_2 \leq \sigma_2} [c_2(x_2) + h_2(v_2) + f_1(v_2 + 3 - x_2)]$。

其中，$\sigma_2 = \min(v_2 + 3, 6)$。對 v_2 在 0 至 $\min[\sum\limits_{j=3}^{4} d_j, 6 - 3] - \min[6, 3] = 3$ 之間的值分別進行計算。從而有：

$$f_2(0) = \min_{0 \leq x_2 \leq 3} [c_2(x_2) + h_2(0) + f_1(3 - x_2)] = \min \begin{bmatrix} c_2(0) + h_2(0) + f_1(3) \\ c_2(1) + h_2(0) + f_1(2) \\ c_2(2) + h_2(0) + f_1(1) \\ c_2(3) + h_2(0) + f_1(0) \end{bmatrix}$$

$$= \min \begin{bmatrix} 0 + 9.5 \\ 4 + 8 \\ 5 + 6.5 \\ 6 + 5 \end{bmatrix} = 9.5，\text{所以 } x_2 = 0。$$

$f_2(1) = \min\limits_{0 \leq x_2 \leq 4}[c_2(x_2)+h_2(1)+f_1(4-x_2)] = 11.5$,所以 $x_2 = 0$。

$f_2(2) = \min\limits_{0 \leq x_2 \leq 5}[c_2(x_2)+h_2(2)+f_1(5-x_2)] = 14$,所以 $x_2 = 5$。

$f_2(3) = \min\limits_{0 \leq x_2 \leq 6}[c_2(x_2)+h_2(3)+f_1(6-x_2)] = 15.5$,所以 $x_2 = 6$。

註意:在計算 $f_2(2)$ 和 $f_2(3)$ 時,由於每個時期的最大生產批量爲6個單位,故 $f_1(5)$ 和 $f_1(6)$ 是沒有意義的,就取 $f_1(5) = f_1(6) = \infty$,其餘類推。

當 $k = 3$ 時,$f_3(v_3) = \min\limits_{0 \leq x_3 \leq \sigma_3}[c_3(x_3) + h_3(v_3) + f_2(v_3 + 2 - x_3)]$。

其中,$\sigma_3 = \min(v_3 + 2, 6)$。對 v_3 在 0 至 $\min(4, 6 - 2) = 4$ 之間的值分別進行計算,從而有:

$f_3(0) = 14$,所以 $x_3 = 0$。

$f_3(1) = 16$,所以 $x_3 = 0$ 或 3。

$f_3(2) = 17.5$,所以 $x_3 = 4$。

$f_3(3) = 19$,所以 $x_3 = 5$。

$f_3(4) = 20.5$,所以 $x_3 = 6$。

當 $k = 4$ 時,因要求第 4 時期期末的庫存量爲 0,即 $v_4 = 0$,故有:

$$f_4(0) = \min_{0 \leq x_4 \leq 4}[c_4(x_4) + h_4(0) + f_3(4 - x_4)]$$

$$= \min \begin{bmatrix} c_4(0) + f_3(4) \\ c_4(1) + f_3(3) \\ c_4(2) + f_3(2) \\ c_4(3) + f_3(1) \\ c_4(3) + f_3(0) \end{bmatrix} = \min \begin{bmatrix} 0 + 20.5 \\ 4 + 19 \\ 5 + 17.5 \\ 6 + 16 \\ 7 + 14 \end{bmatrix} = 20.5$$

所以 $x_4 = 0$。

再按計算的順序反推算,可找出每個時期的最優生產決策爲:

$$x_1 = 5, x_2 = 0, x_3 = 6, x_4 = 0$$

其相應的最小總成本爲 20.5 千元。

如果把上面例題中的有關數據列成表(見表 9-6),然後分析這些數據,可找出一些規律性的東西。

表 9-6

階段 i	0	1	2	3	4
需求量 d_i		2	3	2	4
生產量 x_i		5	0	6	0
庫存量 v_i	0	3	0	4	0

由表 9-6 中的數字可以看到,這樣的庫存問題有如下特徵:

(1) 對每個 i 有 $v_{i-1}, x_i = 0 (i = 1, 2, 3, 4)$,其中 $v_0 = 0$。

(2) 對於最優生產決策來說,它被裂解爲兩個子問題,一個是從第 1 階段到第 2 階段,另一個是從第3階段到第4階段。每個子問題的最優生產決策特別簡單,它們的最小總成本之和就等於原問題的最小總成本。

這種現象不是偶然的,而是反應着這類庫存問題數學模型的特徵。研究這類問題,注意到(2)的規律,就可將計算量大幅減少。

如果對每個 i,都有 $v_{i-1}x_i = 0$,則稱該點的生產決策(或稱一個策略 $x = x_1, \cdots, x_n$)具有再生產點性質(又稱重生性質)。

如果 $v_i = 0$,則稱階段 i 爲再生產點(又稱重生點)。

假設 $v_0 = 0$ 和 $v_n = 0$,故階段0和 n 是再生產點。可以證明:若庫存問題的目標函數 $g(x)$ 在凸集合S上是凹函數(或凸函數),則 $g(x)$ 在S的頂點上具有再生產點性質的最優策略。下面運用再生產點性質求求庫存問題爲凹函數的解。

設 $c(j,i)(j \leq i)$ 爲階段 j 到階段 i 的總成本,給定 $j-1$ 和 i 是再生產點,並且階段 j 到階段 i 期間的產品全部由階段 j 供給。則

$$c(j,i) = c_j\left(\sum_{s=j}^{i} d_s\right) + \sum_{s=j+1}^{i} c_s(0) + \sum_{s=j}^{i-1} h_s\left(\left[\sum_{t=s+1}^{i} d_t\right]\right) \tag{9-1}$$

根據兩個再生產點之間的最優策略,可以得到一個更有效的動態規劃遞推關係式。

設最優值函數 f_i 表示在階段 i 末庫存量 $v_i = 0$ 時,從階段1到階段 i 的最小成本。則對應的遞推關係式爲

$$f_i = \min_{1 \leq j \leq i}[f_{j-1} + c(j,i)] \quad i = 1, 2, \cdots, n \tag{9-2}$$

邊界條件爲

$$f_0 = 0 \tag{9-3}$$

爲了確定最優生產決策,逐個計算 $f_1, f_2, \cdots, f_n$。則 $f_n(0)$ 爲 n 個階段的最小總成本。設 $j(n)$ 爲計算 f_n 時,使式(9-2)右邊最小的 j 值,即

$$f_n = \min_{1 \leq j \leq i}[f_{j-1} + c(j,i)] = f_{j(n)-1} + c[j(n), n]$$

則從階段 $j(n)$ 到階段 n 的最優生產決策爲:

$x_{j(n)} = \sum_{s=j(n)}^{n} d_s$,$x_s = 0$,當 $s = j(n)+1$、$j(n)+2$、n 時,階段 $j(n)-1$ 爲再生產點。爲了進一步確定階段 $j(n)-1$ 到階段1的最優生產決策,記 $m = j(n)-1$,而 $j(m)$ 是在計算 f_m 時,使式(9-2)右邊最小的 j 值,則從階段 $j(m)$ 到階段 $j(n)$ 的最優生產決策爲:

$x_{j(m)} = \sum_{s=j(m)}^{m} d_s$,$x_s = 0$,當 $s = j(m)+1$、$j(m)+2$、m 時,階段 $j(m)-1$ 爲再生產點,其餘依此類推。

【例9.4】利用再生產點性質解例9.3。

解:因 $c_i(x_i) = \begin{cases} 0 & x_i = 0 \\ 3 + x_i & x_i = 1, 2, \cdots, 6 \\ \infty & x_i > 6 \end{cases}$ 和 $h_i(v_i) = 0.5v_i$

都是凹函數,故可利用再生產點性質來計算。

(1)按式(9-1)計算 $c(j,i)$,$1 \leq j \leq i$,$i = 1,2,3,4$,則:

$c(1,1) = c(2) + h(0) = 5$

$c(1,2) = c(5) + h(3) = 3 + 5 + 0.5 \times 3 = 9.5$

$c(1,3) = c(7) + h(5) + h(2) = \infty + 0.5 \times 5 + 0.5 \times 2 = \infty$

$c(1,4) = c(11) + h(9) + h(6) + h(4) = \infty$

$c(2,2) = c(3) + h(0) = 6$

$c(2,3) = c(5) + h(2) = 9$

$c(2,4) = c(9) + h(6) = h(4) = \infty$

$c(3,3) = c(2) + h(0) = 5$

$c(3,4) = c(6) + h(4) = 11$

$c(4,4) = c(4) = 7$

(2) 按式(9-2)式和式(9-3)計算 f_i：

$f_0 = 0$

$f_1 = f_0 + c(1,1) = 0 + 5 = 5$，所以 $j(1) = 1$。

$f_2 = \min[f_0 + c(1,2), f_1 + c(2,2)]$
　　　$= \min[0 + 9.5, 5 + 6] = 9.5$，所以 $j(2) = 1$。

$f_3 = \min[f_0 + c(1,3), f_1 + c(2,3), f_2 + c(3,3)]$
　　　$= \min[0 + \infty, 5 + 9, 9.5 + 5] = 14$，所以 $j(3) = 2$。

$f_4 = \min[f_0 + c(1,4), f_1 + c(2,4), f_2 + c(3,4), f_3 + c(4,4)]$
　　　$= \min[0 + \infty, 5 + \infty, 9.5 + 11, 14 + 7] = 20.5$，所以 $j(4) = 3$。

(3) 找出最優生產決策如下：

由 $j(4) = 3$，故 $x_3 = d_3 + d_4 = 6, x_4 = 0$。

因 $m = j(4) - 1 = 3 - 1 = 2$，所以 $j(m) = j(2) = 1$。

故 $x_1 = d_1 + d_2 = 5, x_2 = 0$。

所以最優生產決策為：$x_1 = 5, x_2 = 0, x_3 = 6, x_4 = 0$。

相應的最小總成本為 20.5 千元。

還應指出的是，這種利用再生產點性質求解確定性需求不允許缺貨的庫存問題，可以推廣到確定性需求在某些階段上允許延遲交貨的庫存問題。

【例9.5】某車間需要按月在月底供應一定數量的某種部件給總裝車間，由於生產條件的變化，該車間在各月份生產每單位這種部件所需耗費的工時不同。各月份生產的部件於當月的月底前要全部存入倉庫以備後用。總裝車間的各個月份的需求量以及加工車間生產該部件每單位數量所需工時數如表9-7所示。

表9-7

月份 k	0	1	2	3	4	5	6
需求量 d_k	0	8	5	3	2	7	4
單位工時 a_k		11	18	13	17	20	10

設倉庫容量限制為 $h = 9$，開始庫存量為2，期終庫存量為0，需要制定一個半年的逐月生產計劃，既要能滿足需要且不超過倉庫容量的限制，又要使得生產這種部件的總耗

費工時數最少。

解：按月份劃分階段，用 k 表示月份序號。

設狀態變量 k 爲第 k 段開始時(本段產品送出之前，上段產品送入之後)的部件庫存量。決策變量 u_k 爲第 k 段內的部件生產量。

狀態轉移方程：
$$s_{k+1} = s_k + u_k - d_k \tag{9-4}$$

且
$$d_k \leq s_k \leq H \tag{9-5}$$

故允許決策集合爲 $D_k(s_k) = \{u_k : u_k \geq 0, d_{k+1} \leq s_k + u_k - d_k \leq H\}$ (9-6)

最優值函數 $f_k(s_k)$ 表示在第 k 段開始的庫存量爲 s_k 時，從第 k 段至第 6 段所生產部件的最小累計工時數。

因而可寫出逆推關係式爲

$$\begin{cases} f_k(s_k) = \min_{u_k \in D_k(s_k)} [a_k u_k + f_{k+1}(s_k + u_k - d_k)] \\ f_7(s_7) = 0 \end{cases} \tag{9-7}$$

當 $k = 6$ 時，要求期終庫存量爲 0，即 $s_7 = 0$。因每月的生產是供應下月的需要，故第 6 個月不用生產，即 $u_6 = 0$。因此 $f_6(s_6) = 0$，而由式(9-4)得 $s_6 = d_6 = 4$。

當 $k = 5$ 時，由式(9-4)得 $s_6 = s_5 + u_5 - d_5$，故 $u_5 = 11 - s_5$。

所以 $f_5(s_5) = \min_{u_5 = 11 - s_5} = 10(11 - s_5) = 110 - 10s_5$，最優解 $u_5^* = 11 - s_5$。

當 $k = 4$ 時，其中 u_4 的允許決策集合 $D_4(s_4)$ 由式(9-6)確定。

因爲 $d_5 \leq s_3 + u_4 - d_4 \leq H$，所以 $9 - s_4 \leq u_4 \leq 11 - s_4$；

又 $u_4 \geq 0$，因而 $\max[0, 9 - s_4] \leq u_4 \leq 11 - s_4$；

而由式(9-5)知：$s_4 \leq 9$，所以 $D_4(s_4)$ 爲：$9 - s_4 \leq u_4 \leq 11 - s_4$。

故得 $f_4(s_4) = 10(9 - s_4) - 10s_4 + 130 = 220 - 20s_4$ 及最優解 $u_4^* = 9 - s_4$。

當 $k = 3$ 時，

$$\begin{aligned} f_3(s_3) &= \min_{u_3 \in D_3(s_3)} [a_3 u_3 + f_4(s_3 + u_3 - d_3)] \\ &= \min[17u_3 + 220 - 20(s_3 + u_3 - 3)] \\ &= \min[-3u_3 - 20s_3 + 280] \end{aligned}$$

由式(9-6)得 $D_3(s_3)$ 爲 $\max[0, 5 - s_3] \leq u_3 \leq 12 - s_3$。

故得 $f_3(s_3) = 244 - 17s_3$ 及最優解 $u_3^* = 12 - s_3$。

當 $k = 2$ 時，

$$\begin{aligned} f_2(s_2) &= \min_{u_2 \in D_2(s_2)} [a_2 u_2 + f_3(s_2 + u_2 - d_2)] \\ &= \min_{u_2}[-4u_2 - 17s_2 + 329] \end{aligned}$$

其中 $D_2(s_2)$ 爲 $\max(0, 8 - s_2) \leq u_2 \leq 14 - s_2$，故得 $f_2(s_2) = 273 - 13s_2$ 及最優解 $u_2^* = 14 - s_2$。

當 $k = 1$ 時，

$$\begin{aligned} f_1(s_1) &= \min_{u_1 \in D_1(s_1)} [a_1 u_1 + f_2(s_1 + u_1 - d_1)] \\ &= \min_{u_1}[5u_1 - 13s_1 + 377] \end{aligned}$$

其中 $D_1(s_1)$ 爲 $13 - s_1 \leq u_1 \leq 17 - s_1$，故得 $f_1(s_1) = 442 - 18s_1$ 及最優解 $u_1^* = 13 - s_1$。

當 $k = 0$ 時，
$$f_0(s_0) = \min_{u_0 \in D_0(s_0)} [a_0 u_0 + f_1(s_0 + u_0 - d_0)]$$
$$= \min_{u_0}[-7u_0 + 442 - 18s_0]$$

其中 $D_0(s_0)$ 爲 $8 - s_0 \leq u_0 \leq 9 - s_0$，故得 $f_0(s_0) = 379 - 11s_0$ 及最優解 $u_0^* = 9 - s_0$。

因爲 $s_0 = 2$，所以 $f_0 = 357$ 和 $u_0^* = 7$。

再按計算順序反推之，並結合式(9-4)的運算，即得各階段的最優決策爲：
$u_0^* = 7, u_1^* = 4, u_2^* = 9, u_3^* = 3, u_4^* = 0, u_5^* = 4$。

所以從 0 月至 5 月的最優生產計劃爲：7、4、9、3、0、4，相應的最小總工時數爲 357 小時。

9.3 背包問題

背包問題類似於往旅行背包裡裝用品的問題，這類問題在海運、航運以及航天等領域都有廣泛的應用。它的一般提法是：一位旅行者要携帶背包去登山，已知他所能承受的背包重量限度爲 a 千克，現有 n 種物品可供他選擇裝入包中，第 i 種物品的單件重量爲 a_i 千克，其價值（可以是表明該物品對登山的重要性的數量指標）是携帶數量 $c_i(x_i)$（$i = 1, 2, \cdots, n$）。旅行者應如何選擇携帶各種物品的件數來使得總價值最大？

在實際問題中，若只考慮背包的重量或體積限定，則稱之爲一維背包問題；若同時考慮背包的重量和體積限定，則稱之爲二維背包問題。下面只介紹一維背包問題的動態規劃。

設 x_i 爲第 i 種物品裝入的件數，則背包問題可歸結爲以下形式的整數規劃模型：

$$\max z = \sum_{i=1}^{n} c_i(x_i)$$

$$\begin{cases} \sum_{i=1}^{n} a_i x_i \leq a \\ x_i \geq 0 \text{ 且爲整數}(i = 1, 2, \cdots, n) \end{cases}$$

下面用動態規劃順序法來建模求解。

階段 k 的劃分：將可裝入物品按照 $1, 2, \cdots, n$ 排序，每個階段裝入一種物品，則共有 n 個階段，即 $k = 1, 2, \cdots, n$。

狀態變量 s_{k+1} 的定義：在第 k 階段開始時，背包中被允許裝入前 k 種物品的總重量。

決策變量 x_k 的定義：裝入第 k 種物品的件數。

狀態轉移方程爲：$s_k = s_{k+1} - a_k x_k$

允許決策集合爲：$D_k(s_{k+1}) = \{x_k | 0 \leq x_k \leq [s_{k+1}/a_k], x_k \text{ 爲整數}\}$，其中 $[s_{k+1}/a_k]$ 表示不超過 s_{k+1}/a_k 的最大整數。

最優指標函數 $f_k(s_{k+1})$ 表示在背包中被允許裝入的物品的總重量不超過 s_{k+1} 千克，採用最優策略，只裝前 k 種物品時的最大使用價值，則可得到的動態規劃的順序遞推方程爲：

$$\begin{cases} f_k(s_{k+1}) = \max_{x_k=0,1,\cdots,[s_{k+1}/a_k]} \{c_k(x_k) + f_{k-1}(s_{k+1} - a_k x_k)\}, k = 1, 2, \cdots, n \\ f_0(s_1) = 0 \end{cases}$$

利用前向動態規劃法逐步計算出 $f_1(s_2), f_2(s_3), \cdots, f_n(s_{n+1})$ 及相應的決策函數 $x_1(s_2), x_2(s_3), \cdots, x_n(s_{n+1})$，最後得到的 $f_n(a)$ 即爲所求的最大價值，相應的最優策略則由反推計算得出。

若 x_i 僅取兩個值0和1，表示裝入(取1)和不裝入(取0)第 i 種物品，則本模型就是0-1背包問題。

【例9.6】有一輛最大貨運量爲10噸的卡車，用以裝載3種貨物，每種貨物的單位重量及相應的單位價值如表9-8所示。問應如何裝載可使總價值最大？

表9-8

貨物編號 i	1	2	3
單位重量（t）	3	4	5
單位價值 c_i	4	5	6

解：設第 i 種貨物裝載的件數爲 $x_i(i=1,2,3)$，則問題可表示爲：
$$\max z = 4x_1 + 5x_2 + 6x_3$$
$$\begin{cases} 3x_1 + 4x_2 + 5x_3 \leq 10 \\ x_i \geq 0 \text{ 且爲整數} (i = 1, 2, 3) \end{cases}$$

可按前述方式建立動態規劃模型，由於決策變量取離散值，所以可以用列表法求解。計算過程如表9-9所示。

表9-9

s_2	0	1	2	3	4	5	6	7	8	9	10
$f_1(s_2)$	0	0	0	4	4	4	8	8	8	12	12
x_1^*	0	0	0	1	1	1	2	2	2	3	3

當 $k=2$ 時，$f_2(s_3) = \max\{5x_2 + f_1(s_3 - 4x_2)\}, 0 \leq x_2 \leq s_3/4, x_2$ 爲整數。

計算結果如表9-10所示。

表9-10

s_3	0	1	2	3	4	5	6	7	8	9	10
x_2	0	0	0	0	0,1	0,1	0,1	0,1,2	0,1,2	0,1,2	0,1,2
c_2+f_2	0	0	0	4	4,5	4,5	8,5	8,9	8,9,10	12,9,10	12,13,10
$f_2(s_3)$	0	0	0	4	5	5	8	9	10	12	13
x_2^*	0	0	0	0	1	1	0	1	2	0	1

當 $k = 3$ 時，

$$f_3(10) = \max_{x_3 = 0,1,2} \{6x_3 + f_2(10 - 5x_3)\}$$
$$= \max\{f_2(10), 6 + f_2(5), 12 + f_2(0)\}$$
$$= \max\{13, 6 + 5, 12 + 0\}$$
$$= 13$$

此時，$x_3^* = 0$，逆推可得全部策略爲：$x_1^* = 2, x_2^* = 1, x_3^* = 0$，最大價值爲 13。當約束條件不只一個時，就是多維背包問題，其解法與一維背包問題類似，只是狀態變量是多維的。

9.4 複合系統工作可靠性問題

若某種機器的工作系統由 n 個部件串聯組成，只要有一個部件失靈，整個系統就不能工作。爲提高系統工作的可靠性，在每一個部件上均裝有主要元件的備用件，並且設計了備用元件自動投入裝置。顯然，備用元件越多，整個系統正常工作的可靠性越大。但備用元件多了，整個系統的成本、重量、體積均相應加大，工作精度也會降低。因此，最優化問題是在考慮上述限制條件下，應如何選擇各部件的備用元件數，使整個系統的工作可靠性最大。

設部件 $i(i = 1, 2, \cdots, n)$ 上裝有 u_i 個備用件時，它正常工作的概率爲 $p_i(u_i)$。因此，整個系統正常工作的可靠性，可用它正常工作的概率衡量。即

$$p = \prod_{i=1}^{n} p_i(u_i)$$

設裝一個部件 i 備用元件，費用爲 c_i，重量爲 w_i，要求總費用不超過 c，總重量不超過 w。則這個問題有兩個約束條件，它的靜態規劃模型爲：

$$\max p = \prod_{i=1}^{n} p_i(u_i)$$

$$\begin{cases} \sum_{i=1}^{n} c_i u_i \leq c \\ \sum_{i=1}^{n} w_i u_i \geq 0 \text{ 且爲整數}, i = 1, 2, \cdots, n \end{cases}$$

這是一個非線性整數規劃問題，因 u_i 要求爲整數，且目標函數是非線性的。非線性整數規劃是個較爲複雜的問題，但是用動態規劃方法來解還是比較容易的。

爲了構造動態規劃模型，根據兩個約束條件，取二維狀態變量，採用兩個狀態變量符號 x_k、y_k 來表達。其中 x_k 爲由第 k 個到第 n 個部件所容許使用的總費用，y_k 爲由第 k 個到第 n 個部件所容許具有的總重量。

決策變量 u_k 爲部件 k 上裝的備用元件數，這里決策變量是一維的。

這樣，狀態轉移方程爲：

$$x_{k+1} = x_k - u_k c_k$$

$$y_{k+1} = y_k - u_k w_k \quad (0 \leq k \leq n)$$

允許決策集合爲：
$$D_k(x_k, y_k) = \{u_k : 0 \leq u_k \leq \min[x_k/c_k], [y_k/w_k]\}$$

最優值函數 $f_k(x_k, y_k)$ 是指由狀態 x_k 和 y_k 出發，從部件 k 到部件 n 的系統的最大可靠性。因此，整機可靠性的動態規劃基本方程爲：

$$\begin{cases} f_k(x_k, y_k) = \max_{u_k \in D_k(x_k, y_k)} [p_k(u_k) f_{k+1}(x_k - c_k u_k, y_k - w_k u_k)] \\ f_{n+1}(x_{n+1}, y_{n+1}) = 1 \end{cases}$$

邊界條件爲 1，這是因爲 x_{n+1}、y_{n+1} 均爲零，裝置根本不工作，故可靠性當然爲 1。最後計算得 $f_1(c, w)$ 即爲所求問題的最大可靠性。

這個問題的特點是指標函數爲連乘積形式，而不是連加形式，但仍滿足可分離性和遞推關係；邊界條件爲 1 而不是零。它們是由研究對象的特性所決定的。另外，這裡可靠性 $p_i(u_i)$ 是 u_i 的嚴格單調上升函數，而且 $p_i(u_i) \leq 1$。

在這個問題中，如果靜態模型的約束條件增加三個，例如要求總體積不許超過 v，則狀態變量就要取三維的 (x_k, y_k, z_k)。它說明當靜態規劃問題的約束條件增加時，對應的動態規劃的狀態變量維數也需要增加，而決策變量維數可以不變。

【例 9.7】某廠設計一種電子設備，由三種元件 D_1、D_2、D_3 組成。已知這三種元件的價格和可靠性如表 9-11 所示，要求在設計中所使用元件的費用不超過 105 元。試問應如何設計使設備的可靠性達到最大（不考慮重量的限制）。

表 9-11

元件	單位(元)	可靠性
D_1	30	0.9
D_2	15	0.8
D_3	20	0.5

解：按元件種類劃分爲三個階段，設狀態變量 s_k 表示能容許用在 D_k 元件至 D_3 元件的總費用；決策變量 x_k 表示在 D_k 元件上的並聯個數；p_k 表示一個 D_k 元件正常工作的概率，則 $(1-p_k)^{x_k}$ 爲 x_k 個 D_k 元件不正常工作的概率，令最優值函數 $f_k(s_K)$ 表示由狀態 s_k 開始從 D_k 元件至 D_3 元件組成的系統的最大可靠性。因而有：

$$f_3(s_3) = \max_{1 \leq x_3 \leq (s_3/20)} [1 - (0.5)^{x_3}]$$

$$f_2(s_2) = \max_{1 \leq x_2 \leq [s_2/15]} [1 - (0.2)^{x_2}] f_3(s_2 - 15 x_2)$$

$$f_1(s_1) = \max_{1 \leq x_1 \leq [s_1/30]} [1 - (0.1)^{x_1}] f_2(s_1 - 30 x_1)$$

由於 $s_1 = 105$，此問題爲求出 $f_1(105)$ 即可。
而

$$f_2(105) = \max_{1 \leq x_1 \leq 3} \{[1 - (0.1)^{x_1}] f_2(105 - 30 x_1)\}$$

$$= \max\{[0.9 f_2(75), 0.99 f_2(45), 0.999 f_2(15)]\}$$

但

$$f_2(75) = \max_{1 \leq x_2 \leq 4} \{[1-(0.2)^{x_2}]f_3(75-15x_2)\}$$
$$= \max\{[0.8f_3(60), 0.96f_3(45), 0.992f_3(30), 0.9984f_3(15)]\}$$

可是

$$f_3(60) = \max_{1 \leq x_3 \leq 3} [1-(0.5)^{x_3}] = \max\{0.5, 0.75, 0.875\} = 0.875$$
$$f_3(45) = \max\{0.5, 0.75\} = 0.75$$
$$f_3(30) = 0.5$$
$$f_3(15) = 0$$

所以

$$f_2(45) = \max\{0.8 \times 0.875, 0.96 \times 0.75, 0.992 \times 0.5, 0.9984 \times 0\}$$
$$= \max\{0.7, 0.72, 0.496\} = 0.72$$

同理

$$f_2(45) = \max\{0.8f_3(30), 0.96f_3(15)\}$$
$$= \max\{0.4, 0\} = 0.4$$
$$f_2(15) = 0$$

故

$$f_1(105) = \max\{0.9 \times 0.72, 0.99 \times 0.4, 0.999 \times 0\}$$
$$= \max\{0.648, 0.396\} = 0.648$$

從而求得 $x_1 = 1, x_2 = 2, x_3 = 2$ 爲最優方案，即 D_1 元件用 1 個，D_2 元件用 2 個，D_3 元件用 2 個。其總費用爲 100 元，可靠性爲 0.648。

9.5　設備更新問題

企業中經常會遇到設備是繼續使用還是更新的抉擇問題。一般來說，設備比較新時，生產能力強，維修費用低；隨著使用年限的增加，機器的生產能力降低，維修費用增加。如果設備進行更新，肯定可以提高生產能力，但是更新設備需要支出一筆數額較大的購買費。於是，決策者常常面臨如下問題：是更新設備以提高生產能力、降低維修成本，還是維修並繼續使用原設備以減少開支？

設備更新問題的一般提法是：考慮一個 N 年的設備更新問題。用 s_n 表示第 n 年年初設備已使用的年數，$\pi(s_n)$、$v(s_n)$ 和 $c(s_n)$ 分別表示當設備已使用的年數爲 s_n 時它的年收益、年維修費用和折舊現值。假設購買一臺新設備的費用每年都是 I，要求管理者每年年初做出決策，是繼續使用舊設備還是更換一臺新設備，使 N 年總收益達到最大。

每年爲一個階段，這是一個 N 階段決策過程問題，$n = 1, 2, \cdots, N$。設 s_n 爲狀態變量，它表示第 n 年年初設備已使用過的年數；x_n 爲決策變量，它表示第 n 年年初管理者繼續使用設備（K），或者決定更新設備（R），$x_n \in \{K, R\}$。

根據管理者決策的不同，狀態轉移方程也不同。當管理者決定繼續使用設備時，下

一年年初設備已使用過的年數加1；當管理者決定更新設備時，下一年年初設備已使用過的年數為1，即

$$s_{n+1} = \begin{cases} s_n + 1 & x_n = K \\ 1 & x_n = R \end{cases}$$

設 $r(s_n, x_n)$ 為階段指標函數，它表示第 n 年年初設備已使用過的年數為 s_n、管理者選擇的決策為 x_n 時本階段所獲得的淨收益，即

$$r(s_n, x_n) = \begin{cases} \pi(s_n) - v(s_n) \\ \pi(0) - v(0) + c(s_n) - I \end{cases}$$

過程指標函數是階段指標函數和的形式。設 $f_n(s_n)$ 為最優指標函數，它表示第 n 年年初設備已使用的年數為 s_n 時到第 n 年年末所產生的最大收益。由於設備在第 n 階段末的價值並不為零，因此，邊界條件 $f_{N+1}(s_{N+1}) = c(s_{N+1})$。由此，建立該問題的動態規劃基本方程為：

$$\begin{cases} f_n(s_n) = \max_{x_n \in \{K,R\}} \{r(s_n, x_n) + f_{n+1}(s_{n+1})\} & (n = N, N-1, \cdots, 1) \\ f_{N+1}(s_{N+1}) = c(s_{N+1}) \end{cases}$$

從最後一個階段開始，按照逆序解法逐步計算出 $f_N(s_N), \cdots, f_2(s_2), f_1(s_1)$，最後得到的 $f_1(s_1)$ 就是所求得的第 n 年最大總效益；再按計算過程反推，即可得到相應的最優策略 $x_1^*(s_1), x_2^*(s_2), \cdots, x_N^*(s_N)$。

【例9.8】快樂農場已有一臺使用了1年的割草機。已知新割草機帶來的年收益為8 000元，隨後每年減少5%；又已知新割草機的維修費用為1 200元，以後每年增加20%；使用一年後割草機價值降為1 800元，之後每年降低10%。另外，現在購買一臺新割草機需要4 000元，以後每年價格上漲10%。請為農場制定一個4年的割草機更新計劃使得其獲得的總收益達到最大。

解：根據時間劃分階段，該問題是一個4階段決策過程問題。用 s_n 表示第 n 年割草機已使用的年數，$n = 1, 2, 3, 4$，$s_1 = 1$；x_n 表示第 n 年年初管理者對割草機的更新計劃，其中 $x_n = K$ 表示繼續使用原有割草機，$x_n = R$ 表示購買新割草機，且以折扣價出售原有割草機；$\pi(s_n)$、$v(s_n)$ 和 $c(s_n)$ 分別表示當割草機已使用的年數為 s_n 時，它的年收益、年維修費和折舊現值。由題意知，$\pi(s_n) = 8\,000(1-0.05)^{s_n}$，$v(s_n) = 1\,200(1+0.2)^{s_n}$，$c(s_n) = 1\,800(1-0.1)^{s_n-1}$。用 I_n 表示購買一臺新設備的費用，$I_n = 4\,000(1+0.1)^{n-1}$。

當管理者決定繼續使用割草機時，下一年年初割草機已使用過的年數加1；當管理者決定更新割草機時，下一年年初割草機已使用過的年數為1，即狀態轉移方程為：

$$s_{n+1} = \begin{cases} s_n + 1 & x_n = K \\ 1 & x_n = R \end{cases}$$

設 $r(s_n, x_n)$ 為階段指標函數，它表示第 n 年年初設備已使用過的年數為 s_n、管理者選擇的決策為 x_n 時本階段所獲得的淨收益，即

$$r(s_n, x_n) = \begin{cases} \pi(s_n) - v(s_n) & x_n = K \\ \pi(0) - v(0) + c(s_n) - I_n & x_n = R \end{cases}$$

用 $f_n(s_n)$ 表示最優指標函數，即當第 n 年割草機已使用的年數爲 s_n 時到第 4 年年末所產生的最大收益。由此，建立該問題的動態規劃基本方程爲：

$$\begin{cases} f_n(s_n) = \max_{x_n \in \{E, R\}} \{r(s_n, x_n) + f_{n+1}(s_{n+1})\} & (n = 4, 3, 2, 1) \\ f_5(s_5) = c(s_5) \end{cases}$$

採用逆序解法，從最後一個階段開始由後向前逐步遞推。在第 4 階段初，由題意可知，割草機使用的年數 s_4 只可取 1、2、3、4、5。當 $s_4 = 1$ 時，意味着第 4 年年初割草機已使用了 1 年，如果採取決策 R，即對割草機進行更新時，本階段獲得的收益爲 $r(s_4, R) = 8\,000 - 1\,200 + 1\,800 - 4\,000 \times (1 + 0.1)^3$，第 4 年年末時割草機已使用的年數爲 1；如果採取決策 K，即繼續使用割草機時，本階段獲得的收益爲 $r(s_4, K) = 8\,000 \times (1 - 0.05) - 1\,200 \times (1 + 0.2)$，而第 4 年年末時割草機已使用的年數爲 2 年，動態規劃基本方程爲：

$$f_4(1) = \max_{x_4 \in \{K, R\}} \{r(1, x_4) + f_5(s_5)\}$$

$$= \max \begin{cases} \pi(0) - v(0) + c(1) - I_4 + f_5(1) \\ \pi(1) - v(1) + f_5(2) \end{cases}$$

$$= \max \begin{cases} 8\,000 - 1\,200 + 1\,800 - 4\,000 \times (1 + 0.1)^3 + 1\,800 = 5\,076 \\ 8\,000 \times (1 - 0.05) - 1\,200 \times (1 + 0.2) + 1\,800(1 - 0.1) = 7\,780 \end{cases}$$

對應的最優決策 $x_4^*(1) = K$。

類似的，當 $s_4 = 2, 3, 4, 5$，則

$$f_4(2) = \max \begin{cases} 8\,000 - 1\,200 + 1\,800 \times (1 - 0.1) - 4\,000 \times (1 + 0.1)^3 + 1\,800 = 4\,896 & x_4 = R \\ 8\,000 \times (1 - 0.05)^2 - 1\,200 \times (1 + 0.2)^2 + 1\,800(1 - 0.1)^2 = 6\,950 & x_4 = K \end{cases}$$

$$= 6\,950$$

$$f_4(3) = \max \begin{cases} 8\,000 - 1\,200 + 1\,800 \times (1 - 0.1)^2 - 4\,000 \times (1 + 0.1)^3 + 1\,800 = 4\,734 & x_4 = R \\ 8\,000 \times (1 - 0.05)^3 - 1\,200 \times (1 + 0.2)^3 + 1\,800(1 - 0.1)^3 = 6\,097.6 & x_4 = K \end{cases}$$

$$= 6\,097.6$$

$$f_4(4) = \max \begin{cases} 8\,000 - 1\,200 + 1\,800 \times (1 - 0.1)^3 - 4\,000 \times (1 + 0.1)^3 + 1\,800 = 4\,588.2 & x_4 = R \\ 8\,000 \times (1 - 0.05)^4 - 1\,200 \times (1 + 0.2)^4 + 1\,800(1 - 0.1)^4 = 5\,208.71 & x_4 = K \end{cases}$$

$$= 5\,208.71$$

$$f_4(5) = \max \begin{cases} 8\,000 - 1\,200 + 1\,800 \times (1 - 0.1)^4 - 4\,000 \times (1 + 0.1)^3 + 1\,800 = 4\,456.98 & x_4 = R \\ 8\,000 \times (1 - 0.05)^5 - 1\,200 \times (1 + 0.2)^5 + 1\,800(1 - 0.1)^5 = 4\,267.15 & x_4 = K \end{cases}$$

$$= 4\,456.98$$

對應的最優決策分別爲 $x_4^*(2) = x_4^*(4) = K$，$x_4^*(5) = R$。

在第三階段初，由題意知，割草機已使用年數 s_3 可能的取值爲 1、2、3、4。因此：

$$f_3(1) = \max_{x_3 \in \{K, R\}} \{r(1, x_3) + f_4(s_4)\}$$

$$= \max \begin{cases} \pi(0) - v(0) + c(1) - I_3 + f_4(1) & x_3 = R \\ \pi(1) - v(1) + f_4(2) & x_3 = K \end{cases}$$

$$= \max \begin{cases} 8\,000 - 1\,200 + 1\,800 - 4\,000 \times (1 + 0.1)^2 + 7\,780 = 11\,540 & x_3 = R \\ 8\,000 \times (1 - 0.05) - 1\,200 \times (1 + 0.2) + 6\,950 = 13\,760 & x_3 = K \end{cases} = 13\,110$$

$$f_3(2) = \max \begin{cases} 8\,000 - 1\,200 + 1\,800 \times (1 - 0.1) - 4\,000 \times (1 + 0.1)^2 + 7\,780 = 113\,360 & x_3 = R \\ 8\,000 \times (1 - 0.05)^2 - 1\,200 \times (1 + 0.2)^2 + 6\,097.6 = 11\,589.6 & x_3 = K \end{cases}$$

$$f_3(3) = \max \begin{cases} 8\,000 - 1\,200 + 1\,800 \times (1-0.1)^2 - 4\,000 \times (1+0.1)^2 + 7\,780 = 11\,198 & x_3 = R \\ 8\,000 \times (1-0.05)^3 - 1\,200 \times (1+0.2)^3 + 5\,208.71 = 999\,411 & x_3 = K \end{cases}$$

$$= 11\,198$$

$$f_3(4) = \max \begin{cases} 8\,000 - 1\,200 + 1\,800 \times (1-0.1)^3 - 4\,000 \times (1+0.1)^2 + 7\,780 = 110\,522 & x_3 = R \\ 8\,000 \times (1-0.05)^4 - 1\,200 \times (1+0.2)^4 + 4\,456.98 = 8\,484.71 & x_3 = K \end{cases}$$

$$= 11\,052.2$$

對應的最優決策分別爲 $x_3^*(1) = x_3^*(2) = K, x_3^*(3) = x_4^* = R$。

第 2 階段初割草機已使用年數 s_2 的可能的取值爲 1、2、3。所以：

$$f_2(1) = \max_{x_2 \in \{K,R\}} \{r(1,x_2) + f_3(s_3)\}$$

$$= \max \begin{bmatrix} \pi(0) - v(0) + c(1) - I_2 + f_3(1) & x_2 = R \\ \pi(1) - v(1) + f_4(2) & x_2 = K \end{bmatrix}$$

$$= \max \begin{cases} 8\,000 - 1\,200 + 1\,800 - 4\,000 \times (1+0.1) + 13\,110 = 17\,310 & x_2 = R \\ 8\,000 \times (1-0.05) - 1\,200 \times (1+0.2) + 11\,589.6 = 17\,749.6 & x_2 = K \end{cases}$$

$$= 17\,749.6$$

$$f_2(2) = \max \begin{cases} 8\,000 - 1\,200 + 1\,800 \times (1+0.1) - 4\,000 \times (1+0.1)^2 + 13\,110 = 17\,130 & x_2 = R \\ 8\,000 \times (1-0.05)^2 - 1\,200 \times (1+0.2)^2 + 11\,198 = 16\,690 & x_2 = K \end{cases}$$

$$= 17\,130$$

$$f_2(3) = \max \begin{cases} 8\,000 - 1\,200 + 1\,800 \times (1+0.1)^2 - 4\,000 \times (1+0.1) + 13\,110 = 16\,968 & x_2 = R \\ 8\,000 \times (1-0.05)^3 - 1\,200 \times (1+0.2)^3 + 11\,052.2 = 15\,837.6 & x_2 = K \end{cases}$$

$$= 16\,968$$

對應的最優決策分別爲 $x_2^*(1) = K, x_2^*(2) = x_2^*(3) = R$。

在第 1 階段，已知農場已有一臺使用年數爲 1 的割草機，$s_1 = 1$。其動態規劃基本方程爲：

$$f_1(1) = \max_{x_1 \in \{K,R\}} \{r(1,x_1) + f_2(s_2)\}$$

$$= \max \begin{cases} \pi(0) - v(0) + c(1) - I_2 + f_2(1) & x_1 = R \\ \pi(1) - v(1) + f_2(2) & x_1 = K \end{cases}$$

$$= \max \begin{cases} 8\,000 - 1\,200 + 1\,800 - 4\,000 + 17\,749 = 223\,496 & x_1 = R \\ 8\,000 \times (1-0.05) - 1\,200 \times (1+0.2) + 17\,130 = 23\,290 & x_1 = K \end{cases}$$

$$= 23\,290$$

由此可知，當 $x_1^*(1) = K$ 時可獲得最大收益，$f_1(1) = 23\,290$；再按計算過程反推之，可以得到最優更新策略，$x_1^*(1) = K, x_2^*(2) = R, x_3^*(1) = K, x_4^*(2) = K$，即第 1 年不購買新的割草機，第 2 年購買新的割草機，第 3 年與第 4 年不購買新割草機。

9.6 排序問題

設有 n 個工件需要在機床 A、B 上加工，每個工件都必須經過先 A 而後 B 的兩道加工工序(見圖9-2)。以 a_i、b_i 分別表示工件 $i(1 \leq i \leq n)$ 在 A、B 上的加工時間。問應如何在兩機床上安排各工件加工的順序,使在機床 A 上加工第一個工件開始到在機床 B 上將最後一個工件加工完爲止,所用的加工總時間最少?

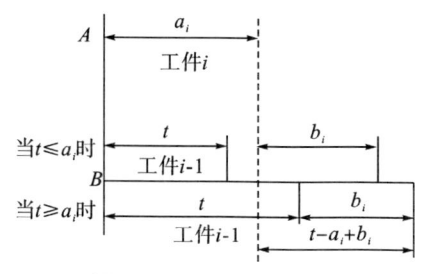

圖 9-2 幾個工件加工工序

加工工件在機床 A 上有加工順序問題,在機床 B 上也有加工順序問題。它們在 A、B 兩臺機床上加工工件的順序是可以不同的。當機床 B 上的加工順序與機床 A 不同時,意味着在機床 A 上加工完畢的某些工件,不能在機床 B 上立即加工,而是要等到另一個或一些工件加工完畢之後才能加工。這樣,機床 B 的等待加工時間加長,便使總的加工時間加長了。可以證明:最優加工順序在兩臺機床上可同時產生。因此,最優排序方案只能在機床 A、B 上加工順序相同的排序中去尋找。即使如此,所有可能的方案仍有 n 個,這是一個不小的數,用窮舉法是不現實的。下面用動態規劃方法來研究同順序兩臺機床加工 n 個工件的排序問題。

當加工順序取定之後,工件在 A 上加工時沒有等待時間,而在 B 上加工時則常常等待。因此,尋求最優排序方案只有盡量減少在 B 上等待加工的時間,才能使總加工時間最短。設第 i 個工件在機床 A 上加工完畢以後,在 B 上要經過若干時間才能加工完,故對同一個工件來說,在 A、B 上總是出現加工完畢的時間差,我們以它來描述加工狀態。

現在,我們以在機床 A 上更換工件的時刻作爲時段。以 X 表示在機床 A 上等待加工的按取定順序排列的工件集合。以 x 表示不屬於 X 的在 A 上最後加工完的工件。以 t 表示從在 A 上加工完 x 的時刻算起到在 B 上加工完 x 所需的時間。這樣,在 A 上加工完一個工件之後,就有 (X,t) 與之對應。

選取 (X,t) 作爲描述機床 A、B 在加工過程中的狀態變量。若這樣選取狀態變量,則當 X 包含有 s 個工件時,過程尚有 s 段,其時段數已隱含在狀態變量之中,因而,指標最優值函數只依賴於狀態而不明顯依賴於時段數。

令 $f(X,t)$ 爲由狀態 (X,t) 出發,對未加工的工件採取最優加工順序後,將 X 中所有工件加工完所需的時間。

$f(X,t,i)$ 爲由狀態 (X,t) 出發,在 A 上加工工件 i,然後再對以後的加工工件採取最優順序後,把 X 中工件全部加工完所需要的時間。

$f(X,t,i,j)$ 爲由狀態 (X,t) 出發,在 A 上相繼加工工件 i 與 j 後,對以後加工的工件採取最優順序後,將 X 中的工件全部加工完所需要的時間。

因而,不難得到:

$$f(X,t,i) \begin{cases} a_i + f(X/i, t - a_i + b_i) & \text{當 } t \geq a_i \text{ 時} \\ a_i + f(X/i, b_i) & \text{當 } t \leq a_i \text{ 時} \end{cases}$$

式中狀態 t 的轉換關係如圖 9-2 所示。

記 $z_i(t) = \max(t - a_i, 0) + b_i$，上式就可合並寫成：

$$f(X,t,i) = a_i + f[X/i, z_i(t)]$$

其中 X/i 表示在集合 X 中去掉工件 i 後剩下的工件集合。

由定義，可得：

$$f(X,t,i,j) = \alpha_i + a_i + f[X/\{i,j\}, z_{i,j}(t)]$$

其中 $z_{i,j}(t)$ 是在機床 A 上從 X 出發相繼加工工件 i,j，從它將 j 加工完的時刻算起，至在 B 上相繼加工工件 i,j 並將工件加工完所需的時間。故 $[x/\{i,j\}, z_{i,j}(t)]$ 是在 A 加工 i,j 後所形成的新狀態。即在機床 A 上加工 i,j 後由狀態 (X,t) 轉移到狀態 $[X/\{i,j\}, z_{i,j(t)}]$。

仿照 $z_i(t)$ 的定義，以 $X/\{i,j\}$ 代替 $X/\{i\}$，$z_i(t)$ 代替 t，a_j 代替 a_i，b_j 代替 b_i，則可得：

$$z_{i,j}(t) = \max[z_i(t) - a_j, 0] + b_j$$

$$\text{故} \quad z_{i,j}(t) = \max[\max(t - a_i, 0) + b_i - a_j, 0] + b_j$$
$$= \max[\max(t - a_i - a_j + b_i, b_i - a_j), 0] + b_j$$
$$= \max[t - a_i - a_j + b_i + b_j, b_i + b_j - a_j, b_j]$$

將 i,j 對調，可得：

$$f(X,t,j,i) = a_i + a_j + f[X/\{i,j\}, z_{i,j}(t)]$$
$$z_{j,i}(t) = \max[t - a_i - a_j + b_i + b_j, b_i + b_j - a_i, b_i]$$

由於 $f(X,t)$ 為 t 的單調上升函數，故當 $z_{i,j}(t) \leq z_{j,i}(t)$ 時，有

$$f(X,t,i,j) \leq f(X,t,j,i)$$

因此，不管 t 為何值，當 $z_{i,j}(t) \leq z_{j,i}(t)$ 時，工件 i 放在工件 j 之前加工可以使總的加工時間更短些。而由 $z_{i,j}(t)$ 和 $z_{j,i}(t)$ 的表示式可知，這只需要下面不等式成立就行。即

$$\max(b_i + b_j - a_j, b_j) \leq \max(b_i + b_j - a_i, b_i)$$

將上不等式兩邊同時減去 b_i 與 b_j 得

$$\max(-a_j, -b_i) \leq \max(-a_i, -b_j)$$

即有

$$\min(a_i, b_j) \leq \min(a_j, b_i)$$

這個條件就是工件 i 應該排在工件 j 之前的條件。即對於從頭到尾的最優排序而言，它的所有前後相鄰接的兩個工件所組成的對，都必須滿足上不等式。根據這個條件，得到最優排序的規則如下：

(1) 先作工件的加工時間的工時矩陣：

$$M \begin{pmatrix} a_1 & a_2 & \cdots & a_n \\ b_1 & b_2 & \cdots & b_n \end{pmatrix}$$

(2) 在工時矩陣 M 中找出最小元素（若最小的不止一個，可任選其一）；若它在上

行,則將相應的工件排在最前位置;若它在下行,則將相應的工件排在最後位置。

(3) 將排定位置的工件所對應的列從 M 中劃掉,然後對餘下的工件重複按(2)進行。但那時的最前位置(或最後位置)是在已排定位置的工件之後(或之前)。如此繼續下去,直至把所有工件都排完爲止。

這個同順序的兩臺機床加工 n 個工件的最優排序規則是 Johnson 在 1954 年提出的。概括起來説,它的基本思路是:盡量減少在機床 B 上等待加工的時間。因此,把在機床 B 上加工時間長的工件先加工,把在 B 上加工時間短的工件後加工。

【例 9.9】設有 5 個工件需在機床 A、B 上加工,加工的順序是先 A 後 B,每個工件所需加工時間如表 9-12 所示。問如何安排加工順序,使機床連續加工完所有工件的加工總時間最少?並求出總加工時間。

表 9-12

工件號碼	機床 加工時間(小時)	A	B
1		3	6
2		7	2
3		4	7
4		5	3
5		7	4

解:工件的加工工時矩陣爲

$$M = \begin{bmatrix} 3 & 7 & 4 & 5 & 7 \\ 6 & 2 & 7 & 3 & 4 \end{bmatrix}$$

根據最優排序規則,故最優加工順序爲:$1 \to 3 \to 5 \to 4 \to 2$,總加工時間爲 28 小時。

9.7 貨郎擔問題

貨郎擔問題在運籌學里是一個著名的命題,即有一個串村走户賣貨郎,他從某個村莊出發,通過若干個村莊一次且僅一次,最後仍回到原出發的村莊。問應該如何選擇行走路線,使得總行駛路程最短。

現在把問題一般化。設有 $1, 2, \cdots, n$ 個城市,並以 $1, 2, \cdots, n$ 表示之。d_{ij} 表示從 i 城到 j 城的距離。一個推銷員從城市 1 出發到其他每個城市去一次且僅一次,然後回到城市 1。問他如何選擇行走的路線,使總路程最短。這個問題屬於組合最優化問題,當 n 不太大時,利用動態規劃方法求解是很方便的。

由於規定推銷員是從城市 1 開始的,設推銷員走到 i 城,記 $N_i = \{1, 2, \cdots, i-1, i+1, \cdots, n\}$,表示 1 城到 i 城的中間城市集合。

S 表示推銷員到達 i 城之前中途所經過的城市的集合,則有 $S \subset N_i$。

因此,可選取 (x, S) 作為描述過程的狀態變量,並將最優值函數 $f_k(i, S)$ 定義為從 1 城開始經由 k 個中間城市的 S 集到 i 城的最短路線的距離,則可寫出其動態規劃的遞推關係為:

$$f_k(i, S) = \min[f_{k-1}(j, S\backslash\{j\}) + d_{ji}] \ (k = 1, 2, \cdots, n-1; i = 2, 3\cdots, n; S \subseteq N_i)$$

邊界條件為 $f_k(j, \Phi) = d_{1i}$。

$P_k(i, S)$ 為最優決策函數,它表示從 1 城開始經 k 個中間城市的 S 集到 i 城的最短路線上緊挨著 i 城前面的那個城市。

【例 9.10】在施工現場,已知 4 個物資點間的距離如表 9-13 所示,推銷員從物資點 1 出發,經其餘物資點一次且僅一次,最後返回物資點。求應按怎樣的路徑走使汽車總行程距離最短?

表 9-13

距離 j \ i	1	2	3	4
1	0	8	5	6
2	6	0	8	5
3	7	9	0	5
4	9	7	8	0

解:由邊界條件可知:

$$f_0(2, \Phi) = d_{12} = 8, f_0(3, \Phi) = d_{13} = 5, f_0(4, \Phi) = d_{14} = 6$$

當 $k = 1$ 時,即推銷員從城市 1 開始,中間經過一個城市到達 i 城的最短距離為:

$$f_1(2, \{3\}) = f_0(3, \Phi) + d_{32} = 5 + 9 = 14$$
$$f_1(2, \{4\}) = f_0(4, \Phi) + d_{42} = 6 + 7 = 13$$
$$f_1(3, \{2\}) = 8 + 8 = 16, f_1(3, \{4\}) = 6 + 8 = 14$$
$$f_1(4, \{2\}) = 8 + 5 = 13, f_1(4, \{3\}) = 5 + 5 = 10$$

當 $k = 2$ 時,即推銷員從城市 1 開始,中間經過兩個城市(任意順序)到達 i 城的最短距離為:

$f_2(2, \{3, 4\}) = \min[f_1(3, \{4\}) + d_{32}, f_1(4, \{3\}) + d_{42}] = \min[14 + 9, 10 + 7] = 17$

所以 $p_2(2, \{3, 4\}) = 4$。

$f_2(3, \{2, 4\}) = \min[13 + 8, 13 + 5] = 18$,所以 $p_2(3, \{2, 4\}) = 2$ 或 4。

$f_2(4, \{2, 3\}) = \min[14 + 5, 16 + 5] = 19$,所以 $p_2(4, \{2, 3\}) = 2$。

當 $k = 2$ 時,即從城市 1 開始,中間經過三個城市(任意順序)到達 i 城的最短距離為:

$f_3(1, \{2, 3, 4\}) = \min[f_2(2, \{3, 4\}) + d_{21}, f_2(3, \{2, 4\}) + d_{31}, f_2(4, \{2, 3\}) + d_{41}] = \min[17 + 6, 21 + 7, 19 + 9] = 23$

所以 $p_3(1, \{2, 3, 4\}) = 2$。

由此可知,推銷員的最短行程路線是 1→3→4→2→1,最短距離為 23。

實際中有很多問題都可以歸結爲貨郎擔問題。如，城市鋪設管道時管子走怎樣的路線耗材最少，工廠在鋼板上挖孔時自動焊機的割嘴應該走怎樣的路線使路程最短，等等。

習題

1. 某集團公司擬將6千萬元資金投放到A、B、C三個企業中，且對每個企業都要投資，各企業在獲得資金後爲公司帶來的收益增長額如表9-14所示。問如何分配這些資金可使公司的利潤增長額最大？

表 9-14

投資額(千萬元) \ 收益增長額(千萬元) \ 企業	A	B	C
1	2	3	4
2	6	5	7
3	11	10	9
4	15	13	14

2. 有某種設備，可以在高低兩種不同的負荷下進行生產。在高負荷下生產時，產品的年產量爲g，與年初投入生產的設備數量u_1關係爲$g = g(u_1) = 8u_1$，這時年終設備完好臺數爲au_1（a爲設備完好率，$0 < a < 1$，設$a = 0.7$）。在低負荷下生產時，產品的年產量爲h，和投入生產的設備數量u_2的關係爲$h = h(u_2) = 5u_2$，相應的設備完好率爲b（$0 < b < 1$，設$b = 0.9$），一般情況下$a < b$。

假設某廠有$s_1 = 1\,000$臺完好設備，現在要制訂一個五年計劃，問每年年初時應該如何分配設備在不同負荷下生產的數量以使在5年內產品的總產量爲最高？

3. 某派出所有8支巡邏隊負責3個社區的巡邏任務。每個社區至少派2支巡邏隊，最多派4支巡邏隊。社區發生事故的次數與所派巡邏隊個數有直接關係，根據所派巡邏隊數量，預期各社區一年內發生事故的次數如表9-15所示。請問如何給3個社區分配8支巡邏隊可以使一年內預期發生事故的次數最少？

表 9-15

巡邏隊數量(個) \ 預期事故次數(次) \ 社區	1	2	3
2	25	30	20
3	15	26	10
4	8	20	3

4. 爲了完成合同，某公司預計未來 4 個月每月月底至少提供的機器數量分別爲 10 臺、15 臺、25 臺和 20 臺。由於原材料、設備維修等原因，公司每月能生產的最大臺數以及生產單位產品的成本是變化的，具體表現在表 9-16 中。已知單位產品每月存貯費用爲 1 500 元，假設在同月份生產並安裝的機器不產生庫存成本。請幫助經理制定一個生產計劃使得生產和存貯成本最小。

表 9-16

月份	需求量 （臺）	最大生產能力 （月/臺）	單位產品 生產成本 （元）	單位產品月 存貯成本 （元）
1	10	25	12 000	1 500
2	15	35	13 000	1 500
3	25	30	14 000	1 500
4	20	10	15 000	1 500

5. 某旅行社沒有大型客車，它與當地一家車行簽了合同，根據遊客需求量租賃車輛。根據接單情況，旅行社未來 4 個星期對車輛的需求量分別爲 7 輛、5 輛、8 輛、10 輛。已知車行每輛車每周收取的租金爲 1 500 元，外加收取一次性租車交易費 800 元。但是，旅行社可以選擇周末不還車，這樣就省去了一次性租車的交易費，而只付每周的租金即 1 500 元。請問旅行社應該如何制訂自己的租賃計劃以使租車總費用最小？

6. 一臺電器由 3 個部件串聯而成，如果有一個部件發生故障，電器就不能正常工作了。因此，工作人員常通過在每個部件裡安裝 1 到 2 個備份原件來提高該電器的可靠性（在不發生故障的情況下）。表 9-17 列出了安裝備件後部件的可靠性 r 和成本費用 c。假設製造一臺電器的費用不得超過 10 000 元，那麼應如何製造這臺電器？

表 9-17

並聯部件數 （個）	部件 1		部件 2		部件 3	
	r_1	c_1（元）	r_2	c_2（元）	r_3	c_3（元）
1	0.6	1 000	0.7	3 000	0.5	2 000
2	0.8	2 000	0.8	5 000	0.7	4 000
3	0.9	3 000	0.9	6 000	0.9	5 000

10 排隊論

排隊論(Queuing Theory),或稱隨機服務系統理論,是通過對服務對象的到來及服務時間的統計研究,得出這些數量指標(等待時間、排隊長度、忙期長短等)的統計規律,然後根據這些規律來改進服務系統的結構或重新組織被服務對象,使得服務系統既能滿足服務對象的需要,又能使機構的費用最經濟或某些指標最優。它是數學運籌學的分支學科。也是研究服務系統中排隊現象隨機規律的學科。

排隊論中把到達系統並要求服務的個體稱爲顧客,把提供服務滿足顧客需求的人或機構稱爲"服務臺"或"服務員"。顧客占用服務臺或服務員的時間被稱爲"服務時間"。由於顧客到達時間和服務時間具有隨機性,在現實中排隊的現象不可避免。研究排隊論就是要找到排隊系統的規律性,使設計人員掌握這種規律,合理設計出最優化的排隊服務系統,這樣可以使服務人員或服務臺得到充分利用,同時使顧客得到滿意的服務,並使排隊服務系統處於最佳運營狀態。

因此,在討論排隊問題時,主要關註這三個事項:
(1)顧客到達系統的情況,即顧客怎樣到達的;
(2)顧客排隊的規則是怎樣的,即顧客是怎樣排隊的;
(3)系統是怎樣爲顧客服務的,即顧客是怎樣接受服務的。
在本章中將介紹排隊論的一些基本知識,以及幾種常見排隊模型的應用。

10.1 排隊論的發展與應用

10.1.1 排隊論的發展

現代排隊論起源於19世紀末20世紀初,在第二次世界大戰後發展成爲一門完整而豐富的理論學科。學術界一般將其發展歷程分爲以下幾個階段:

1. 萌芽階段

1909—1920年,丹麥數學家、電氣工程師愛爾朗用概率論方法研究電話通話問題,從而開創了這門應用數學學科,並爲這門學科建立了許多基本原則。之後從事排隊論研究的先驅人物有法國數學家勃拉徹、蘇聯數學家欣欽、瑞典數學家巴爾姆等,他們用數學方法深入地分析了電話呼叫的特徵,促進了排隊論的研究。

20世紀30年代中期,當費勒引進生滅過程時,排隊論才被數學界承認爲一門重要的學科。

2. 產生階段

在第二次世界大戰期間和第二次世界大戰以後,排隊論在運籌學這個新領域中變成了一個重要的內容。20 世紀 50 年代初,肯道爾(D. G. Kendall)對排隊論作了系統的研究,他用嵌入馬爾可夫(A. A. Markov)鏈的方法研究排隊論,使排隊論得到了進一步的發展。肯道爾首先(1951 年)用 3 個字母組成的符號 A/B/C 表示排隊系統,其中 A 表示顧客到達時間的分布,B 表示服務時間的分布,C 表示服務機構中的服務臺的個數。

排隊論與存量理論、水庫問題等的聯繫開始於 20 世紀 50 年代末到 20 世紀 60 年代初,這期間先後問世的重要學說有優先排隊問題、網路隊列問題。塔卡其等人將組合方法引進排隊論,使它更能適應各種類型的排隊問題。

20 世紀 60 年代,排隊論研究的課題日趨複雜,因而開始了近似法的探討與隊列上下限問題的研究。在應用方面,排隊論已經滲透到了生產系統和交通運輸系統。

3. 發展階段

20 世紀 60 年代後,由於排隊問題呈網路狀出現,繁瑣的計算使研究範圍擴張到計算方法上面,人們開始研究排隊網路和複雜排隊問題的漸進解等,這成爲研究現代排隊論的新趨勢。排隊論的發展、推廣來自於實際應用的需要,近代計算工具的精密、快速以及排隊問題本身趨於複雜的傾向決定了排隊論研究的方向。

10.1.2 排隊論的應用

排隊論應用非常廣泛,在很多領域都有所應用,從最初研究的電話通話問題逐步滲入其他領域,如安排交通運輸問題、設備維修問題等,涉及社會的方方面面。

1. 交通運輸系統

船只到港卸載問題,指將船只作爲顧客輸入源,若有其他船只正在接收服務,那麼該船只就必須排隊等待;港口的碼頭是服務臺,爲該船只提供卸載服務。機場調度問題,指將飛機起降作爲輸入源,將機場的跑道和停機坪作爲服務臺,爲多個航班的起降提供服務,後面請求起降的飛機必須排隊等待。

2. 倉儲系統

倉儲系統中,貨物的到達是隨機行爲。倉庫安排貨物入庫時,若前面有正在服務的顧客,那麼貨物的入庫就要進行排隊等待,雖然安排多個服務臺可以減少等待時間,但顧客到達的時間是不確定的,沒有顧客時會造成服務設備和人員的浪費,增加服務成本。因此,研究倉儲系統就是要使得倉庫服務設備和人員被充分利用,又要使得貨物入庫,減少排隊等待的時間。

3. 醫院就醫服務

在我國,醫療服務還不發達,看病就醫時長時間排隊是百姓生活中最常見的問題。病人就是顧客,其到達的時間是隨機的。醫院爲患者提供服務,由於醫院的服務資源有限,患者不得不排隊等候。很多醫院正在不斷深入研究使醫療資源得到最大限度的使用,又使病患者排隊等待時間減少的方法。

由此可見,排隊問題不是一個簡單的服務問題,它是一個管理問題。排隊問題的背後實際上是深層次的亟待改善的管理問題。

10.2 排隊服務系統的基本概念

10.2.1 排隊服務系統的構成要素

現實中排隊現象很多,但是基本上排隊的過程是相似的。一般過程是:由顧客源(總體)出發,到達服務機構(服務臺或服務員)前排隊等候,接受服務機構(服務臺或服務員)服務,服務完之後顧客就離開。圖10-1爲排隊過程的一般模型,虛線部分即爲排隊服務系統。

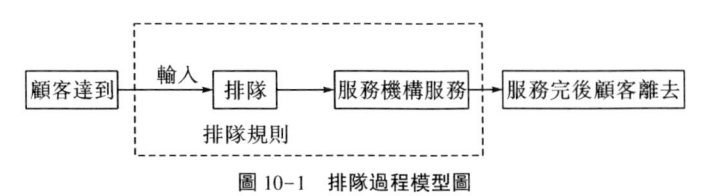

```
顧客達到 →輸入→ 排隊 → 服務機構服務 → 服務完後顧客離去
                排隊規則
```

圖10-1　排隊過程模型圖

從圖10-1的排隊服務系統一般模型可以看出,一般來說,一個排隊系統由輸入、排隊及排隊規則、服務臺三部分構成。

1. 輸入

描述要獲得服務的顧客按照怎樣的規律到達排隊系統的過程被稱爲顧客流。一般可以從下面3個方面來描述排隊服務系統的輸入過程:

(1)顧客總體。顧客總體可以是人,也可以是非生物,如駛入港口的貨船、到達機場上空的飛機等。可以是一個有限的集合,也可以是一個無限的集合,但只要顧客總體所包含的元素數量充分大,就可以把顧客總體有限的情況近似看成是顧客總體無限的情況來處理。例如,到超市購物的顧客總數可以被認爲是無限的,而工廠里等待修理的機器設備顯然是有限的顧客總體。

(2)顧客到達方式。描述顧客是怎樣到達系統的,他們是單個到達還是成批到達。例如,病人到醫院看病是顧客單個到達的例子;在庫存管理中材料進貨或產品入庫被看作是顧客成批到達的例子。

(3)顧客流的概率分布或顧客到達的時間間隔的分布。求解排隊服務系統有關運行指標問題時,首先需要確定的指標是在一定的時間間隔內顧客到達的概率分布。顧客流的概率分布一般有定長分布、二項分布、泊鬆分布以及愛爾朗分布等。

2. 排隊及排隊規則

(1)排隊。顧客排隊分爲無限排隊和有限排隊。

無限排隊:顧客數量是無限的,排隊的隊列可以無限長。又稱之爲等待制排隊系統。當顧客到來時,若服務臺或服務員正在服務,那麼顧客就加入排隊等待的隊伍中去等待服務。例如:車站排隊售票、車輛排隊維修等。

有限排隊:顧客排隊的系統中顧客的數量是有限的。有限排隊又分爲損失制排隊系統和混合制排隊系統。①損失制排隊系統,指排隊顧客數爲零的系統,即不允許排隊。當顧客到達時,所有的服務臺都已經被先來的顧客占用,那麼顧客未接受服務自動離去。例如:電話撥號後出現忙音,顧客不願等待而自動掛斷電話,如需再次撥打就需要重新撥號。②混合制排隊系統,是損失制和等待制系統的結合,允許顧客排隊,但是不允許顧客數量無限多。顧客到達後,一直等到服務完後才離去,不允許隊列無限等待。混合制排隊系統又分爲隊長有限排隊系統、等待時間有限排隊系統和逗留時間排隊系統。第一,隊長有限排隊系統,即排隊系統的等待數量是有限的,最多只能有個別顧客在系統中排隊,當新顧客到達時,若排隊的數量小於限制數,則可以排隊等待接受服務;否則,便自行離開不接受服務,並不再回來。例如:水庫的庫容、旅館的床位。第二,等待時間有限排隊系統,即顧客在系統中的排隊等待時間不超過某一給定的時間長度,當等待的時間超過時,顧客將自動離去,並不再回來。如在易損壞的電子元器件的庫存問題中,超過一定存儲時間的元器件被自動認爲失效。第三,逗留時間排隊系統,即顧客在系統中的排隊等待時間和服務時間之和不超過某一給定的時間長度,當等待和服務的時間超過時,顧客將自動離去,並不再回來。例如:用高射炮射擊敵機,當敵機在某個時間飛越高射炮有效區域,若在這個時間內未被擊落,也就不可能再被射擊了。

(2)排隊規則。在等待制中,服務臺在選擇顧客進行服務時,常有四種規則:①先到先服務。按顧客到達的先後順序對顧客進行服務,先到達的顧客先被服務,後到達的顧客後被服務,這是最普遍的情況。例如:銀行業務服務、飯店就餐服務等。②後到先服務。按顧客到達的先後順序對顧客進行服務,後到達的顧客先被服務,先到達的顧客後被服務,在某些系統中也會出現這樣的情形。例如:倉庫疊放的鋼材,後疊放上去的先被領走,先疊放的反而後被領走;在情報系統中,後接收到的情報往往比先接收到的情報更有價值,作情報分析時,先分析後接收到的情報,後分析先接收的情報。③隨機服務。即當服務臺空閑時,不按照排隊順序而隨意從排隊的顧客中指定某個顧客去接受服務。例如:電話交換臺接通呼叫電話。④優先權服務。指優先權高的顧客比優先權低的顧客先得到服務。例如:老人、兒童優先進入車站,銀行 VIP 客户優先被服務,救災的物資被優先運輸,等等。

3. 服務臺

指服務臺的個數、排列及服務方式。按服務設施個數,有一個或多個之分,通常分爲單服務臺和多服務臺;按排列形式,多服務臺有串聯與並聯之分,多服務臺的並聯繫統,一次可以同時服務多個顧客,而在串聯的情況下,每個顧客要依次經過這個服務臺,就像一個零件經過一道工序加工一樣;服務方式上有單個服務,也有成批服務的,如公共汽車一次就裝卸大批乘客。從構成形式上來看,服務臺有五種形式,分別是單隊-單服務臺式,單隊-多服務臺並聯式,多隊-多服務臺並聯式,單隊-多服務臺串聯式,單隊-多服務臺並串聯混合式。

(1)單隊-單服務臺式。顧客到達,排隊方式只有一列單隊,也只有一個服務臺,一次爲一個顧客提供服務,如圖10-2所示。例如:學校校園卡充值服務。

图 10-2　單隊-單服務臺式

(2) 單隊-多服務臺並聯式。

顧客到達，排隊方式只有一列單隊，但有多個並列的服務臺爲顧客提供服務，如圖10-3所示。例如：地鐵站高峰時期入閘打卡服務。

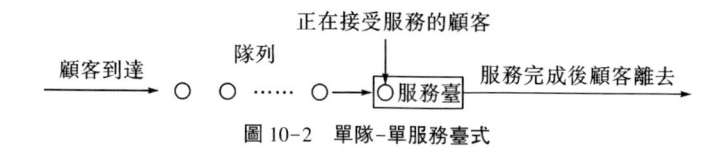

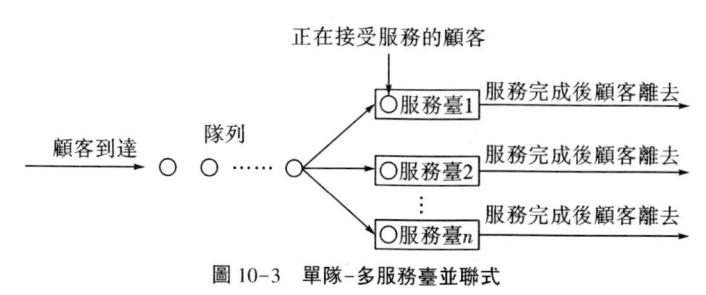

圖 10-3　單隊-多服務臺並聯式

(3) 多隊-多服務臺並聯式。顧客到達，排隊方式有多個隊伍，也有多個並列的服務臺爲顧客提供服務，如圖10-4所示。例如：鐵路售票服務，有多個排列購票隊伍、多個售票窗口提供售票服務；銀行存儲業務，有多個服務窗口、多個排列隊伍。

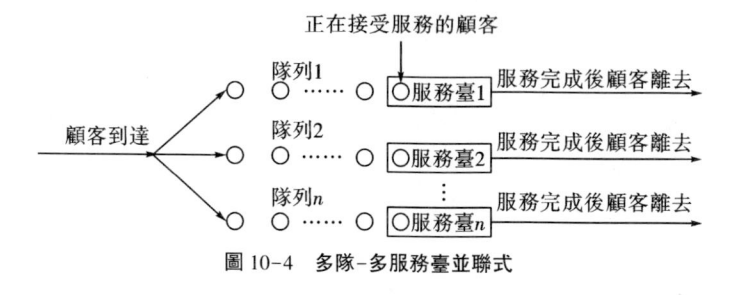

圖 10-4　多隊-多服務臺並聯式

(4) 單隊-多服務臺串聯式。顧客到達，排隊方式只有一列單隊，有多個串聯的服務臺爲顧客提供服務，如圖10-5所示。例如：財務報帳服務，顧客排成一列單隊，由多個串聯服務臺提供報帳服務。

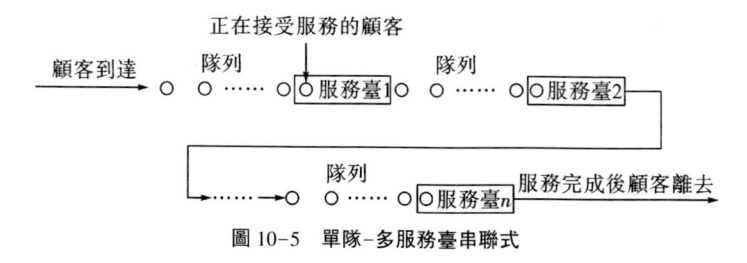

圖 10-5　單隊-多服務臺串聯式

(5)單隊-多服務臺並串聯混合式。多服務臺混合式包括單隊-多服務臺並串聯混合式(見圖10-6)和多隊-多服務臺並串聯混合式等。

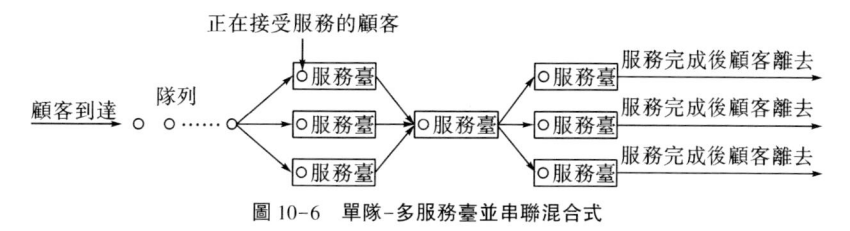

圖10-6 單隊-多服務臺並串聯混合式

10.2.2 排隊系統模型分類

肯道爾(D. G. Kendall)在1953年提出了一種分類方法,即按照系統的三個最主要的、影響最大的特徵要素進行分類:顧客相繼到達的間隔時間分布、服務時間的分布和服務臺數。

按照這三類特徵分類(但是該分類僅適用於服務臺是多餘一個的並列服務臺的情形),並用一定符號表示,稱爲Kendall記號,符號形式爲$X/Y/Z$。其中,X處填寫相繼到達間隔時間的分布;Y處填寫服務時間的分布;Z處填寫並列的服務臺數目。

表示相繼到達間隔時間和服務時間的各種分布的符號爲:M——負指數分布;D——確定型,表示定長輸入或定長服務;E_K——K階愛爾朗分布;G_I——一般互相獨立的時間間隔的分布;G——一般服務時間的分布。

1971年,在一次關於排隊論符號標準的會議上決定,將Kendall符號擴充爲$X/Y/Z/A/B/C$。其中,前三項意義不變,而在A處填寫系統容量限制N;在B處填寫顧客源數目m;在C處填寫服務規則,如先到先服務$FCFS$、後到先服務$LCFS$、優先權服務PR、隨機服務$SIRO$等。並約定,當排隊系統模型爲$X/Y/Z/\infty/\infty/FCFS$時,後三項可省略不用寫出。如$M/M/1$表示$M/M/1/\infty/\infty/FCFS$,$M/M/c$表示$M/M/C/\infty/\infty/FCFS$。

通過上面的闡述我們知道,排隊系統的數學模型形式多樣,根據具體情況各有不同。

$M/M/c/\infty$ 表示輸入過程是負指數分布,服務時間服從負指數分布,系統有c個服務臺平行服務($0 < c \le \infty$),系統容量爲無窮,系統是等待制系統。

$M/G/1/\infty$ 表示輸入過程是負指數分布,服務時間獨立,服從一般概率分布,系統只有一個服務臺,系統容量爲無窮的等待制系統。

$G_I/M/1/\infty$ 表示輸入過程,是指顧客獨立到達且相繼到達的間隔時間服從一般概率分布,服務時間相互獨立且服從負指數分布,系統只有一個服務臺,系統容量爲無窮的等待制系統。

$E_k/G/1/K$ 表示相繼到達的間隔時間獨立,服從K階愛爾朗分布,服務時間爲獨立,服從一般概率分布,系統只有一個服務臺,系統容量爲$K(1 \le K \le \infty)$的混合制系統。

$D/M/c/K$ 表示相繼到達的間隔時間獨立,服從定長分布,服務時間相互獨立,服從負指數分布,系統中有c個服務臺平行服務,系統容量爲$K(c \le K < \infty)$的混合制系統。

10.2.3　排隊系統的數量指標

研究排隊服務系統的目的,就是研究排隊服務系統的運行效率,估計服務質量,確定系統參數的最優值,以判定系統結構是否合理,從而研究、設計改進措施等。因此,必須確定用以判斷系統運行優劣的基本數量指標。

這些數量指標有些是在問題提出時就給定的,有些需要根據實際測量的數據來確定。一個特定的模型可能會有多種假設,同時也需要通過多種數量指標來加以描述。由於受所處環境的影響,只需要選擇那些起關鍵作用的指標作爲模型求解的對象。環境不同,選擇的指標也會不同。

1. 隊長和排隊長

隊長指在排隊系統中的顧客(包括正在接受服務和在排隊等候服務的所有顧客)的平均數(即其期望值),用 L_s 表示。

排隊長指在系統中排隊等候服務的顧客(亦爲平均數,即期望值),用 L_q 表示。一般來說,L_q 越大,說明服務率越低,排隊越長。

隊長和排隊長都是隨機變量,是顧客和服務機構雙方都十分關注的數量指標。一般來說,隊長或排隊長越大,說明服務效率越低。顧客最厭煩排成長龍的情況。

2. 等待時間和逗留時間

從顧客到達時刻起到其開始接受服務的這段時間被稱爲等待時間,用 W_q 表示。等待時間是隨機變量,也是顧客最關心的指標,因爲顧客通常希望等待時間越短越好。

從顧客到達時刻起到其接受的服務完成爲止,這段時間被稱爲逗留時間,用 W_s 表示。逗留時間也是隨機變量,同樣是顧客所關心的指標。

逗留時間等於等待時間加上服務時間。對這兩個指標,當然是希望能確定它們的分布或至少能知道顧客的平均等待時間和平均逗留時間。

3. 忙期和閑期

忙期是指從顧客到達空閑着的服務機構起,到服務機構再次空閑爲止的這段時間,即服務機構連續忙碌的時間。這是個隨機變量,是服務員最關心的問題,因爲它關係到服務員的服務強度。

與忙期相對的是閑期,即服務機構連續保持空閑的時間。

在排隊系統中,忙期和閑期總是交替出現的。

4. 服務設備利用率

服務設備利用率是指服務設備工作時間占總時間的比例。這是衡量服務設備工作強度、疲勞程度的指標。這個指標也決定着服務成本的大小,它是服務部門所關心的。

5. 顧客損失率

顧客損失率是指因服務能力不足而造成顧客損失的比率。顧客損失率過高,則會使排隊服務系統的獲利減少。

計算這些指標的基礎是表達系統狀態的概率。這些狀態的概率一般隨時刻而變化,但隨著時間的推進,系統狀態的概率將不再隨時刻而變化。同時,由於對系統的瞬時狀態分析起來很困難,所以在排隊論中主要研究系統處於穩定狀態時的工作情況。

10.3　到達間隔與服務時間的分布

在組成一個排隊服務系統的幾個要素中,由於顧客到達間隔(輸入)與服務時間(輸出)是隨機的,比較複雜,因此首先要根據原始資料做出顧客到達間隔和服務時間的經驗分布,然後按照統計學的方法來確定其適於哪種理論分布,並估計它的參考值。其中,理論分布包括泊鬆分布、負指數分布和愛爾朗分布等。

10.3.1　經驗分布

經驗分布主要有四個指標,分別爲:平均間隔時間、平均服務時間、平均到達率、平均服務率。下面通過一個例題來説明原始資料的整理。

【例10.1】某物流公司倉庫入庫服務機構是單服務臺,採用先到先服務的方式,並連續對51個顧客的到達時刻 τ 和服務時間 S(分鐘)進行記録,結果如表10-1所示。

表10-1　　　　　　　　到達時間和服務時間記録

顧客編號i	到達時刻 τ_i	服務時間 S_i(分鐘)	到達時間間隔 t_i(分鐘)	等待時間 W_i(分鐘)	顧客編號i	到達時刻 τ_i	服務時間 S_i(分鐘)	到達時間 t_i(分鐘)	等待時間 W_i(分鐘)
1	8:00	4	3	0	27	9:58	4	3	7
2	8:03	7	4	1	28	10:01	5	3	8
3	8:07	2	8	4	29	10:04	1	2	10
4	8:15	8	2	0	30	10:06	3	5	9
5	8:17	5	4	6	31	10:11	6	8	7
6	8:21	3	4	7	32	10:19	7	2	5
7	8:25	2	10	6	33	10:21	5	7	10
8	8:35	3	3	0	34	10:28	3	4	8
9	8:38	5	6	0	35	10:31	2	2	7
10	8:44	5	1	0	36	10:33	5	2	7
11	8:45	4	7	4	37	10:35	3	2	10
12	8:52	2	3	1	38	10:37	1	1	11
13	8:55	3	3	0	39	10:38	2	17	11
14	8:58	5	10	0	40	10:55	3	4	0
15	9:08	2	4	0	41	10:59	3	4	0
16	9:12	7	3	0	42	11:03	2	6	0
17	9:15	3	5	4	43	11:09	4	2	0

表10-1(續)

顧客編號i	到達時刻 τ_i	服務時間 S_i(分鐘)	到達時間間隔 t_i(分鐘)	等待時間 W_i(分鐘)	顧客編號i	到達時刻 τ_i	服務時間 S_i(分鐘)	到達時間 t_i(分鐘)	等待時間 W_i(分鐘)
18	9:20	3	1	2	44	11:11	6	6	2
19	9:21	2	4	4	45	11:17	5	3	2
20	9:25	3	3	2	46	11:20	3	2	4
21	9:27	6	4	2	47	11:22	6	4	5
22	9:41	3	5	4	48	11:26	4	5	7
23	9:46	8	5	2	49	11:31	3	3	6
24	9:51	2	4	5	50	11:34	2	1	6
25	9:55	3	2	3	51	11:35	7		7
26	9:57	4	1	4					

在表 10-1 中，顧客編號、到達時刻、服務時間是根據實際情況進行記錄的。到達時間間隔是前後兩個顧客到達時刻的差額，例如，第 1 位顧客早上 8:00 到達，第 2 位顧客早上 8:03 到達，到達時間間隔為 3 分鐘，以此類推可以計算出其餘到達時間間隔(見表 10-1 中到達時間間隔這一列)。下一位顧客的等待時間等於上一位顧客等待時間加上正在服務的顧客的服務時間減去到達時間間隔，即 $W_{i+1} = W_i + S_i - t_i$，若計算結果為負數，則這時等待時間為 0，計算結果見表 10-1 中等待時間這一列。

解：平均到達時間間隔，即把到達時間間隔取平均數。平均間隔時間等於總時間間隔除以到達顧客總數：

$$\bar{t} = \sum_{i=1}^{50} t_i / (i-1) = 207/50 = 4.14(分鐘/人)$$

解得平均間隔時間為 4.14 分鐘/人。

平均到達率等於到達顧客總數除以總時間間隔：

$$(i-1) / \sum_{i=1}^{50} t = 50/207 = 0.24(人/分鐘)$$

解得平均到達率為 0.24 人/分鐘。

求平均服務時間，把顧客服務時間取平均數，即服務時間總和除以顧客總數：

$$\bar{s} = \sum_{i=1}^{51} s_i / i = 199/51 = 3.9(分鐘/人)$$

解得平均服務時間為 3.9 分鐘/人。

平均服務率等於到達顧客總數除以服務時間總和：

$$i / \sum_{i=1}^{51} = 51/199 = 0.26(人/分鐘)$$

解得平均服務率為 0.26 人/分鐘。

10.3.2 理論分布

1. 泊鬆分布

許多隨機現象服從泊鬆分布。例如,電話交換臺在一定時間接到的呼喚次數、來到公共汽車站的乘客等都近似服從泊鬆分布。

設隨機變量 X 的分布率爲:

$$p\{X = k\} = \frac{\lambda^k e^{-\lambda}}{k!} (n = 0, 1, 2, \cdots)$$

式中,λ>0,是常數;e=2.718 28。則稱隨機變量 X 服從參數爲 λ 的泊鬆分布。概率論的知識還告訴我們,泊鬆分布是一類二項分布的逼近,即每次抽樣只能有兩個結果。其中一種結果在一次抽樣中發生的概率很小,當抽樣的次數足夠多時,則該事件發生 n 次的概率就近似服從泊鬆分布。

泊鬆分布數學期望值和方差如下:

期望值:

$$E[T] = \lambda$$

方差:

$$D[T] = \lambda$$

2. 負指數分布

我們再來研究兩個顧客先後到達的時間間隔 T 的概率分布。當輸入過程是泊鬆流時,由於在單位時間里到達的顧客數是隨機變量,那麼對應的前後兩個顧客到達的時間間隔也就是隨機變量了,即有的時間間隔長一些,有的時間間隔短一些。

隨機變量 T 的概率密度若爲

$$f(r) = \begin{cases} \lambda e^{-\lambda t}, t \geq 0 \\ 0, t < 0 \end{cases}$$

則稱 T 服從負指數分布。它的分布函數爲

$$F(t) = \begin{cases} 1 - e^{-\lambda t}, t \geq 0 \\ 0, t < 0 \end{cases}$$

數學期望和方差如下:

數學期望:

$$E[T] = 1/\lambda$$

方差:

$$D[T] = \frac{1}{\lambda^2}$$

3. 愛爾朗分布

設 k 個服務臺串聯,將顧客接受服務分爲 k 個階段,在顧客完成全部服務內容並離開後,下一個顧客才能開始接受服務。顧客每個階段的服務時間 $T_1, T_2, \cdots, T_k$ 是相互獨立的隨機變量,服從相同參數 Kμ 的負指數分布(Kμ),則顧客在系統內接受服務時間之和 $T = T_1 + T_2 + \cdots + T_k$ 服從 k 階愛爾朗分布 E_k,其分布密度函數爲:

$$f_k(t) = \frac{(k,u)^k t^{k-1}}{(k-1)!} e^{-k\mu t} \quad t>0; k,\mu \geq 0$$

其數學期望值和方差如下:

數學期望:

$$E[T] = \frac{1}{\mu}$$

方差:

$$D[T] = \frac{1}{K\mu^2}$$

愛爾朗分布提供了更爲廣泛的分布模型。顯然,當 k=1 時,k 階愛爾朗分布就是負指數分布;而當 k→∞ 時,即若有無窮多個服務臺相串聯,則將愛爾朗分布退化爲確定型分布。

因爲理論分布有一定的規律,人們研究得比較徹底,分析起來也比較方便,所以在研究某一實際排隊系統時,常常要把經驗分布擬合成某種理論分布。這時就應先從調查和統計數據入手,把這些數據加以整理,然後分析數據的特點,看看它們能適合何種理論分布。

10.4 生滅過程

10.4.1 生滅過程

在排隊論的研究中,一類非常重要且廣泛存在的排隊系統是生滅過程排隊系統。生滅過程是一類非常特殊的隨機過程,在生物、物理領域有着廣泛的應用。在排隊論中,生表示顧客的到達,滅表示顧客的離去,這樣,t 時刻的系統狀態 $N(t)$ 就構成了一個生滅過程。生滅過程服務系統一般具有以下三個方面的性質:

(1)從時刻 t 到下一個顧客到達的時間間隔服從參數爲 λ 的負指數分布。

(2)從時刻 t 到下一個顧客被服務完畢後離去的時間(即服務時間)服從參數爲 μ 的負指數分布。

(3)在同一時刻只可能發生一個生或一個滅(即同時只能有一個顧客到達或離去)。

10.4.2 平穩狀態分布

研究生滅過程,必須知道系統在任意時刻 t 時狀態爲 n 的概率 $P_n(t)$。根據泊鬆過程的平穩性假設,由於到達系統的顧客數與時間無關,因而系統運行後的狀態分布也與初始狀態無關,這一性質就被稱作平穩狀態分布。

在平穩狀態下,對於任一狀態 n 來說,單位時間內進入系統的平均次數和離開系統的平均次數應該相等,這就是系統在統計平衡條件下的"流入=流出"的原理。根據這一原理,可以求出系統在任一狀態下的平衡方程式。推導過程如下:

(1) 根據泊鬆過程的普遍性假定,對於充分小的 Δt,在時間區 $(t, t+\Delta t)$ 內有多於 1 個顧客到達和離去的概率極小,可忽略不計。

(2) 根據平穩性假定,在時間區 $(t, t+\Delta t)$ 內有 1 個顧客到達的概率與 Δt 成正比,即爲 $\lambda \Delta t$(這實際上是頻數,因爲只有兩種情況,即有 1 個顧客到達和沒有顧客到達,且頻數和爲 1,所以 $\lambda \Delta t$ 事實上也是概率),故沒有顧客到達的概率就是 $1 - \lambda \Delta t$。

(3) 有 1 個顧客被服務完後離去的概率爲 $\mu \Delta t$,沒有顧客離去的概率就是 $1 - \mu \Delta t$。

於是,在時刻 $t + \Delta t$ 時,系統中有 n 個顧客的狀態不外乎由四種情況構成,如表10-2所示。

表 10-2　　　　　　　　　　　　四種情況　　　　　　　　　　　　單位:個

狀態	在 t 時刻的顧客數	在時間區間 $(t, t+\Delta t)$ 內 到達	在時間區間 $(t, t+\Delta t)$ 內 離去	在時刻 $t + \Delta t$ 時的顧客數
A	n	0	0	n
B	$n+1$	0	1	n
C	$n-1$	1	0	n
D	n	1	1	n

在這四種狀態中,每一狀態出現的概率都應是時刻 t 時的概率和時間區間 $(t, t+\Delta t)$ 內到達和離去的概率的乘積(交事件),即有:

狀態 A:$P_n(t)(1-\lambda\Delta t)(1-\mu\Delta t)$。

狀態 B:$P_{n+1}(t)(1-\lambda\Delta t)\mu\Delta t$。

狀態 C:$P_{n-1}(t)\lambda\Delta t(1-\mu\Delta t)$。

狀態 D:$P_n(t)\lambda\Delta t\mu\Delta t$。

由於這四種情況對於 $N(t+\Delta t)=n$ 來說互不相容,所以 $P_n(t+\Delta t)$ 應爲四種狀態的概率之和。略去高階無窮小,整理後得到:

$$P_n(t+\Delta t) = P_n(t)(1-\lambda\Delta t-\mu\Delta t) + P_{n+1}(t)\mu\Delta t + P_{n-1}(t)\lambda\Delta t$$

也就是

$$\frac{P_n(t+\Delta t)-P_n(t)}{\Delta t} = \lambda P_{n-1}(t) - (\lambda+\mu)P_n(t) + \mu P_{n+1}(t)$$

顯然,當 $\Delta t \to 0$,有

$$\lim_{\Delta t \to 0} \frac{P_n(t+\Delta t)-P_n(t)}{\Delta t} = \frac{dP_n(t)}{dt}$$

$$= \lambda P_{n-1}(t) - (\lambda+\mu)P_n(t) + \mu P_{n+1}(t) \quad (n=1,2,3,\cdots)$$

當 $n=0$ 時,在 $t+\Delta t$ 時,t 時刻的狀態只有 A、B 兩種情況(C 不存在,D 形成高階無窮小),於是有(註意,在 $n=0$ 時,A 中沒有顧客離去爲必然事件):

$$P_0(t+\Delta t) = P_0(t)(1-\lambda\Delta t) + P_1(t)\mu\Delta t$$
$$= P_0(t) - \lambda P_0(t)\Delta t + \mu P_1(t)\Delta t$$

因此,類似地可以得到

$$\frac{dP_0(t)}{dt} = \mu P_1(t) - \lambda P_0(t)$$

根據假定，系統在平穩狀態下與時間 t 無關，即 $P_n(t)$ 可以寫成 P_n，也即 $P_n(t)$ 對於 t 而言為常數，由於常數的導數為 0，於是有

$$\begin{cases} \lambda P_{n-1} + \mu P_{n+1} - (\lambda + \mu) P_n = 0 (n \geq 1) \\ \mu P_1 - \lambda P_0 = 0 (n = 0) \end{cases}$$

也就是：

$$\begin{cases} \lambda P_{n-1} + \mu P_{n+1} = (\lambda + \mu) P_n (n \geq 1) \\ \mu P_1 = \lambda P_0 (n = 0) \end{cases}$$

此方程組即被稱作平穩方程組。由此不難得到[1]：

$$P_1 = \frac{\lambda}{\mu} P_0 (n = 0 \text{ 時})$$

$$P_2 = \left(\frac{\lambda}{\mu}\right)^2 P_0 (n = 1 \text{ 時})$$

$$P_3 = \left(\frac{\lambda}{\mu}\right)^3 P_0 (n = 2 \text{ 時})$$

$$P_n = \left(\frac{\lambda}{\mu}\right)^n P_0 (n = n \text{ 時})$$

設 $\rho = \frac{\lambda}{\mu} < 1$（否則隊列將排至無限長），根據概率的性質：$\sum_{n=0}^{+\infty} = 1$，顯然應有

$$P_0 \sum_{n=0}^{+\infty} \rho^n = P_0 \frac{1}{1-\rho} = 1$$

（註意：根據等比級數求和公式 $\sum_{n=0}^{+\infty} \rho^n = \lim_{n \to +\infty} \frac{1-\rho^n}{1-\rho}$，因 $\rho < 1$，故 $\lim_{n \to +\infty} \frac{1-\rho^n}{1-\rho} = \frac{1}{1-\rho}$）

於是有

$$\begin{cases} P_0 = 1 - \rho \\ P_n = (1-\rho) \rho^n \end{cases}$$

這就是系統狀態為 n 的概率。

---

[1] 系統狀態概率 P_n 的證明：根據 $\lambda P_{n-1} + \mu P_{n+1} = (\lambda + \mu) P_n (n \geq 1)$，應有：當 $n = 1$ 時，$\lambda P_0 + \mu P_2 = (\lambda + \mu) P_1$，代入 $P_1 = \frac{\lambda}{\mu} P_0$，得到 $\mu P_2 = (\lambda + \mu) \frac{\lambda}{\mu} P_0 - \lambda P_0 = \frac{\lambda^2}{\mu} P_0 + \lambda P_0 - \lambda P_0$，即 $P_2 = \left(\frac{\lambda}{\mu}\right)^2 P_0$。

10.5 單服務臺排隊系統模型(M/M/1)

10.5.1 標準的 M/M/1 模型

標準的 $M/M/1$ 模型是指符合下列條件的派對系統:

(1)輸入過程:顧客源無限,顧客單個到達,相互獨立,一定時間到達的顧客數服從泊鬆分布,到達過程是平穩的。該模型完整的"肯德爾記號"可表示爲:M/M/1+∞。

(2)排隊規則:單隊,隊長沒有限制,先到先服務。

(3)服務臺:單服務臺,各顧客的服務時間相互獨立且服從相同的負數指數分布。

(4)顧客到達的時間間隔與服務時間也相互獨立。

顯然,這裏的系統輸入、輸出可被看作一個生滅過程。於是根據生滅過程中系統狀態概率,可算出模型的有關指標如下:

1. 期望狀態 L

$$L = \sum_{n=1}^{+\infty} nP_n = \sum_{n=1}^{+\infty} (1-\rho)\rho^n = \sum_{n=1}^{+\infty} (n\rho^n - n\rho^{n+1})$$
$$= (\rho + 2\rho^2 + 3\rho^3 + \cdots) - (\rho^2 + 2\rho^3 + 3\rho^4 + \cdots)$$
$$= \rho + \rho^2 + \rho^3 + \cdots = \frac{\rho}{1-\rho}(0 < \rho < 1)$$

也即

$$L = \frac{\lambda}{\mu - \lambda} \tag{10-1}$$

顯然,ρ 越接近於1,或者 $\mu - \lambda$ 越接近於零,L 值就越大,系統中滯留的顧客就越多。

2. 期望列隊 L_q

因爲服務臺數 $s = 1$,所以:

$$L_q = \sum_{n=2}^{+\infty} (n-1)P_n = \sum_{n=1}^{+\infty} np_n - \sum_{n=1}^{+\infty} p_n$$
$$= L - (\sum_{n=0}^{+\infty} p_n - P_0) = L - \rho = \frac{\lambda^2}{\mu(\mu - \lambda)} \tag{10-2}$$

3. 期望逗留時間

根據公式:$L = \lambda w$ 和 $L_q = \lambda w_q$,有

$$w = \frac{L}{\lambda} = \frac{\lambda}{\mu - \lambda} \frac{1}{\lambda} = \frac{1}{\mu(1-\rho)} \tag{10-3}$$

4. 忙期平均長度 w_b

忙期即服務臺連續工作的時間長度。系統處於閑期的概率即 $p_0 = 1 - \rho$,而處於忙期的概率就是 $p_n > 0 = 1 - P_0 = \rho$。因此忙期的預期比值應爲:$\rho/(1-\rho)$;而平均的閑期長度,在顧客到達的時間間隔服從負指數分布的條件下,也就是 $1/\lambda$,即平均到達時間。於是,忙期的平均長度即

$$w_b = \frac{\rho}{1-\rho}\frac{1}{\lambda} = \frac{1}{\mu(1-\rho)} \tag{10-4}$$

不難看出,$w_b = w$,即系統的平均忙期也就是顧客在系統中平均的逗留時間。這一點不難理解,因爲有人排隊,說明系統一直在忙着。

【例 10.2】某客運公司車輛維修班通過系統得知,故障車輛按照泊鬆分布到達,每天(按 12 小時計)平均到達的故障車輛爲 8 部,每部車平均修理 1 小時。故障車輛的到達時間間隔和修理時間均服從負指數分布,試分析故障車輛的排隊情況和維修班的工作強度。

解:(1)每小時到達車輛:

$$\lambda = 8/12 = 2/3 (部/h)$$

(2)每小時平均修理車輛:

$$\mu = 1 (部/h)$$

(3)在維修班平均逗留的車輛數:

$$L = \frac{\lambda}{\mu - \lambda} = \frac{2/3}{1 - \frac{2}{3}} = 2 (部)$$

(4)等待修理的平均車輛數:

$$L_q = \frac{\lambda^2}{\mu(\mu - \lambda)} = \frac{(2/3)^2}{1 - 2/3} = \frac{4}{3} (部)$$

(5)車輛在維修班平均滯留時間:

$$w = \frac{1}{\mu - \lambda} = \frac{1}{1 - 2/3} = 3 (h)$$

(6)車輛等待修理的平均時間:

$$w_q = \frac{L_q}{\lambda} = \frac{4/3}{2/3} = 2 (h)$$

(7)維修班的工作強度:

$$\rho = \frac{\lambda}{\mu} = \frac{2}{3}$$

10.5.2　容量有限的 M/M/1 模型(M/M/1/k)

如果設系統的最大容量爲 k,對於單服務臺排隊等待的最多顧客應爲 $k-1$ 個。如果系統飽和,到達的顧客就會被拒絕進入系統。這時對 $\rho = \lambda/\mu$ 做出小於 1 的規定顯然已沒有必要,但不含 $\rho = 1$(當 $\rho = 1$ 時,$1-\rho = 0$)。

在 $\rho \neq 1$ 時,系統空閑狀態和有 n 個顧客的概率分別爲

$$\begin{cases} p_0 = \dfrac{1-\rho}{1-\rho^{k+1}} (n = 0) \\ p_n = \dfrac{1-\rho}{1-\rho^{k+1}} (1 \leq n \leq k) \end{cases} \tag{10-5}$$

證明式(10-5)，因為 $\sum_{n=0}^{k}\rho^n$ 共有 k+1 項，且 k 為有限。於是，系統有關的各指標可計算如下：

(1) 期望狀態。

$$L = \sum_{n=1}^{k} nP_n = \frac{1}{1-\rho^{k+1}} \sum_{n=1}^{k} n(1-\rho)\rho^n$$

$$= \frac{1}{1-\rho^{k+1}} \left(\sum_{n=1}^{k} n\rho^n - \sum_{n=1}^{k} n\rho^{n+1} \right)$$

$$= \frac{1}{1-\rho^{k+1}} \left[(\rho + 2\rho^2 + 3\rho^3 + \cdots + k\rho^k) - (\rho^2 + 2\rho^3 + 3\rho^4 + \cdots + k\rho^{k+1}) \right]$$

$$= \frac{1}{1-\rho^{k+1}} \left[\frac{\rho(1-\rho^{k+1})}{1-\rho} - (k+1)\rho^{k+1} \right] (在上一步"-"前後各加(k+1)\rho^{k+1})$$

$$= \frac{\rho}{1-\rho} - \frac{(k+1)\rho^{k+1}}{1-\rho^{k+1}} \tag{10-6}$$

(2) 期望列隊。

$$L_q = \sum_{n=2}^{k}(n-1)P_n = \sum_{n=1}^{k} nP_n - \sum_{n=1}^{k} P_n$$
$$= L - (1 - P_0) \tag{10-7}$$

(3) 顧客期望逗留時間。

這是需要考慮系統的平均到達情況。設任意時刻的到達率為 λ_n，則

$$\lambda_n = \begin{cases} \lambda_0 & n = 0, 1, 2, \cdots, k-1 \\ 0 & n \geq k \end{cases}$$

所以平均到達率 λ 就是

$$\lambda = \sum_{n=0}^{k} \lambda_n P_n = \lambda_0 \sum_{n=0}^{k-1} P_n = \lambda_0 (1 - P_k)$$

如果已知 P_0，也可根據 $P_0 = 1 - \rho$，將 λ 近似地表示為

$$\lambda = \mu(1 - P_0)$$

於是，根據公式 $L = \lambda w$，可得到

$$w = \frac{L}{\lambda} = \frac{L}{\mu(1-P_0)} \tag{10-8}$$

(4) 期望等待時間。

根據公式 $w = w_q + 1/\mu$，應有

$$w_q = w - \frac{1}{\mu}$$

【例 10.3】某理髮室有 1 位理髮師，有 2 個條椅可供 6 人等候理髮。條椅坐滿後，後來者即離開。已知顧客的平均到達率為 3 人/h，每人理髮的平均時間為 15 分鐘。試求排隊系統的各項數量指標。

解：已知 k = 7 人，λ = 3 人/h，μ = 4 人/h，ρ = 3/4，顧客一到就能理髮的概率，也即理髮室沒有顧客的概率為：

$$P_0 = \frac{1-\rho}{1-\rho^{k+1}} = \frac{1-3/4}{1-(3/4)^8} = 0.2778$$

期望狀態 L 和期望隊列 L_q 爲：

$$L = \frac{\rho}{1-\rho} - \frac{(k+1)\rho^{k+1}}{1-\rho^{k+1}}$$

$$= \frac{3/4}{1-3/4} - \frac{8\times(3/4)^8}{1-(3/4)^8} = 2.11(人)$$

$$L_q = L-(1-P_0) = 2.11-(1-0.2778) = 1.3878(人)$$

期望逗留時間 w 和期望等待時間 w_q 爲：

$$w = \frac{L}{\mu(1-P_0)} = \frac{2.11}{4\times(1-0.2778)} = 0.7304(h) = 44(分鐘)$$

$$w_q = w - \frac{1}{\mu} = 0.7304 - 0.25 = 0.480(h) = 29(分鐘)$$

可能的顧客損失率，這相當於系統中有 7 個顧客的概率：

$$P^7 = \frac{1-\rho}{1-\rho^8}\rho^7 = \frac{1-3/4}{1-(3/4)^8}\left(\frac{3}{4}\right)^7 = 3.7\%$$

10.5.3 顧客源有限的 M/M/1 模型(M/M/1/m)

這類模型以企業中因故障停機待修的設備最爲常見。這類問題還有兩個顯著特點：一是顧客總體有限爲 m 個，且每個顧客經服務後仍要回到原來的總體，不久後還可能會再來；二是於由於顧客源有限，因而系統內的顧客數會影響到達率。設平均到達率爲 λ，顧客源在不同的狀態下應爲 $m-n$ 個，因此，不同狀態下顧客的有效到達率 λ_k 的分布應是

$$\lambda_n = \begin{cases}(m-n)\lambda_0 & 0 \leq n \leq m-1 \\ 0 & n \geq m\end{cases}$$

這時 λ 可理解爲每一顧客單位時間來到系統的平均次數，於是系統的有效到達率或期望到達率就是

$$E(\lambda_n) = \sum_{n=0}^{m} \lambda_n P_n = (m-L)\lambda_0 \tag{10-9}$$

系統的平穩方程組爲

$$\begin{cases}\mu p_1 = \lambda_0 p_0 \\ \lambda_{n-1}p_{n-1} + \mu p_{n+1} = (\lambda_n + \mu)p_n & n=0;1 \leq n \leq m\end{cases} \tag{10-10}$$

於是，應有

$$P_1 = \frac{m\lambda}{\mu}P_0$$

$$P_2 = m(m-1)\left(\frac{\lambda}{\mu}\right)^2 P_0$$

$$P_n = \frac{m!}{(m-n)!}\left(\frac{\lambda}{\mu}\right)^n P_0$$

由於 $\sum_{n=0}^{m} P_n = 1$,所以

$$\begin{cases} P_0 = \dfrac{1}{\sum_{n=0}^{m} \dfrac{m!}{(m-n)!}(\dfrac{\lambda}{\mu})^n} & (n = 0) \\ P_n = \dfrac{m!}{(m-n)!}(\dfrac{\lambda}{\mu})^n P_0 & (1 \leq n \leq m) \end{cases} \quad (10\text{-}11)$$

所以,模型的主要數量指標可計算如下:

(1)期望狀態:

$$\begin{aligned} L &= \sum_{n=1}^{m} nP_n = \sum_{n=0}^{m} mP_n - \sum_{n=0}^{m} (m-n)P_n \\ &= m - \frac{\mu}{\lambda} \sum_{n=0}^{m} \frac{m!}{[m-(n+1)]!}(\frac{\lambda}{\mu})^{n+1} P_0 \\ &= m - \frac{\mu}{\lambda}(1 - P_0) \end{aligned} \quad (10\text{-}12)$$

因爲 $\dfrac{m!}{[m-(n+1)]!}(\dfrac{\lambda}{\mu})^{n+1} P_0 = P_{n+1}$,等號兩端同時取 $\sum_{n=0}^{m}$,則右端 $= P_1 + P_2 + \cdots + P_{m+1} = 1 - P_0$。

(2)期望列隊:

$$\begin{aligned} L_q &= \sum_{n=2}^{m}(n-1)P_n = \sum_{n=1}^{m} nP_n - \sum_{n=1}^{m} P_n \\ &= L - (1 - P_0) \end{aligned} \quad (10\text{-}13)$$

(3)期望逗留時間:

$$w = \frac{L}{E(\lambda_n)} = \frac{L}{(m-L)\lambda} = \frac{m}{\mu(1-P_0)} - \frac{1}{\lambda} \quad (10\text{-}14)$$

根據式(10-12)可得, $m - L = \dfrac{\mu}{\lambda}(1 - P_0)$,此即剩餘的顧客源。

(4)期望排隊時間:

$$w_q = w - \frac{1}{\mu} \quad (10\text{-}15)$$

【例10.4】某企業全自動車間每6臺車床配備1名車工負責檢修工作。已知平均連續操作30分鐘後需檢修一次,每次檢修平均15分鐘。試問一名車工能否保證正常運轉要求(正常運轉率應在80%以上,連續操作時間和檢修時間均服從負指數分布)?

解:已知 $m=6$, $\lambda = 2$ 臺/h, $\mu = 4$ 臺/h, $\rho = 0.5$。

(1)車床全部正常工作的概率:

$$P_0 = \left[\sum_{n=0}^{6} \frac{6!}{(6-n)!} 0.5^n \right]^{-1} = 0.012$$

(2)6臺車床全部需要檢修的概率:

$$P_0 = \frac{6!}{0!} 0.5^6 \times 0.012 = 0.135$$

(3)需要檢修的期望臺數：
$$L = 6 - 0.5^{-1} \times (1 - 0.012) = 4.024(臺)$$
(4)正常工作的車床臺數：
$$m - L = 6 - 4.024 = 1.976(臺)$$
(5)等待檢修的期望臺數：
$$L_q = L - (1 - P_0) = 4.024 - (1 - 0.012) = 3.036(臺)$$
(6)每臺車床平均停工時間：
$$w = \left(\frac{6}{4 \times (1 - 0.012)} - \frac{1}{2} \right) \times 60 = 61.09(分鐘)$$
(7)車床平均等待檢修的時間：
$$w_q = w - \frac{1}{\mu} = 61.09 - 15 = 46.09(分鐘)$$
(8)車床的平均正常運轉率：
$$\eta = \frac{1.976}{6} \times 100\% = 32.99 < 80\%$$

計算結果表明，車床的正常運轉率太低，距離規定要求相去甚遠，而且待修車床等待檢修和停機的時間都過長。要解決這些問題，必須增加車工。

10.6　多服務臺排隊系統模型(M/M/C)

多服務臺包含眾多的形式，如單隊-並列多服務臺、多隊-並列多服務臺等，這里我們介紹幾種簡單的多服務臺排隊系統。

10.6.1　M/M/∞ 模型

在多個服務臺的排隊系統中，最簡單的是服務臺有足夠多的情況，此時到達的每一個顧客都不需要等待，立即接受服務，因此系統不會出現排隊現象，如自服務系統、無線電廣播收聽系統、急診救護車系統等都可以近似地被看成這種系統。再假定顧客到達為泊鬆流，每個顧客所需的服務時間服從負指數分布，系統有無窮多(足夠多)個服務臺，每個服務臺是並列、獨立地進行服務的。

10.6.2　M/M/c/∞/∞ 模型

系統中有 c 個服務臺獨立並行服務，當顧客到達時，若有空閒服務臺，便可立刻接受服務；若沒有空閒的服務臺則需排隊等待，直到有空閒的服務臺時再接受服務。

假定顧客仍按泊鬆流到達，單位時間到達的顧客數為 λ；每個顧客所需的服務時間獨立服從相同的負指數分布，速度為 μ；系統容量為無窮大，而且到達與服務是彼此獨立的。則主要工作指標如下：

系統服務強度為：

$$\rho = \frac{\lambda}{c\mu}$$

令

$$\delta = \frac{\lambda}{\mu}$$

系統的穩定概率可表示為：

$$P_0 = \left[\sum_{k=0}^{c-1} \frac{\delta^k}{k!} + \frac{\delta^c}{c!(1-\rho)}\right]^{-1} \qquad (10-16)$$

$$P_n = \begin{cases} \dfrac{\delta^n}{n!} P_0 (1 \leq n \leq c) \\ \dfrac{\delta^n}{c! \, c^{n-c}} P_0 (n > c) \end{cases} \qquad (10-17)$$

系統排隊長 L_q：

$$L_q = \frac{\delta^c \rho}{c!(1-\rho)^2} P_0 \qquad (10-18)$$

系統隊長 L_s：

$$L_s = L_q + \delta \qquad (10-19)$$

逗留時間 W_s：

$$W_s = \frac{L_s}{\lambda} \qquad (10-20)$$

等待時間 W_q：

$$W_q = \frac{L_q}{\lambda} \qquad (10-21)$$

【例 10.5】某醫院急診室同時只能診治一個病人，診治時間服從指數分布，每個病人平均需要 15 分鐘。病人按泊鬆分布到達，平均每小時到達 3 人。

（1）計算系統主要工作指標。

（2）假設醫院增強急診室的服務能力，使其同時能診治兩個病人，且平均服務率相同，計算系統此時的主要工作指標。

解：（1）$\lambda = 3$ 人/小時，$\mu = \dfrac{60}{15} = 4$ 人/小時

服務強度：

$$\rho = \frac{\lambda}{\mu} = \frac{3}{4} = 0.75$$

系統隊長 L_s：

$$L_s = \frac{\lambda}{\mu - \lambda} = \frac{3}{4-3} = 3(人)$$

系統排隊長 L_q：

$$L_q = \frac{\rho\lambda}{\mu-\lambda} = \frac{0.75 \times 3}{4-3} = 2.25(人)$$

逗留時間 W_s：

$$W_s = \frac{1}{\mu-\lambda} = \frac{1}{4-3} = 1(小時)$$

等待時間 W_q：

$$W_q = \frac{\rho}{\mu-\lambda} = \frac{0.75}{4-3} = 0.75(小時)$$

(2) $\lambda = 3$ 人/小時，$\mu = \frac{60}{15} = 4$ 人/小時，$c = 2$

$$\rho = \frac{\lambda}{c\mu} = \frac{3}{2 \times 4} = 0.375$$

$$\delta = \frac{\lambda}{\mu} = \frac{3}{4} = 0.75$$

系統的穩定狀態概率可表示為：

$$P_0 = \left[\sum_{k=0}^{c-1}\frac{\delta^k}{k!} + \frac{\delta^c}{c!(1-\rho)}\right]^{-1} = \left[1 + 0.75 + \frac{0.75^2}{2!(1-0.375)}\right]^{-1} = 0.45$$

系統排隊長 L_q：

$$L_q = \frac{\delta^c\rho}{c!(1-\rho)^2}P_0 = \frac{0.75^2 \times 0.375}{2!(1-0.375)^2} \times 0.45 = 0.12(人)$$

系統隊長 L_s：

$$L_s = L_q + \delta = 0.12 + 0.75 = 0.87(人)$$

逗留時間 W_s：

$$W_s = \frac{L_s}{\lambda} = \frac{0.87}{3} = 0.29(小時)$$

等待時間 W_q：

$$W_q = \frac{L_q}{\lambda} = \frac{0.12}{3} = 0.04(小時)$$

10.6.3 M/M/c/N/∞ 模型

系統中共有 N 個位置、C 個服務臺獨立且平行地工作，$C < N$。當系統中的顧客數 $n \leq N$ 時，系統中有空位置，新到的顧客就進入系統排隊等待服務。當 $n > N$ 時，N 個位置已經被顧客全部占用時，新到的顧客就自動離開。我們仍假設顧客按泊鬆流到達，每個顧客所需的服務時間獨立，服從負指數分布，且到達與服務是彼此獨立的。

又設顧客到達的速率為 λ，每個服務臺的服務速率為 μ，則服務強度為：

$$\rho = \frac{\lambda}{C\mu}$$

系統的狀態概率和系統主要指標公式如下：

$$P_0 = \left[\sum_{n=0}^{C} \frac{(C\rho)^n}{n!} + \frac{C^C}{C!} \cdot \frac{\rho(\rho^C - \rho^N)}{1-\rho} \right]^{-1}, \rho \neq 1 \qquad (10-22)$$

$$P_n = \begin{cases} \dfrac{(C\rho)^n}{n!} P_0 (0 \leq n \leq C) \\ \dfrac{C^C \rho^n}{C!} P_0 (C \leq n \leq N) \end{cases}, \text{其中} \rho = \frac{\lambda}{c\mu} \qquad (10-23)$$

$$L_q = \frac{(C\rho)^C \rho}{C! (1-\rho)^2} [1 - \rho^{N-C} - (N-C)\rho^{N-c}(1-\rho)] P_0 \qquad (10-24)$$

$$L_S = L_q + C\rho(1 - P_N) \qquad (10-25)$$

$$W_q = \frac{L_q}{\lambda(1-P_N)} \qquad (10-26)$$

$$W_S = W_q + \frac{1}{\mu} \qquad (10-27)$$

$$\lambda_e = \lambda(1 - P_N)$$

當 $N = C$ 時,系統的隊列最大長度爲 0,此時,顧客到達時如果服務臺有空閒,則進入服務臺接受服務;如果服務臺沒有空,則顧客當即離去。這樣的系統被稱爲"即時制",如旅館、停車場都具有這樣的性質。

【例 10.6】汽車加油站有 2 臺加油泵,需加油的汽車按泊鬆流來到加油站。平均每分鐘來 2 輛,加油時間服從負指數分布。平均每輛車加油時間爲 2 分鐘,加油站最多能容納 3 輛汽車等待加油,後來的汽車容納不下時,則自動離去,另求服務。求與系統有關的運行指標。

解:本題爲 $M/M/c/N/\infty$ 系統,$c = 2, N = 2 + 3 = 5$。已知 $\mu = 1/2$(輛/分鐘),$\lambda = 2$(輛/分鐘),$\rho = \dfrac{\lambda}{c\mu} = 2, c\rho = 4$。

$$P_0 = \left[\sum_{n=0}^{C} \frac{(C\rho)^n}{n!} + \frac{C^C}{C!} \cdot \frac{\rho(\rho^C - \rho^N)}{1-\rho} \right]^{-1}$$

$$= \left[1 + 4 + \frac{4^2}{2!} + \frac{2^2}{2!} \times \frac{2(2^2 - 2^5)}{1-2} \right]^{-1} = 0.008$$

$$L_q = \frac{(C\rho)^C \rho}{C!(1-\rho)^2}[1 - \rho^{N-C} - (N-C)\rho^{N-c}(1-\rho)] P_0$$

$$= \frac{4^2 \times 2}{2!(1-2)^2}[1 - 2^3 - 3 \times 2^3 \times (1-2)] \times 0.008 = 2\,176(\text{輛})$$

$$L_S = L_q + c\rho(1 - P_N) = L_q + c\rho\left(1 - \frac{c^c}{c!}\rho^N P_0\right)$$

$$= 2.176 + 4 \times \left(1 - \frac{2^2}{2!} \times 2^5 \times 0.008\right) = 2.176 + 4 \times (1 - 0.512)$$

$$= 2.176 + 1.952 = 4.128(\text{輛})$$

$$W_q = \frac{L_q}{\lambda(1-P_N)} = \frac{2.176}{2 \times (1 - 0.512)} = 2.230(\text{分鐘})$$

$$W_s = W_q + \frac{1}{\mu} = 2.23 + 2 = 4.23 (分鐘)$$

10.6.4　M/M/c/∞/m 模型

設顧客源爲有限 m ，且 $m > c$ ，顧客到達率是按每個顧客考慮的。在機器維修模型中就是 m 臺機器、c 個修理工，機器故障率就是每個機器單位運轉時間出故障的期望次數，系統中顧客數 n 就是出故障的機器臺數。

當 $n \leq c$ 時，無排隊，有 $c - n$ 個修理工空閑；當 $c < n < m$ 時，有 $(n - c)$ 臺機器停機等待修理，系統處於繁忙狀態。假定每個服務臺速率均爲 μ 的負指數分布，故障修復時間與正在生產的機器是否發生故障是相互獨立的，則有：

$$P_0 = \frac{1}{m!}\left[\sum_{n=0}^{c}\frac{1}{k!(m-k)!}\cdot\left(\frac{c\rho}{m}\right)^k + \frac{c^c}{c!}\sum_{k=c+1}^{m}\frac{1}{(m-k)!}\left(\frac{\rho}{m}\right)^k\right]^{-1}$$

$$\rho = \frac{m\lambda}{c\mu} \tag{10-28}$$

$$p_n = \frac{m!}{(m-n)!\,n!}\left(\frac{\lambda}{\mu}\right)^n p_0 \quad (0 \leq n \leq c)$$

$$p_n = \frac{m!}{(m-n)!\,c!\,c^{n-c}}\left(\frac{\lambda}{\mu}\right)^n p_0 \quad (c+1 \leq n \leq m)$$

$$\lambda_e = \lambda(m - L_s) \tag{10-29}$$

$$L_s = \sum_{n=1}^{m} m p_n \tag{10-30}$$

$$L_q = \sum_{n=c+1}^{m}(n-c)p_n \tag{10-31}$$

$$L_s = L_q + \frac{\lambda_e}{\mu} = L_q + \frac{\lambda}{\mu}(m - L_s) \tag{10-32}$$

$$W_s = \frac{L_s}{\lambda_e} \tag{10-33}$$

$$W_q = \frac{L_q}{\lambda_e} \tag{10-34}$$

【例 10.7】設有兩個修理工人負責 5 臺機器的正常運行，每臺機器平均的損壞率爲每小時運轉 1 次，兩個工人能以相同的平均修復率 4 次/小時修好機器。求：

(1) 等待修理的機器平均數；
(2) 需要修理的機器平均數；
(3) 有效損壞率；
(4) 等待修理時間；
(5) 停工時間。

解：$m = 5, \lambda = 1$ 次/小時，$\mu = 4$ 臺/小時，$c = 2, c\rho/m = \lambda/\mu = 1/4$

$$P_0 = \frac{1}{5!} \times$$

$$\left[\frac{1}{5!}\times\left(\frac{1}{4}\right)^0+\frac{1}{4!}\times\left(\frac{1}{4}\right)^1+\frac{1}{2!\times 3!}\times\left(\frac{1}{4}\right)^2+\frac{2^2}{2!}\times\frac{1}{2!}\times\left(\frac{1}{8}\right)^3+\left(\frac{1}{8}\right)^4+\left(\frac{1}{8}\right)^5\right]^{-1}$$
$= 0.314\,9$

$P_1 = 0.394, P_2 = 0.197, P_3 = 0.074, P_4 = 0.018, P_5 = 0.002$

$L_q = P_3 + 2P_4 + P_5 = 0.118$

$L_s = \sum_{n=1}^{m} nP_n = L_q + c - 2P_0 - P_1 = 1.094$

$\lambda_e = 1 \times (5 - 1.094) = 3.906$

$W_q = 0.118/3.906 = 0.03(小時)$

$W_s = 1.094/3.906 = 0.28(小時)$

10.7　M/G/1 排隊系統

前一節討論的模型是建立在生滅過程的基礎上的,即假定到達爲泊鬆分布和服務時間均爲指數分布的情況。但這樣的假定往往與實際情況有較大的出入,特別是服務時間服從指數分布的假定與實際情況往往出入更大。本節研究 M/G/1 的排隊系統,即輸入爲泊鬆分布、服務時間爲任意分布、具有單個服務站的排隊系統。

10.7.1　嵌入馬爾可夫鏈及基本公式的推導

在處理這類系統時常常應用所謂"嵌入馬爾可夫鏈"的方法。嵌入馬爾可夫鏈的概念就是將排隊系統的狀態用某一個顧客到達(或離去)時刻的系統的顧客數 n 來定義,設法找出系統從狀態 n(n=0,1,…)到狀態(n+1)的概率轉移矩陣,這樣就可以將一個非馬爾可夫問題簡化爲一個離散的馬爾可夫鏈,從而求得分析的解。假定:

(1)系統服從輸入參數爲 λ 的泊鬆分布;

(2)對每個顧客的服務時間 t 是具有相同概率分布且相互獨立的隨機變量,其概率分布函數爲 F(t),其期望值和方差分別爲:

$$E(t) = \int_0^\infty t\,dF(t) = \frac{1}{\mu} \tag{10-35}$$

$$Var(t) = \sigma^2 \tag{10-36}$$

(3) $\lambda < \dfrac{1}{E(t)}$,或 $\rho = \dfrac{\lambda}{\mu} = \lambda E(t) < 1$;

(4)有一個服務站。設第 j 個被服務的顧客在時刻 T 離開排隊系統,第(j+1)個被服務顧客在時刻(T+t)離開排隊系統,則在時刻(T+t),系統內的顧客數取決於 T 時刻系統內的顧客數及在第(j+1)個被服務顧客的服務時間內到達的顧客數。假設:n'爲當第 j 個顧客剛離開系統時系統內的顧客數;t 爲第(j+1)個顧客的服務時間;k 爲在對第(j+1)個顧客服務這段時間內新到達的顧客數;n 爲當第(j+1)個顧客剛離開系統時系統內的顧客數。當系統處於穩定狀態時,有:

運籌學

$$E[n] = E[n'], E[n^2] = E[(n')^2] \qquad (10\text{-}37)$$

因

$$n' = \begin{cases} k & (n=0) \\ n-1+k & (n>0) \end{cases}$$

令

$$\delta = \begin{cases} 0 & (n=0) \\ 1 & (n>0) \end{cases} \qquad (10\text{-}38)$$

則有

$$n' = n - \delta + k \qquad (10\text{-}39)$$

對式(10-39)兩邊取期望值得：

$$E[n'] = E[n] - E[\delta] + E[k]$$

由式(10-37)知 $E[n'] = E[n]$，故有：

$$E[\delta] = E[k] \qquad (10\text{-}40)$$

對式(10-39)兩邊平方有：

$$(n')^2 = n^2 + \delta^2 + k^2 + 2nk - 2n\delta - 2k\delta$$

由式(10-38)知

$$\delta^2 = \delta, \delta n = n$$

由此可得

$$(n')^2 = n^2 + k^2 + \delta + 2nk - 2n - 2k\delta \qquad (10\text{-}41)$$

對式(10-41)兩邊取期望值，又因 $E[n^2] = E[(n')^2]$，故有：

$$0 = E[k^2] + E[\delta] + 2E[n]E[k] - 2E[n] - 2E[k]E[\delta]$$

所以

$$E[n] = \frac{E[k^2] + E[\delta]\{1 - 2E[k]\}}{2\{1 - E[k]\}} \qquad (10\text{-}42)$$

因在 t 時間內到達的顧客數服從參數爲 λ 的泊鬆流，故有：

$$E\{k \mid t\} = \lambda t, E\{k^2 \mid t\} = (\lambda t)^2 + \lambda t$$

所以

$$E\{k\} = \int_0^\infty E\{k \mid t\} f(t) dt = \int_0^\infty \lambda t f(t) dt = \lambda E\{t\} = \rho \qquad (10\text{-}43)$$

$$E\{k^2\} = \int_0^\infty E\{k^2 \mid t\} f(t) dt = \int_0^\infty [(\lambda t)^2 + \lambda t] f(t) dt$$

$$= \lambda^2 Var(t) + \lambda^2 E^2(t) + \lambda E(t) = \lambda^2 \sigma^2 + \rho^2 + \rho \qquad (10\text{-}44)$$

將式(10-43)、式(10-44)代入式(10-42)並簡化後有：

$$L_s = E(n) = \frac{2\rho - \rho^2 + \lambda^2 \sigma^2}{2(1-\rho)} \qquad (10\text{-}45)$$

式(10-45)被稱爲 Pollaczek-khintchine 公式，其他指標的推導如下：

$$L_q = L_s - \rho = \frac{\rho^2 + \lambda^2 \sigma^2}{2(1-\rho)} \qquad (10\text{-}46)$$

$$W_q = \frac{L_q}{\lambda} = \frac{\rho^2 + \lambda^2 \sigma^2}{2\lambda(1-\rho)} \tag{10-47}$$

$$W_s = W_q + \frac{1}{\mu} = \frac{\rho^2 + \lambda^2 \sigma^2}{2\lambda(1-\rho)} + \frac{1}{\mu} \tag{10-48}$$

從式(10-45)至式(10-48)可以看出,在平均服務時間 $1/\mu$ 的情況下,L_s、L_q、W_q、W_s 均隨 σ^2 的增加而增加,即在對每個顧客服務時間大體上比較接近的情況下,排隊系統的工作指標較好。在服務時間分布的偏差很大的情況下,工作指標就差。如將公式(10-47)寫為:

$$W_q = \frac{\rho^2}{2\lambda(1-\rho)}(1+\mu^2\sigma^2) \tag{10-49}$$

在服務時間為定長分布的情況下 $\sigma^2 = 0$,得

$$W_q = \frac{\rho^2}{2\lambda(1-\rho)} \tag{10-50}$$

在服務時間為負指數分布的情況下

$$\sigma^2 = \frac{1}{\mu^2}, \quad W_q = \frac{\rho^2}{\lambda(1-\rho)} \tag{10-51}$$

由此看出,負指數分布情況下顧客排隊等待的平均時間要比定長分布情況下多一倍,服務機構效率差不多降低一倍。

10.7.2 輸入為泊鬆分布、服務時間為愛爾朗分布的排隊系統

當服務時間為定長分布時,$\sigma = 0$;當服務時間為負指數分布時,$\sigma = 1/\mu$。標準差值介於這兩者之間($0 < \sigma < 1/\mu$)的一種理論分布被稱為愛爾朗(Erlang)分布。假定 T_1,T_2,…,T_k 是 k 個相互獨立且具有相同分布的負指數分布,其概率密度函數分別為:

$$f(t_i) = k\mu e^{-k\mu t_i} \quad (t_i \geq 0, i = 1, 2, \cdots, k)$$

則 $T = T_1 + T_2 + \cdots + T_k$ 就是一個具有參數 $k\mu$ 的愛爾朗分布,其概率密度函數為:

$$f(t) = \frac{(\mu k)^k}{(k-1)!} t^{k-1} e^{-k\mu t} \quad (t \geq 0) \tag{10-52}$$

其中 μ、k 是取正值的參數,k 是正整數。

由此可知,如果服務機構對顧客進行的服務不是一項,而是按序進行的 k 項工作,又假定其中每一項服務的持續時間都是具有相同分布的負指數分布,則總的服務時間服從愛爾朗分布。

實際上愛爾朗分布是 Gamma 分布的一種特例。愛爾朗分布的期望值和標準偏差為:

$$E[t] = \frac{1}{\mu}$$

$$\sigma = \frac{1}{\sqrt{k}\mu}$$

它具有兩個參數 k 與 μ,由於 k 值的不同,可以得到不同的愛爾朗分布(見圖10-7)。

當 $k=1$ 時是負指數分布；當 k 增大時，圖形逐漸變得對稱；當 $k \geq 30$ 時，近似於正態分布；$k \to \infty$ 時是定長分布。所以愛爾朗分布隨 k 的變化處於完全隨機型與完全確定型之間。

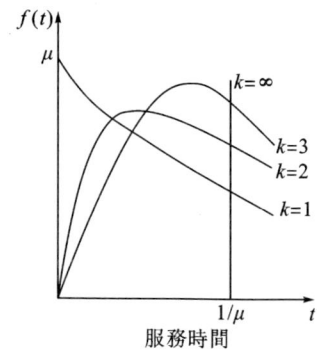

圖 10-7　愛爾朗分布圖

在單個服務站情況下，將 $\sigma^2 = \dfrac{1}{k\mu^2}$ 代入式（10-46）、式（10-47）得

$$L_q = \frac{\lambda^2/k\mu^2 + \rho^2}{2(1-\rho)} = \frac{1+k}{2k} \cdot \frac{\lambda^2}{\mu(\mu-\lambda)} \tag{10-53}$$

$$W_q = \frac{1+k}{2k} \cdot \frac{\lambda}{\mu(\mu-\lambda)} \tag{10-54}$$

習題

1. 某大學圖書館的一個借書櫃臺的顧客流服從泊鬆流，平均每小時 50 人，爲顧客服務的時間服從負指數分布，平均每小時可服務 80 人，求：
(1) 顧客來借書不必等待的概率；
(2) 櫃臺前平均顧客數；
(3) 顧客在櫃臺前平均逗留時間；
(4) 顧客在櫃臺前平均等待時間。

2. 一個新開張的理發店準備雇傭一名理發師，有兩名理發師應聘。由於水平不同，理發師甲平均每小時可服務 3 人，雇傭理發師甲的工資爲每小時 14 元；理發師乙平均每小時可服務 4 人，雇傭理發師乙的工資爲每小時 20 元。假設兩名理發師的服務時間都服從負指數分布，另外，假設顧客到達服從泊鬆分布，平均每小時 2 人。假設來此理發店理發的顧客等候一小時的成本爲 30 元，請進行經濟分析，選出一位使排隊系統更爲經濟的理發師。

3. 一個小型的平價自選商場只有一個收款出口，假設到達收款出口的顧客流爲泊鬆流，平均每小時爲 30 人，收款員的服務時間服從負指數分布，平均每小時可服務 40 人。

問題如下：

(1) 計算這個排隊系統的數量指標 P0、Lq、Ls、Wq、Ws；

(2) 顧客抱怨這個系統花費的時間太多，商店為了改進服務準備在以下兩個方案中進行選擇：

① 在收款出口，除了收款員外還專雇一名裝包員，這樣可使每小時的服務率從 40 人提高到 60 人。② 增加一個出口，使排隊系統變成 M/M/2 系統，每個收款出口的服務率仍為 40 人。對這兩個排隊系統進行評價，並做出選擇。

4. 汽車按泊鬆分布到達某高速公路收費口，平均 90 輛/小時。每輛車通過收費口平均需時間 35 秒，服從負指數分布。司機抱怨等待時間太長，管理部門擬採用自動收款裝置使收費時間縮短到 30 秒，但條件是原收費口平均等待車輛超過 6 輛，且新裝置的利用率不低於 75% 時才使用，問：在上述條件下新裝置能否被採用？

5. 使用一臺共用電話亭打電話的顧客服從 $\lambda=6$ 個/小時的泊鬆分布，平均每人打電話時間為 3 分鐘，服從負指數分布。試求：

(1) 到達者在開始打電話前需等待 10 分鐘以上的概率；

(2) 顧客從到達時算起到打完電話離去超過 10 分鐘的概率；

(3) 管理部門決定當打電話顧客平均等待時間超過 3 分鐘時，將安裝第二臺電話，問當 λ 值為多大時需安裝第二臺？

6. 某無線電修理商店保證每件送到的電器在 1 小時內修完取貨，如超過 1 小時則分文不收。已知該商店每修一件平均收費 10 元，其成本平均每件 5.5 元，即每修一件平均贏利 4.5 元。已知送來修理的電器按泊鬆分布到達，平均 6 件/小時，每維修一件的時間平均為 7.5 分鐘，服從負指數分布。試問：

(1) 該商店在此條件下能否贏利？

(2) 當每小時送達的電器為多少件時該商店的經營處於盈虧平衡點？

7. 顧客按泊鬆分布到達只有一名理髮員的理髮店，平均 10 人/小時。理髮店對每名顧客的服務時間服從負指數分布，平均為 5 分鐘。理髮店內包括理髮椅共有三個座位，當顧客到達無座位時，就依次站著等待。試求：

(1) 顧客到達時有座位的概率；

(2) 到達的顧客需站著等待的概率；

(3) 顧客從進入理髮店到離去超過 2 分鐘的概率；

(4) 理髮店內應有多少座位，才能保證 80% 顧客在到達時就有座位？

8. 某醫院門前有一出租車停車場，因受場地限制，只能同時停放 5 輛出租車。當停滿 5 輛後，後來的車就自動離去。從醫院出來的病人在有車時就租車乘坐，停車場無車時就向附近的出租汽車站要車。設出租汽車到達醫院門口服從 $\lambda=8$ 輛/小時的泊鬆分布，從醫院依次出來的病人的間隔時間為負指數分布，平均間隔時間為 6 分鐘。又設每輛車每次只載一名病人，並且汽車按到達的先後次序排列。試求：

(1) 出租汽車開到醫院門口時停車場有空閒停車場地的概率；

(2) 汽車進入停車場到離開醫院的平均停留時間；

(3) 從醫院出來的病人在醫院門口要到出租車的概率。

9. 一個汽車衝洗服務站，只有一套衝洗設備，假設要衝洗的汽車到達時間服從泊鬆分布，平均每 12 分鐘一輛，但不清楚這個系統的服務時間服從什麼分布。從統計分析知道衝洗一輛汽車平均需要花費 5 分鐘，服務時間的均方差為 2 分鐘。求該排隊系統的數量指標 P0、Lq、Ls、Wq、Ws、Pw。如果衝洗一輛汽車的時間是一定的，都為 5 分鐘，求出上述數量指標。

10. 某街道口有一電話亭，在步行時間為 4 分鐘的拐彎處有另一電話亭。已知每次的通話時間服務 $1/\mu=3$ 分鐘的負指數分布。又已知到達這兩個電話亭的顧客流均為 $\lambda=10$ 個/小時的泊鬆流。假設有名顧客去其中一個電話亭打電話，到達時正好有人通話，並且還有一個人在等候。問：該顧客應在原地等候，還是轉去另一個電話亭打電話？

11. 設有一名工人負責照管 6 臺自動機床。當機床需要加料、發生故障或刀具磨損時就自動停止工作，等待工人照管。設平均每臺機床兩次停工的間隔時間為 1 小時，又設每臺機床停工時需要工人平均照管的時間為 0.1 小時。以上兩項時間均服從負指數分布。求：

(1) 修理工空閒的概率；

(2) 六臺機器都出故障的概率；

(3) 出故障的平均臺數；

(4) 等待修理的平均分配臺數；

(5) 平均停工時間；

(6) 平均等待修理時間；

(7) 評價這些結果。

國家圖書館出版品預行編目(CIP)資料

運籌學/ 羅劍、李明主編. -- 第一版.
-- 臺北市 : 崧燁文化, 2018.07
　　面 ;　　公分
ISBN 978-957-681-301-6(平裝)
1.作業研究
494.19　　　107010904

書名：運籌學
作者：羅劍、李明 主編
發行人：黃振庭
出版者：崧燁文化事業有限公司
發行者：崧燁文化事業有限公司
E-mail：sonbookservice@gmail.com
粉絲頁　　　　網址：
地址：台北市中正區重慶南路一段六十一號八樓815室
8F.-815, No.61, Sec. 1, Chongqing S. Rd., Zhongzheng
Dist., Taipei City 100, Taiwan (R.O.C.)
電　話：(02)2370-3310　傳　真：(02) 2370-3210
總經銷：紅螞蟻圖書有限公司
地址：台北市內湖區舊宗路二段 121 巷 19 號
電話:02-2795-3656　傳真:02-2795-4100　網址：
印　刷：京峯彩色印刷有限公司（京峰數位）
　　　本書版權為西南財經大學出版社所有授權崧博出版事業股份有限公司獨家發行電子書繁體字版。若有其他相關權利需授權請與西南財經大學出版社聯繫，經本公司授權後方得行使相關權利。
定價：450 元
發行日期：2018 年 7 月第一版
◎ 本書以POD印製發行